国家精品课程系列教材
教育部大学计算机课程改革项目成果

C 语言程序设计
（第 2 版）

索 琦　董卫军　邢为民　编著
耿国华　主审

电子工业出版社
Publishing House of Electronics Industry
北京·BEIJING

内 容 简 介

本书是国家精品课程"大学计算机"系列课程"C 语言程序设计"的主教材。本教材与传统 C 语言教材以语法介绍为主的编写方式不同,以快速掌握程序设计为主线,采用"**核心语法为先导、实践应用为目的、知识扩展为提升,疑难辨析以解惑**"的内容组织方式,突出知识点与技术点的关联性,注重内容在应用上的层次性,兼顾整体在理论上的系统性。全书内容主要包括:程序设计概述,基本数据类型与运算,简单程序设计,循环程序设计,数组,指针与链表,模块化程序设计,数据文件的处理。

本书体系完整、结构严谨、注重应用、强调实践,在编写时兼顾了计算机等级考试的要求。为方便教学,本书还配有电子课件,任课教师可登录华信教育资源网(www.hxedu.com.cn)免费注册下载。

本书可作为高等学校计算机程序设计基础课程的教材,也可作为全国计算机等级考试二级 C 语言的培训或自学教材。

未经许可,不得以任何方式复制或抄袭本书之部分或全部内容。
版权所有,侵权必究。

图书在版编目(CIP)数据

C 语言程序设计/索琦,董卫军,邢为民编著.—2 版.—北京:电子工业出版社,2015.8
ISBN 978-7-121-26436-8

I. ①C… II. ①索… ②董… ③邢… III. ①C 语言-程序设计-高等学校-教材 IV. ①TP312

中国版本图书馆 CIP 数据核字(2015)第 139187 号

策划编辑:袁 玺
责任编辑:袁 玺
印　　刷:北京丰源印刷厂
装　　订:三河市皇庄路通装订厂
出版发行:电子工业出版社
　　　　　北京市海淀区万寿路 173 信箱　邮编:100036
开　　本:787×1 092　1/16　印张:16　字数:256 千字
版　　次:2011 年 6 月第 1 版
　　　　　2015 年 7 月第 2 版
印　　次:2015 年 7 月第 1 次印刷
定　　价:35.00 元

凡所购买电子工业出版社图书有缺损问题,请向购买书店调换。若书店售缺,请与本社发行部联系,联系及邮购电话:(010)88254888。
质量投诉请发邮件至 zlts@phei.com.cn,盗版侵权举报请发邮件至 dbqq@phei.com.cn。
服务热线:(010)88258888。

前　言

计算思维代表着一种普遍认识和基本技能,涉及运用计算机科学的基础概念去求解问题、设计系统和理解人类的行为,涵盖了反映计算机科学之广泛性的一系列思维活动。计算思维将如计算机一样,渗入人们的生活之中,诸如"算法"和"前提条件"等计算机专业名词也将成为日常词汇的一部分。所以,计算思维不仅属于计算机专业人员,更是每个人应掌握的基本技能。

程序设计作为实现计算思维的核心课程之一,在大学生的知识体系中占有重要位置,其内容组织应该体现创造性思维的素质教育培养过程。面对信息新技术发展和国家对人才信息素质培养的需求,本教材力图在遵循教育和学习规律的基础上,克服传统 C 语言教材以语法介绍为主的不足,以快速掌握程序设计为主线,采用"**核心语法为先导、实践应用为目的、知识扩展为提升,疑难辨析以解惑**"的内容组织方式,突出知识与实践的关联性,注重内容的层次性,使学习者在有限的时间内学以致用,真正理解程序设计及其思想。

本书是国家精品课程"大学计算机"系列课程"C 语言程序设计"的主教材,也是《教育部大学计算机课程改革项目》成果之一。

全书共 8 章,对 C 语言及程序设计的基本概念、原理和方法从**基本概念、基础使用、应用提升**三个层面逐层展开。

- **基本概念层面**:从培养程序设计基本概念和基本逻辑思维能力入手,主要包括程序设计概述、基本数据类型与运算、简单程序设计、循环程序设计 4 方面的知识,重点突出程序设计的基本思想和 C 语言的基本数据类型,以及程序控制的基本构架。通过学习,使读者了解程序设计的基本思路,初步掌握 C 语言的基本语法和程序设计的基本概念。

- **基础使用层面**:从培养分析问题和解决问题的能力入手,主要包括数组、指针与链表两方面内容。通过学习,使学习者初步掌握分析问题和解决问题的方法。

- **应用提升层面**:从强化逻辑思维能力和程序设计能力培养入手,主要包括模块化程序设计、数据文件的处理两方面内容。通过学习,进一步提高分析问题和解决问题的能力,使学习者真正掌握程序设计技能。

本书体系完整、结构严谨、注重实用、强调实践,在编写时兼顾了计算机等级考试的要求。为方便教学,本书还**配有电子课件,任课教师可登录华信教育资源网(www.hxedu.com.cn)免费注册下载**。

本书由多年从事计算机教育的一线教师编写,董卫军编写第 5~7 章,索琦编写第 1 章、第 8 章及附录,邢为民编写第 2~4 章。全书由董卫军统稿,西北大学耿国华教授主审。感谢教学团队成员的帮助,由于作者水平有限,书中难免有不妥之处,恳请读者指正。

董卫军

于西安·西北大学

·知识结构框图·

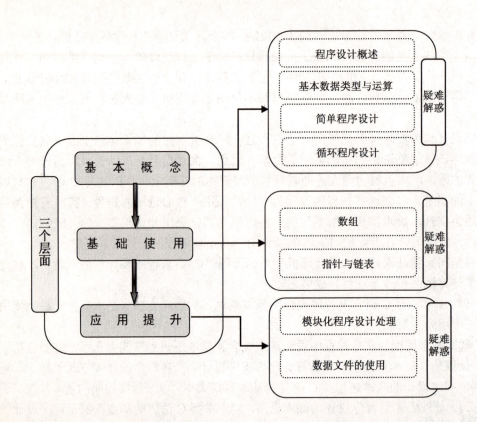

教材结合重点大学一线教师多年的教学经验与心得，以培养计算思维、强化计算思想、提升信息素质为主线，以认识问题、分析问题、存储问题、解决问题为思路，采用"**核心语法为先导、实践应用为目的、知识扩展为提升，疑难辨析以解惑**"的内容组织方式，突出知识与实践的关联性，使读者在有限的时间内充分了解计算思维的基本过程，真正理解程序设计及其思想，并能最终将这一科学过程融入自己的日常思维活动之中。

目 录

第1章 程序设计概述 ·················· 1
  1.1 程序设计语言 ······················ 1
    1.1.1 语言 ··························· 1
    1.1.2 分类 ··························· 1
  1.2 程序与程序设计 ··················· 3
    1.2.1 程序 ··························· 3
    1.2.2 程序设计 ···················· 3
  1.3 C语言的发展和特点 ············ 3
    1.3.1 C语言的发展 ·············· 4
    1.3.2 C语言的特点 ·············· 5
  1.4 C语言的程序结构 ················ 6
  习题1 ··································· 8

第2章 基本数据类型与运算 ······ 11
  2.1 基本数据类型 ····················· 11
    2.1.1 数据类型的概念 ·········· 11
    2.1.2 基本数据类型组成 ······ 11
  2.2 基本概念 ···························· 12
    2.2.1 标志符 ······················· 12
    2.2.2 常量 ··························· 13
    2.2.3 变量 ··························· 16
  2.3 基本运算 ···························· 18
    2.3.1 变量赋值 ···················· 19
    2.3.2 算术运算 ···················· 21
    2.3.3 关系运算符和关系表达式 ······ 26
    2.3.4 逻辑运算符 ················· 27
  2.4 数据的输入与输出 ··············· 28
    2.4.1 格式化输出函数 ·········· 28
    2.4.2 格式化输入函数 ·········· 31
    2.4.3 字符输入与输出函数 ··· 33
  2.5 知识扩展 ···························· 35
    2.5.1 条件运算符和条件表达式 ····· 35
    2.5.2 逗号运算符和逗号表达式 ····· 36
    2.5.3 数据类型长度运算符 ··· 37
    2.5.4 算术自反赋值运算符 ··· 38
    2.5.5 位运算 ······················· 38
    2.5.6 运算符的结合性和优先级 ······ 44
  2.6 疑难辨析 ···························· 44
  习题2 ··································· 48

第3章 简单程序设计 ················ 53
  3.1 顺序结构 ···························· 53
    3.1.1 顺序语句 ···················· 53
    3.1.2 顺序程序设计 ············· 55
  3.2 选择结构 ···························· 56
    3.2.1 选择性问题 ················· 56
    3.2.2 if语句 ························· 56
    3.2.3 switch开关语句 ·········· 58
    3.2.4 选择程序设计 ············· 59
  3.3 知识扩展 ···························· 60
  3.4 应用举例 ···························· 61
  3.5 疑难辨析 ···························· 66
  习题3 ··································· 67

第4章 循环程序设计 ················ 69
  4.1 循环问题的引入 ··················· 69
  4.2 循环控制语句 ····················· 69
    4.2.1 While语句 ·················· 69
    4.2.2 for语句 ······················· 70
    4.2.3 循环程序设计 ············· 73
  4.3 多重循环 ···························· 75
    4.3.1 多重循环的引入 ·········· 75
    4.3.2 多重循环程序设计 ······ 76
  4.4 知识扩展 ···························· 79
    4.4.1 do…while语句 ············ 79
    4.4.2 break和continue语句 ····· 80
    4.4.3 goto语句和标号 ·········· 81
  4.5 应用举例 ···························· 82
  4.6 疑难辨析 ···························· 84
  习题4 ··································· 85

第5章 数组 ···························· 90
  5.1 一维数组的使用 ··················· 90
    5.1.1 一维数组概述 ············· 91

5.1.2　一维数组应用举例 ················ 93
5.2　二维数组的使用 ··························· 98
　　5.2.1　二维数组概述 ······················ 98
　　5.2.2　二维数组应用举例 ··············· 100
5.3　知识扩展 ··································· 102
　　5.3.1　字符串的存储与处理 ········· 102
　　5.3.2　多维数的使用 ···················· 106
5.4　应用举例 ··································· 109
5.5　疑难辨析 ··································· 111
习题 5 ·· 114

第 6 章　指针与链表 ······················ 119
6.1　指针 ·· 119
　　6.1.1　指针的使用 ······················· 119
　　6.1.2　指针与一维数组 ················ 123
6.2　链表 ·· 123
　　6.2.1　动态空间的申请 ················ 123
　　6.2.2　动态空间的释放 ················ 124
　　6.2.3　链表的基本操作 ················ 125
6.3　知识扩展 ··································· 130
　　6.3.1　指针与二维数组 ················ 130
　　6.3.2　指向一维数组的指针变量 ··· 132
　　6.3.3　指针数组 ··························· 133
　　6.3.4　指向指针的指针 ················ 135
　　6.3.5　对指针的几点说明 ············· 136
6.4　应用举例 ··································· 137
6.5　疑难辨析 ··································· 142
习题 6 ·· 148

第 7 章　模块化程序设计 ··············· 154
7.1　模块化程序设计概述 ················· 154
　　7.1.1　结构化程序设计的基本思想 · 154
　　7.1.2　函数简介 ··························· 155
7.2　函数的使用 ································ 156
　　7.2.1　自定义函数的定义 ············· 156
　　7.2.2　自定义函数的说明 ············· 158
　　7.2.3　函数调用 ··························· 159
　　7.2.4　函数使用举例 ···················· 160
7.3　复杂数据的描述 ························ 164
　　7.3.1　结构体 ······························· 164
　　7.3.2　结构体应用举例 ················ 168

7.4　知识扩展 ··································· 170
　　7.4.1　共用体 ······························· 170
　　7.4.2　枚举类型 ··························· 171
　　7.4.3　用 typedef 定义类型 ··········· 172
　　7.4.4　变量的存储类别 ················ 173
　　7.4.5　变量的生存期 ···················· 175
　　7.4.6　变量的作用域 ···················· 176
　　7.4.7　函数的递归调用 ················ 177
　　7.4.8　函数指针 ··························· 178
　　7.4.9　编译预处理 ······················· 179
　　7.4.10　工程化程序设计 ··············· 185
7.5　应用举例 ··································· 190
7.6　疑难解析 ··································· 199
习题 7 ·· 207

第 8 章　数据文件的处理 ··············· 218
8.1　文件的基本概念 ························ 218
　　8.1.1　C 语言支持的文件格式 ······ 218
　　8.1.2　文件操作的基本思路 ········· 219
8.2　文件的基本操作 ························ 220
　　8.2.1　文件指针 ··························· 220
　　8.2.2　文件的打开与关闭 ············· 221
　　8.2.3　字节级的文件的读/写 ········ 222
　　8.2.4　字符串文件读/写 ··············· 224
　　8.2.5　文件结束判断函数 ············· 225
8.3　知识扩展 ··································· 228
　　8.3.1　数据的格式化读/写 ··········· 228
　　8.3.2　记录级的文件读/写 ··········· 230
　　8.3.3　文件位置指针的移动 ········· 232
8.4　应用举例 ··································· 234
8.5　疑难辨析 ··································· 237
习题 8 ·· 239

附录 A　Visual C++集成环境使用指南 ·· 242
附录 B　常用运算符及其优先级
　　　　和结合性 ···························· 246
附录 C　标准 C 语言头文件 ············· 247
附录 D　C 语言系统关键字 ·············· 248
附录 E　ASCII 码表 ························ 249

参考文献 ·· 250

第1章 程序设计概述

计算机的应用离不开软件，要最大限度地发挥计算机的能力，就必须设计出功能强大的计算机软件，而计算机软件设计的核心是程序设计，它给出解决特定问题程序的过程，是软件构造活动中的重要组成部分。程序设计往往以某种程序设计语言为工具，通过这种语言进行程序的编写。

1.1 程序设计语言

程序设计语言是学习计算机技术的基础，它经历了较长的发展过程，形成多种不同类型的程序设计语言。

1.1.1 语言

程序设计语言是用于编写计算机程序的语言，其基础是一组记号和一组规则。根据规则，由记号构成的记号串的总体就是语言。在程序设计语言中，这些记号串就是程序。程序设计语言包含三个方面，即语法、语义和语用。语法表示程序的结构或形式，亦即表示构成程序的各个记号之间的组合规则，但不涉及这些记号的特定含义，也不涉及使用者。语义表示程序的含义，亦即表示按照各种方法所表示的各个记号的特定含义，也不涉及使用者，语用表示程序与使用的关系。

程序设计语言的基本成分有：
① 数据成分，用以描述程序所涉及的数据；
② 运算成分，用以描述程序中所包含的运算；
③ 控制成分，用以描述程序中所包含的控制；
④ 传输成分，用以表达程序中数据的传输。

1.1.2 分类

1. 按发展过程分类

（1）机器语言

机器语言是以二进制代码的形式组成的机器指令集合，不同的机器有不同的机器语言，存储安排也由语言本身控制。这种语言编制的程序运行效率极高，但程序很不直观，编写很简单的功能就需要大量代码，重用性差，而且编写效率较低，很容易出错。但任何计算机都只能够直接理解它自己的机器语言，它是特定计算机的"自然语言"。

（2）汇编语言

汇编语言比机器语言直观，它将机器指令进行了符号化处理，并增加了一些功能，如宏、符号地址等，存储空间的安排由机器完成，编程工作相对机器语言有了极大的简化，使用起来方便了很多，错误也相对减少。但不同的指令集的机器仍有不同的汇编语言，程序重用性也很低。

（3）高级语言

高级语言是与机器不相关的一类程序设计语言，读/写起来更接近人类的自然语言，因此，用高级语言开发的程序可读性较好，便于维护。同时，由于高级语言并不直接和硬件相关，由其编制的程序的移植性和重用性也要好得多。常见的高级语言有 Pascal、C/C++、Visual Basic、Java 等，现代应用程序设计多数都是使用高级语言。

（4）第四代语言

第四代语言是一种还未成熟的语言，还在发展中。它具有一定的智能，更接近于日常语言，它对语言的概括更为抽象，从而使语言也更为简洁。

2. 按执行方式分类

（1）编译执行的语言

编译执行是在编写完程序之后，通过特定的工具软件将源代码经过目标代码转换成机器代码，即可执行程序，然后直接交操作系统执行，也就是说程序是作为一个整体来运行的。这类程序语言的优点是执行速度比较快，另外，编译链接之后可以独立在操作系统上运行，不需要其他应用程序的支持；缺点是不利于调试，每次修改后都要执行编译链接等步骤，才能看到其执行结果。

（2）解释执行的语言

解释执行是程序读入一句就执行一句，而不需要整体编译链接，这样的语言与操作系统的相关性相对较小，但运行效率低，而且需要一定的软件环境来做源代码的解释器。当然，有些解释执行的程序并不是使用源代码来执行的，而是需要预先编译成一种解释器能够识别的格式，再解释执行。

3. 按思维模式分类

（1）面向过程的程序设计语言

所谓面向过程就是以要解决的问题为思考的出发点和核心，并使用计算机逻辑描述需要解决的问题和解决的方法。针对这两个核心目标，面向过程的程序设计语言注重高质量的数据结构和算法，研究采用什么样的数据结构来描述问题，以及采用什么样的算法高效地解决问题。在 20 世纪 70 年代和 80 年代，大多数流行的高级语言都是面向过程的程序设计语言，如 Basic、Fortran、Pascal 和 C 等。

（2）面向对象的程序设计语言

面向对象不仅仅是一种程序设计语言的概念，应该说是一种全新的思维方式。面向对象的基本思想是以一种更接近人类一般思维的方式去看待世界，把世界上的任何一个个体都看成一个对象，每个对象都有自己的特点，并以自己的方式做事，不同对象之间存在着通信和交互，以此构成世界的运转。用计算机专业的术语来说，对象的特点就是它们的属性，而能做的事就是它们的方法。常见的面向对象程序设计语言包括 C++和 Java 等。

面向对象方法大大提高了程序的重用性，而且从相当程度上降低了程序的复杂度，使得计算机程序设计能够对付越来越复杂的应用需求。

1.2 程序与程序设计

1.2.1 程序

从自然语言角度来讲,程序是对解决某个问题的方法步骤的描述;从计算机角度来讲,程序是用计算机语言描述的解决问题的方法步骤,是一种刻划计算的方式,即使用基本操作的组合对数据进行处理。程序的执行过程是问题的解决过程,程序是有始有终的,每个步骤都能操作,所有步骤执行完,程序对应的问题就能得到解决。因此,要想解决问题,首先要写出解决问题的正确步骤。

例如,求一元二次方程 $ax^2+bx+c=0$(设 $a\neq 0$)实数根的步骤如下。

第一步 获得系数 a, b, c。

第二步 计算 $d = b^2-4ac$。

第三步 若 $d > 0$

    计算:$x_1 = (-b+\sqrt{d})/(2a), x_2 = (-b-\sqrt{d})/(2a)$

    输出:两个实根 x_1 和 x_2,转第六步。

第四步 若 $d < 0$

    输出:没有实根,转第六步。

第五步 计算:$x_1 = x_2 = (-b)/(2a)$

    输出:两个相同的实数根 x_1,转第六步。

第六步 结束。

上述步骤就是求一元二次方程实数根的程序。

1.2.2 程序设计

程序设计的过程就是分析解决问题的方法和步骤,并将其记录下来的过程。在描述问题求解步骤时,就需要使用程序设计语言,所谓程序设计语言是用于书写计算机程序的语言。语言的基础是一组记号和一组规则,C 语言就是一种很好的程序设计语言。

程序设计过程一般包括分析、设计、编码、测试、排错等不同阶段,其中分析和设计是最重要的。程序的设计,不管是为解决小型问题还是大型问题而设计的软件,都必须从信息上下文环境及表示信息的数据类型出发,了解问题结构,据此做出规划。

程序设计者必须学习计算的基本思想,掌握基础的面向数据的计算法则,需要耐心和专心,只有关注每个微小的细节才能避免产生文法错误,只有严格的规划和对规划的服从才能在设计中防止严重的逻辑错误。当设计者最终掌握程序设计的技能时,其实还将学到超越程序设计领域的许多有用知识。

1.3 C 语言的发展和特点

C 语言是一种比较流行的计算机程序设计语言。它既具有高级语言的特点,又具有汇编语言的特点。它可以作为系统程序设计语言,编写系统软件,也可以作为应用程序设计语言,编写应用软件。因此,它的应用范围广泛,不仅用在软件开发上,在其他计算机应用领域也都需要用到 C 语言,如单片机及嵌入式系统开发。

1.3.1 C 语言的发展

1. C 语言产生的背景

早期的操作系统及其他系统软件主要用汇编语言编写,由于汇编语言依赖于机器硬件,程序的可读性和可移植性都很差。为了提高可读性和可移植性,最好使用高级语言,可是一般的高级语言又难以实现像汇编语言那样直接对硬件进行操作的功能,所以人们设想能否找到一种既具有高级语言的特点、又具有低级语言特点的语言,集它们的优点于一身,于是,C 语言应运而生。

2. C 语言的发展

C 语言是在 B 语言的基础上发展起来的,而 B 语言的产生是以 BCPL 为基础的。C 语言的发展过程如图1.1所示。

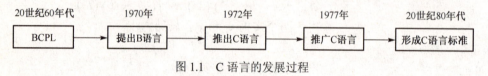

图 1.1 C 语言的发展过程

① BCPL:它的根源可以追溯到 ALGOL 60。1960 年出现的 ALGOL 60 是一种面向问题的高级语言,它离硬件比较远,不宜用来编写系统程序。1963 年英国剑桥大学推出了 CPL(Combined Programming Language,复合编程语言)。CPL 在 ALGOL 60 的基础上接近了硬件一些,但规模比较大,难于实现。1967 年英国剑桥大学的 Matin Richards 对 CPL 进行简化,推出了 BCPL(基本复合编程语言)。

② B 语言:1970 年美国贝尔实验室的 Ken Thompson 对 BCPL 进一步简化,设计出很简单而又很接近硬件的 B 语言,并用 B 语言写了第一个 UNIX 操作系统,在 PDP-7 计算机上实现。1971 年又在 PDP-11/20 计算机上实现了 B 语言并用它编写了 UNIX 操作系统。但 B 语言过于简单,功能有限。

③ 推出 C 语言:1972—1973 年,贝尔实验室的 D. M. Ritchie 在 B 语言的基础上设计出了 C 语言(取 BCPL 的第二个字母)。最初的 C 语言是一种描述和实现 UNIX 操作系统的工作语言。1973 年,K. Thompson 和 D. M. Ritchie 合作,把 UNIX 程序的 90% 以上用 C 语言改写,形成了 UNIX 第 5 版。直到 1975 年,UNIX 第 6 版发布后,C 语言的突出优点才引起人们的普遍注意。

④ 推广 C 语言:1977 年出现了不依赖于具体计算机的 C 语言编译文本——可移植 C 语言编译程序,使 C 程序移植到其他计算机时所需做的工作大大简化,这也推动了 UNIX 操作系统迅速在各种计算机上实现。随着 UNIX 的日益广泛使用,C 语言也迅速得到推广。1978 年以后,C 语言先后移植到大、中、小、微型机上,已独立于 UNIX 和 PDP 了。现在 C 语言已风靡全世界,成为世界上应用最广泛的几种计算机语言之一。

目前广泛流行的各种版本的 C 语言编译系统虽然基本相同,但也有一些差别。在微机上使用的 Microsoft C、Turbo C、Quick C、Borland C 等,它们的不同版本略有差异,因此读者需了解所用的计算机系统的 C 编译的特点和规定。本书中，用 Microsoft Visual C++ 6.0 作为 C 语言程序的编译程序。

⑤ C 语言的标准化：C 语言的标准化工作是从 20 世纪 80 年代初期开始的。1983 年，美国国家标准学会（ANSI）根据已有的各种 C 语言版本提出了对 C 语言的扩充和发展方案，颁布了 C 语言的新标准 ANSI C。

1.3.2　C 语言的特点

同其他程序设计语言相比，C 语言之所以能够存在和发展，并具有很强的生命力，是因为它有如下主要特点。

1. 语言简洁、紧凑，使用方便、灵活

C 语言一共只有 32 个关键字、9 种控制语句，压缩了一切不必要的成分，程序书写形式自由，语句简洁。

2. 运算符丰富，适用的范围也很广泛

C 语言共有 34 种运算符，它把括号、赋值符号、强制类型转换符号等都作为运算符处理，从而使 C 语言的运算符类型极其丰富，表达式类型多样化，灵活使用各种运算符可以实现用其他高级语言难以实现的运算和操作。

3. 数据结构丰富，具有现代化语言的各种数据结构

C 语言的数据类型有：整型、实型、字符型、数组类型、指针类型、结构体类型、共用体类型等。这些丰富的数据类型能用来实现各种复杂的数据结构（如链、表、树、栈等）的运算。尤其是指针类型的数据，使用起来灵活多变。

4. 具有结构化的控制语句

如 if…else 语句、switch 语句、while 语句、do…while 语句、for 语句等，这些语句可以实现程序中所有的控制结构。另外，函数是 C 语言程序的基本单位，将函数作为程序模块的基本单元，以实现程序的模块化。C 语言是结构化的理想语言。

5. 编程限制少，程序设计自由度大

一般的高级语言语法规则和检查比较严格，几乎能检查出所有的语法错误。而 C 语言允许程序的编写有较大的自由度，因此放宽了语法检查。编写者应当仔细检查程序，保证其正确性，而不要过分依赖编译软件去查错。"限制"和"灵活"是一对矛盾。限制严格，就失去灵活性；而强调灵活，就必然放松限制。这一点使得 C 语言比其他语言对程序编写者的要求更高。例如，对数组下标越界不进行检查，由程序编写者自己保证程序的正确性。对变量类型的使用比较灵活，例如，整型数据与字符型数据可以通用，使得某些运算变得更加简单、直接。

6. 可直接对硬件操作

C 语言允许直接访问物理地址，能进行位操作，能实现汇编语言的大部分功能，可以直接对硬件进行操作。这个特点使得 C 语言既具有高级语言的功能，又具有许多低级语言的特点，可以用来编写系统程序。

7. 目标代码质量好，程序执行效率高

C 语言生成的目标代码一般只比汇编语言生成的目标代码的效率低 10%～20%。

8. 程序的可移植性好

与汇编语言相比，用 C 语言编写的程序基本上不用修改就能用于各种型号的计算机和操作系统，使程序具备了很好的移植性。

以上介绍的是 C 语言的一般特点，至于其内部的其他特点，将结合以后各章节内容逐一进行介绍。正是 C 语言的这些优点，使得它的应用非常广泛。许多大的软件都用 C 语言编写，这主要是由于 C 语言的可移植性好和对硬件的控制能力高，表达和运算能力强。许多以前只能用汇编语言处理的问题现在可以改用 C 语言来处理了。

总之，C 语言对编程者要求较高，需要掌握比其他高级语言更多的内容。由于使用 C 语言编写程序的限制很少、灵活性大、功能强，可以编写出任何类型的程序，所以学习和使用 C 语言的人越来越多。

1.4 C 语言的程序结构

本节通过几个简单的 C 语言程序，认识与体会 C 语言程序的结构。

【例 1.1】 在屏幕上输出一行字符串。

```
#include <stdio.h>                  /*引用标准输入和输出函数*/
#include <stdlib.h>                 /*引用标准 lib 库函数*/
void main()                         /*主函数，无返回值*/
{
    printf("This is a C program.\n");   /*语句*/
    system("pause");                    /*暂停程序的执行，按任意键可以继续执行*/
}
```

此程序的功能是在屏幕上输出下面的一行信息：

This is a C program.

其中，main()是主函数，每个 C 语言程序都必须有一个 main()函数，表示整个 C 语言程序的入口。函数体用花括号"{ }"括起来。本例中主函数内只有一个 printf()函数调用语句，它是 C 语言的输出函数，其功能是将双引号中的字符串原样输出。"\n"是换行控制符，即在"This is a C program."输出之后回车换行。每个语句后要有一个分号（;），表示语句结束。

注：①调用标准输出 printf()函数，要在程序的前面用文件包含命令 "#include <stdio.h>"；②system()函数可使在桌面上直接运行编译后的可执行程序暂停执行，这样就可以在运行的窗口中看到运行结果，按任意键可以继续执行。但调用该函数，要在程序前面用文件包含命令"#include <stdlib.h>"。

【例 1.2】 求两数之和。

```
#include <stdio.h>
#include <stdlib.h>
void main()
{
    int a,b,sum;                    /*定义变量 a, b, sum*/
```

```
        a=123;                          /*给变量a赋值，123为十进制常量*/
        b=0456;                         /*给变量b赋值，456为八进制常量*/
        sum=a+b;                        /*计算a+b的和，并将结果赋给sum变量*/
        printf("sum is %d\n",sum);      /*输出结果，以十进制形式输出*/
        system("pause");
}
```

本程序的功能是求两个整数的和，并将其输出。/*……*/表示注释部分，其作用是提高程序的可读性。注释只是给人看的，对编译和运行不起作用。注释可以加在程序中的任何位置。printf()函数中的"sum is %d\n"是"输出格式字符串"，其中%d是格式字符，用来指定输出时的数据类型和格式，"%d"表示"十进制整数类型"。在执行输出时，此位置代表一个十进制整型数值。printf()函数中最右端的sum是要输出的变量，现在它的值为425，因此执行该程序的结果是输出如下一行信息：

sum is 425

【例1.3】 输入a,b两个值，输出其中大者。

```
#include <stdio.h>
#include <stdlib.h>
void main( )                    /*主函数，无返回值*/
{   int max( ) ;                /*函数声明*/
    int a,b,c;                  /*定义变量*/
    scanf("%d,%d",&a,&b);       /*输入两个整型数给变量a和b*/
    c=max(a,b),                 /*调用max函数，将返回值赋给c*/
    printf("max=%d",c);         /*输出c的值*/
    system("pause");
}
int max(int x,int y)            /*定义max函数，返回值为整型，x,y为int型形式参数*/
{   int z;                      /*定义max中用到的变量z*/
    if (x>y) z=x;
    else  z=y;
    return(z);                  /*将z的值作为函数max返回值带回调用处*/
}
```

本程序由一个主函数main()和一个被调用函数max()组成。

说明：C语言源程序由函数构成，包含一个主函数和若干个其他函数。函数可以是系统定义的库函数（如主函数中的printf()、scanf()函数，只能调用，无须定义），也可以是用户自己定义的函数（如此例中的max()函数）。

max()函数的功能是将x和y中的较大者赋给变量z。return语句将z的值返回给主函数main()。返回值通过函数名max()带回到main()函数的调用处。在main()函数中，调用了系统函数scanf()，其作用是通过键盘输入a和b的值。"&"的含义是"取地址"，表示将输入的值放到a、b所代表的地址单元中。

main()函数的第四行调用了max()函数，在调用时将实际参数a和b的值分别传送给max()函数中的形式参数x和y。经过执行max()函数得到一个返回值，把这个值赋给变量c，然后输出c的值。此程序的执行结果如下：

10,20✓   （输入10,20并按回车键，符号✓表示回车）

```
    max=20           （输出c变量的值）
```

通过对以上几个例子的分析，可以总结出C语言程序结构有如下特点。

① C语言程序由函数构成。一个C语言程序至少要包括一个main()主函数，即程序是由一个main()函数和若干个其他函数构成，因此，函数是C语言程序的基本单位。被调用的函数可以是系统提供的库函数，如printf()和scanf()函数，也可以是用户自定义的函数。C语言中的函数相当于其他语言中的子程序。C语言用函数来实现特定的功能，C语言的系统函数库十分丰富，编译系统能够提供300多个库函数。C语言的这种特点易于实现程序的模块化。

② 每个函数都由两部分组成：函数的说明部分和函数体。函数的一般形式为：

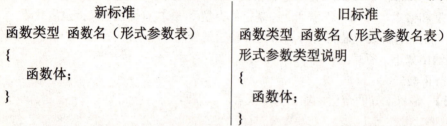

其中，说明部分包括函数名、函数类型、形式参数表。一个函数名后面必须跟一对圆括号，可以没有参数，如 main()，如果有参数，则应说明每个参数的类型和名字；函数体即函数说明部分下面的大括号"{ }"内的部分，如果一个函数中有多对大括号，则最外层的一对大括号为函数体的范围。函数体一般包括变量的定义部分和执行部分。旧标准由于在"形式参数名表"中只有参数的名字而没有给出其类型，所以要在下一行对参数的类型给以说明。

③ main()函数是整个C语言程序的入口。一个C语言程序总是从main()函数开始执行的，也在main()中结束，其他函数通过调用得以执行。main()函数可以在程序最前面，也可以在程序最后，或在一些函数之前、另一些函数之后。

④ 程序书写格式自由，一行内可以写几个语句，一个语句也可以分开写在多行上。各语句之间用分号（;）分隔。分号是C语句的必要组成部分。语句结束标志分号不可省略，即使是程序的最后一个语句，也必须有分号。

⑤ C语言本身没有输入/输出语句。其输入和输出功能是由库函数 scanf()和 printf()等来实现的，即C语言对输入/输出实行"函数化"。

⑥ 可以用"/*……*/"对C语言程序中的任何部分进行注释，以提高程序的可读性。

习　题　1

一、填空题

1. 一个C语言源程序中至少应包括一个_____。
2. 在一个C语言源程序中，注释部分两侧的分界符分别是_____和_____。
3. 一个C语言程序的执行从_____函数开始，到_____函数结束。
4. 在C语言程序中，输入操作是由库函数_____完成的，输出操作是由库函数_____完成的。

二、选择题

1. C语言属于（　　）。

A．机器语言　　　B．低级语言　　　C．中级语言　　　D．高级语言
2．C语言程序能够在不同的操作系统下运行，这说明C语言具有很好的（　　）。
　　A．适应性　　　B．移植性　　　C．兼容性　　　D．操作性
3．一个C语言程序是由（　　）组成的。
　　A．一个主程序和若干子程序　　　B．函数
　　C．若干过程　　　　　　　　　　D．若干子程序
4．C语言规定，在一个源程序中，main()函数的位置（　　）。
　　A．必须在最开始　　　　　　B．必须在系统调用的库函数的后面
　　C．可以任意　　　　　　　　D．必须在最后
5．C语言程序的执行，总是起始于（　　）。
　　A．程序中的第一条可执行语句　　B．程序中的第一个函数
　　C．main()函数　　　　　　　　　D．包含文件中的第一个函数
6．以下叙述不正确的是（　　）。
　　A．一个C语言源程序可由一个或多个函数组成
　　B．一个C语言源程序必须包含一个main()函数
　　C．C语言程序的基本组成单位是函数
　　D．在C语言程序中，注释说明只能位于一条语句的后面
7．下面对C语言特点的描述，不正确的是（　　）。
　　A．C语言兼有高级语言和低级语言的双重特点
　　B．C语言既可以用来编写应用程序，又可以来编写系统软件
　　C．C语言的可移植性较差
　　D．C语言是一种结构式模块化程序设计语言
8．C语言程序的注释（　　）。
　　A．由"/*"开头，"*/"结尾
　　B．由"/*"开头，"/*"结尾
　　C．由"//"开头
　　D．由"/*"或"//"开头
9．C语言程序的语句都以（　　）结尾。
　　A．"."　　　B．";"　　　C．","　　　D．都不是
10．用C语言编写的代码程序（　　）。
　　A．可立即执行　　　　　　　B．是一个源程序
　　C．经过编译即可执行　　　　D．经过编译解释才能执行

三、实验题

1．编写一个简单的C语言程序完成在屏幕上显示如下信息：
　　This is my first C program!
2．上机调试例1.1、例1.2、例1.3。
3．上机调试程序，体会'\n'的作用，要求输出以下格式：

```
***********
Very good!
```

****

程序清单如下：

```c
#include <stdio.h>
#include <stdlib.h>
void main( )
{   printf("***********\n");
    printf("Very good!\n");
    printf("***********\n");
    system("pause");
}
```

4. 下面的程序是，输入 a、b、c 三个值，输出其中最大者。上机调试并执行。

程序清单如下：

```c
#include <stdio.h>
#include <stdlib.h>
void main( )
{
    int a,b,c,max;
    printf("请输入三个数a, b, c:\n");
    scanf("%d,%d,%d",&a,&b,&c);
    max=a;
    if(max<b)    max=b;
    if(max<c)    max=c;
    printf("最大数为:%d",max);
    system("pause");
}
```

5. 先分析下列程序，写出其运行结果，然后上机调试并运行，体会 scanf()函数的作用，注意输入数据的格式为从键盘输入两个字母中间用空格分隔。

```c
#include <stdio.h>
#include <stdlib.h>
void main( )
{
    char  c1,c2;
    scanf("%c%c",&c1,&c2);
    c1=c1+1;
    c2=c2-1;
    printf("c1=%c,c2=%c",c1,c2);
    system("pause");
}
```

第 2 章 基本数据类型与运算

数据类型定义了一个对象（如常量和变量）应具有何种数值及对其可进行什么样的运算。常量和变量是 C 语言程序中最基本的数据处理对象，在使用变量前应先定义变量。变量定义包含了变量名、变量数据类型、变量的存储类别等内容。本章仅介绍变量中的前两个内容，变量的存储类别在后面的章节中介绍。运算是程序的基本功能，运算用运算符来描述，运算符决定运算对象应该进行何种运算。表达式就是用运算符将运算对象连接起来的式子，它的运算结果是一个值。

2.1 基本数据类型

在编写程序时必须要做好两件事：一是描述数据；二是描述数据的加工方法。前者通过数据定义语句实现，后者通过若干执行语句完成。数据的加工是建立在数据描述基础上的，数据描述的好坏直接影响数据加工的质量。

2.1.1 数据类型的概念

类型是指由各种特殊的事物或现象抽出来的共同点，具有共同特征的事物所形成的集合称为一个类型。类型是一个抽象概念，一组具体值（属性）的集合。根据数据的一些共同特性对具体数据进行归纳分类，抽象出共同点（取值和操作的集合），得到了数据类型。即数据的抽象化得到数据类型。所以说数据类型就是一个数据集数据的抽象化。

2.1.2 基本数据类型组成

在 C 语言中，任何数据的表现都有两种形式，即常量或变量。无论常量还是变量，都必须有各自的数据类型。在一个具体的 C 语言系统中，每个数据类型都有固定的表示方式，如整型（int）、字符型（char）等。这种表示方式实际上确定了常量或变量三方面的属性，即表示的数据范围、在内存中的存放形式及所占内存空间的大小。

C 语言中有 4 种基本数据类型，每种基本数据类型都用一个关键字表示，如图 2.1 所示。

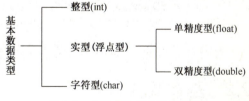

图 2.1 C 语言的基本数据类型

其中，char（字符型）、int（整型）、float（单精度浮点型）和 double（双精度浮点型）都是关键字。在程序中用关键字表示对应的类型。

另外，还有 4 个修饰词可以出现在上述几个基本类型之前，从而改变原来的含义，它们是：short（短型）、long（长型）、signed（有符号）和 unsigned（无符号）。例如，short int 表示短整型；unsigned char 表示无符号字符型；long int 表示长整型；unsigned short int 表示无符号短整型。

在计算机中，由于机器字长的位数通常是固定的（如 32 位或 64 位），因此，计算机中数的表示范围（允许取值范围）是有限的。另外，实际的数有正数和负数。正号（+）或负号（−）在机器里用一位二进制数来表示，称为符号位。通常这个符号位放在二进制数的最高位。一般规定 0 代表正号（+），1 代表负号（−），按该格式存放的数据称为符号数或机器数（用 signed 修饰）。不设符号位的数据称为无符号数（用 unsigned 修饰）。因此，一个无符号变量只能存放不带符号的数据，即无符号变量只能是一个大于等于零的数。尽管无符号变量存放数的范围大小和有符号数的范围大小一样，但无符号变量无负数，正数的范围比有符号数正数范围大了一倍多。例如，整型数（int）在 TC（Turbo C）系统中用 2 字节存放，则[signed] int 变量数的范围为 −32 768～32 767。而 unsigned int 变量数的范围为 0～65 535。同样，整型数（int）在 VC 6.0 系统中用 4 字节存放，则[signed] int 变量数的范围为 −2 147 483 648～2 147 483 647，而 unsigned int 变量数的范围为 0～4 294 967 295。

修饰符 long 一般指存储空间比 int 型扩大了一倍，而 short 一般指存储空间缩小到 int 型的一倍。但不同 C 语言编译系统的具体规定是不同的。例如，TC 中的 int 与 short int 所占用内存的位数一样（都为 2 字节）。表 2.1 给出了 TC 系统和 VC 6.0 系统中的基本数据类型、字宽和范围。

表 2.1 基本数据类型、字宽和范围

类型	类型名（类型说明符）	所占位数		VC 系统数的范围
		TC	VC	
字符型 （2 种）	[signed] char	8	8	−128～127
	unsigned char	8	8	0～255
整型 （6 种）	[signed] int	16	32	−2 147 483 648～2 147 483 647
	[signed] short [int]	16	16	−32 768～32 767
	[signed] long [int]	32	32	−2 147 483 648～2 147 483 647
	unsigned [int]	16	32	0～4 294 967 295
	unsigned short [int]	16	16	0～65 535
	unsigned long [int]	32	32	0～4 294 967 295
实型 （3 种）	float	32	32	可精确到小数点后 7 位有效数字
	double	64	64	可精确到小数点后 16 位有效数字
	long double	80	64	可精确到小数点后 16 位有效数字

表注：① 在表中出现的"[ ]"，表示该部分可以省略。如 int 与 signed int 都是表示有符号整型变量的说明符；long 与 long int 都是表示有符号长整型变量的说明符。

② C 语言标准没有规定各类数据所占用的内存位数，所以不同 C 语言编译系统的各类数据所占用的内存位数是不同的。上机使用时，应注意使用 C 语言编译系统的具体规定。

注意，在本书后面的描述中都是针对 VC 6.0 系统来讲的。

2.2 基本概念

2.2.1 标志符

程序中有许多需要命名的对象，以便在程序的其他地方使用。那么，如何表示在不同地方使用同一个对象呢？最基本的方式就是为对象命名，通过名字在程序中建立对象的定义与对象使用之间的关系。为此，每种程序语言都规定了在程序中描述名字的规则，这些名字包括：变量名、常数名、数组名、函数名等，通常被统称为标志符。

C语言规定，标志符由字母、数字和下画线（_）3种字符组成，其中，第一个字符必须是字母或下画线。这里要说明的是，为了标志符构造和阅读的方便，C语言把下画线作为一个特殊字符使用，它可以出现在标志符字符序列里的任何地方，特别是它可以作为标志符的第一个字符出现。C语言还规定，标志符中，同一个字母的大写与小写被看作是不同的字符。这样，a和A、AB和Ab是互不相同的标志符。下面是合法的C语言标志符：

  my_name test39 _string1

下面是不合法的C语言标志符：

  call…name （非字母、数字或下画线组成的字符序列）
  39test   （非字母或下画线开头的字符序列）
  -string1   （非字母或下画线开头的字符序列）

ANSI C规定标志符的长度可达31个字符，但一般系统使用的标志符，其有效长度不超过8个字符。另外，标志符不能采用系统中的32个关键字（也叫保留字），系统关键字见附录D。

2.2.2 常量

常量是指程序在运行时其值不能改变的量，它是C语言中使用的基本数据对象之一。常量有各种不同的数据类型，如图2.2所示，不同数据类型的常量由它们的表示方式决定。

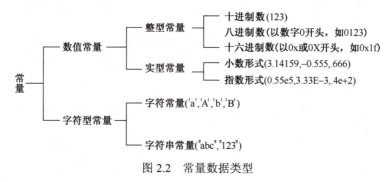

图2.2 常量数据类型

常量的类型决定了常量所占存储空间（指的是内存储器空间）的大小和数的表示范围。在C语言程序中，常量直接以自身的存在形式体现其值和类型。例如，在VC系统中：123是一个整型常量，占4字节存储空间，数的表示范围是−2 147 483 648～2 147 483 647；123.0是实型常量，双精度占8字节存储空间。

1．整型常量

（1）整型常量的3种表示形式

十进制整型常量：由0～9十个数字组成的数值，没有小数部分，如345、12。

八进制整型常量：由0～7八个数字组成的数值，并在其前面加"0"，表示它是一个八进制整型常量，如0345、012。

十六进制整型常量：在由0～9和A～F(a～f)十六个符号组成的数值，并在其前面加"0x"（或"0X"），表示它是一个十六进制整型常量，如0xdf1。

（2）整型常量的4种类型

① 基本整型常量（int型），在VC 6.0系统中，如果其值在−2 147 483 648～2 147 483 647范围内，则认为是int型的，它可以被赋值给int和long型变量，如345、12。

② 长整型常量（long int 型）。在 VC 系统中，int 型和 long 型表示的数据范围一样。

③ 无符号整型常量（unsigned int 型）就是在常数的末尾增加一个字母 u（或 U），表示无符号基本整型常量，如 345u、238U 就是 unsigned int 型。

④ 无符号长整型常量（unsigned long int 型）就是在常数的末尾增加两个字母 ul（或 UL、lu、LU、Ul、uL）表示无符号长整型常量，如 256ul、12 345 678UL 就是 unsigned long int 型。

在 C 语言中，一个整型常量可以用十进制整型常量表示，也可以用八进制整型常量或十六进制整型常量来表示。例如，十进制整型常量 31，它的八进制整型常量为 037，而十六进制整型常量为 0x1f（或 0x1F）。当然，也可以在它们的后面增加字母 l、u（或 L、U），表示 long（长整型）、unsigned（无符号型）及 unsigned long（无符号长型整型）。例如，037u 是无符号整型常量、0xFul 是无符号长整型常量、0x10L 是长整型常量。

需要注意的是，数值常量和字符常量并不占用内存，在程序运行时它作为操作对象直接出现在运算器的各个寄存器中。常量的类型不同，在寄存器中占的位数也不同，运算的快慢也不同。例如常量 65 535u 和 65 535，在 VC 系统中都占 4 字节。

2．实型常量

实型常量就是人们日常使用的带小数的常数，也叫浮点数，在 C 语言中，只能用十进制数表示。它有两种表示形式，即小数表示法和指数表示法（也称科学计数法）。

（1）小数表示法

浮点数由整数和小数两部分组成。这两部分可以省略其中的一部分，但不能同时省略（小数点不能省略）。例如，12.35、35.、.689 都是 double（双精度浮点）型常量。

（2）指数表示法

指数表示法是在小数表示法后面加字母 E（或 e）表示指数，表示形式为：

<尾数>E<指数部分>

指数部分可正可负，但必须是整数。例如，1e-2、0.5E10、35.56E-3、7.e-2，它们都是 double（双精度浮点）型常量，分别代表 $1*10^{-2}$、$0.5*10^{10}$、$35.56*10^{-3}$、$7.0*10^{-2}$。注意，用指数形式表示的浮点数必须有尾数且指数必须是整数，如 e4、.e3 和 .2e-1.5 这样的写法都是错误的。

在浮点数常量的后面可用字母 F（或 f）表示 float（单精度浮点）类型，可用字母 L（或 l）表示 long double（长双精度浮点）型，如 1e-2f 表示 float 型，而 3.2L 表示 long double 型。如果浮点数常量的后面不加字母，则表示是一个 double（双精度浮点）型常量。

在 C 语言中，字符型数据包括字符数据和字符串数据两种。例如，'a' 是字符常量，而 "Windows" 是字符串常量。

字符型数据在计算机中存储的是字符的 ASCII 编码，一个字符的存储占用 1 字节。因为 ASCII 编码形式上就是 0～127 之间的整数，因此 C 语言中字符型数据和整型数据可以通用。例如，字符 'A' 的 ASCII 码值用二进制数表示是 01000001，字符 'A' 的存储形式实际上就是整数 65，所以它可以直接与整型数据进行算术运算，可以与整型变量相互赋值，也可以将字符型数据以字符或整数两种形式输出。以字符形式输出时，先将 ASCII 码值转换为相应的字符，然后再输出；以整数形式输出时，直接将 ASCII 编码值作为整数输出。

3．字符常量

（1）一般字符型常量

一般字符型常量的表示是由一个两边加单引号（'）的字符组成。

例如，''（空字符）、' '（空格字符）、'a'（a字符）、'x'（x字符）、'D'（D字符）等。在ANSI C中，字符常量在计算机内部存放的值为该字符的ASCII编码。例如，ASCII编码中的字符'0'的编码值为48，在计算机内部存放的值为48，而不是数值0。而'A'的ASCII编码值为65，在计算机内部存放的值为65。

注意，字符常量只能包含1个字符，如'x'和'y'是合法的，而'xy'是不合法的。单引号（'）是定界符，而不属于字符常量的一部分，如'x'代表字符型常量x，而不代表字符型常量'x'。

（2）转义字符常量

除了一般字符常量外，C语言还有转义字符型常量，由两边加单引号以反斜线（\）开头的字符序列来表示，意思是将反斜线（\）后面的字符转换成另外的意义。一般表示"控制字符"，如'\n'代表一个"换行"控制符，而不是字符n。常用转义字符如表2.2所示。

表2.2 常用转义字符

字符形式	含义	ASCII编码
\0	空字符（NULL）	0
\a	响铃（BEL）	7
\b	退格符（BS）	8
\t	水平制表符（即跳到下一个输出区）（HT）	9
\n	回车换行（LF）	10
\v	竖向跳格（VT）	11
\r	回车符（CR）	13
\"	双引号字符（"）	34
\'	单引号字符（'）	39
\\	反斜线字符（\）	92
\ddd	1到3位八进制数所代表的字符	
\xhh	1到2位十六进制数所代表的字符	

字符型常量也可以用它的ASCII编码来表示，其方法就是用反斜线"\"开头，后面跟字符的ASCII编码（用八进制数或十六进制数表示），具体表示方法如下。

① 用'\ddd'表示，其中ddd代表不超过三位的八进制数。例如，'\101'代表字符'A'，因为A的ASCII编码为$(101)_8$；'\60'代表字符'0'（零），因为0的ASCII编码为$(60)_8$。

② 用'\xhh'表示，其中hh代表不超过两位的十六进制数。例如，'\x41'代表字符'A'，因为A的ASCII编码为$(41)_{16}$；'\x30'代表字符'0'（零），因为0的ASCII编码为$(30)_{16}$。

【例2.1】 转义字符示例。

```
#include<stdio.h>
#include <stdlib.h>
void main()
{
    printf("%c,%c\n",'\101','\60');
    printf("%c,%c\n",'\x41','\x30');
    system("pause");
}
```

输出结果：A,0

A,0

4. 字符串常量

（1）字符串常量的表示

字符串常量是用一对双引号括起来的零个或多个字符序列。

例如，"How are you! " 表示字符串 How are you!。

"" 表示空字符串。

" " 表示字符串"空格"。

"a" 表示字符串 a。

在字符串中也可使用表 2.2 中的转义字符。

例如，"Please enter \"Y\"or\"N\":" 表示字符串 Please enter "Y" or "N":。

字符串中可以包含空字符、空格字符、转义字符和其他字符，也可以包含汉字等文字符号。

例如，"请输入 x 和 y 两个数据！" 表示字符串：请输入 x 和 y 两个数据!。

注意，在程序中，当字符串一行写不下时，可用续行符反斜线（\）将其写在多行上，如：

"This is \↵

a string"

它等价于：

"This is a string"

其中，符号↵表示回车字符，在处理续行符的程序时，系统会忽略续行符本身及其后的回车符。

（2）字符串常量的存储形式

字符串常量与字符常量的区别：一个字符常量在计算机内部存放只占 1 字节。而字符串常量是用一维字符数组（在以后章节中介绍）来存放的，即在内部用多个连续的字节空间存放，每个字节空间放一个字符，为了标识字符串的结束位置，系统自动在字符串的结尾加一个结束符（\0），这里的'\0'表示空字符的转义字符。例如，'A'仅占 1 字节，用来存放字符 A 的 ASCII 码值 65；而"A"在内部占 2 字节，第一字节放字母 A 的 ASCII 码值 65，第二字节放结束符（\0）的 ASCII 码值 0。因而，字符常量'A'与字符串常量"A"占据的存储空间是不一样的，如图2.3所示。

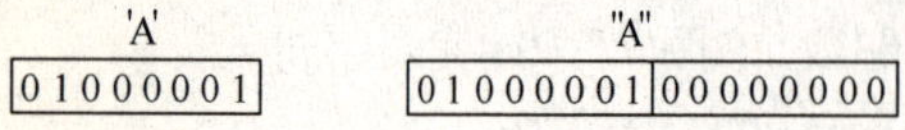

```
    'A'                    "A"
┌──────────┐        ┌──────────┬──────────┐
│ 01000001 │        │ 01000001 │ 00000000 │
└──────────┘        └──────────┴──────────┘
```

图 2.3 'A'与"A"的存储空间示意图

2.2.3 变量

在程序运行中其值允许改变的量称为变量。变量在使用前必须先定义，一般在函数体的说明部分定义。

每个变量都应有一个区别于其他变量的名字，称为变量名。每个变量都应具有一种数据类型（在定义时指定），计算机根据变量的数据类型，在内存分配一定的存储空间，用来存放变量的值。这就是变量的三个基本要素——变量名、数据类型和值。

程序里的一个变量可以看成是一个存储数据的容器，它的功能就是存储数据。对变量的基本操作有两个：①向变量中存入数据值，这个操作被称为给变量"赋值"；②取得变量当前值，以便在程序运行过程中使用，这个操作称为"取值"。变量具有保存值的性质，也就是说，如果在某个时刻给某变量赋了一个新值，此后使用这个变量时，得到的将是这个新值。

因为要对变量进行"赋值"和"取值"操作,程序是通过变量名来使用变量的。在 C 语言中,变量名是变量的标识,其命名规则应符合标志符的所有规定。

C 语言提供的基本变量的数据类型有:数值型(包括整型、实型)、字符型和指针型。

1. 变量名

C 语言关于变量名命名的规定与标志符相同,即按标志符的规定来命名变量名。使用变量名时应注意以下几个问题:

① 命名变量名时应尽量做到"见名知意",这样有助于记忆,又增加了程序的可读性;
② 下画线(_)符号一般是系统函数常用的开始符号,故一般不要用它作为变量名的第一个字符;
③ 不能用数字符号(0~9)作为变量名字的开始字符;
④ 系统规定的关键字(保留字)不能作为变量名;
⑤ 大写字母与小写字母表示不同的名字,如 area、Area、aREA、AreA、ArEa、areA 等是不同的变量名;
⑥ 习惯上一般变量用小写字母命名,而符号常量则用大写字母命名。

2. 变量的定义

C 语言中,定义一个或多个变量时可使用一个定义语句,其格式如下:

    <类型说明符>　　<变量名表>;

其中,类型说明符是 C 语言中的一个有效的数据类型说明符,如整型类型说明符 int、字符型类型说明符 char 等。变量名表的形式是:变量名 1,变量名 2,…,变量名 n;即用逗号分隔的变量名的集合,最后用一个分号表示结束定义。例如下面是某程序中的变量定义。

```
int a, b, c;        /*定义a, b, c为整型变量,每个变量在内存中占4字节*/
char cc;            /*定义cc为字符变量,在内存中占1字节*/
double x, y;        /*定义x,y为双精度实型变量,每个变量在内存中占8字节*/
```

C 语言规定变量必须先定义、后使用,目的是:
① 保证程序中变量名的正确使用;
② 可分配相应的存储空间;
③ 便于检查变量所进行的运算是否合法。

3. 整型变量

在 C 语言中,整型变量具有 6 种类型:整型、短整型、长整型、无符号整型、无符号短整型和无符号长整型。整型变量以关键字 int 为基本类型说明符,另外配合 4 个类型修饰符,用来扩充基本类型的含义,以适应更灵活的应用。4 个类型修饰符是:long(长)、short(短)、signed(有符号)、unsigned(无符号)。

总之,整型变量 6 种类型说明符是:[signed]int(整型)、[signed]short [int](短整型)、[signed]long [int](长整型)、unsigned[int](无符号整型)、unsigned short [int](无符号短整型)和 unsigned long[int](无符号长整型)。

C 语言程序中用到的所有变量都必须在使用前进行变量定义。变量定义的含义包括:定义变量类型;定义变量名。对于程序中要定义为整型的变量,只需在定义语句中指明整型数据类型和相应的变量名即可。

例如： int a,b,c;   /*定义 a,b,c 为整型变量*/
　　　 long e,f;   /*定义 e,f 为长整型变量*/
　　　 unsigned short g,h; /*定义 g,h 为无符号短整型变量*/
　　　 signed int x,y;   /*定义 x,y 为带符号整型变量，其作用同 int x,y*/

4．实型变量

在 C 语言中，实型变量分为单精度、双精度和长双精度 3 种类型。ANSI C 标准允许的定义 3 种实型变量的关键字如下：float（单精度型）、double（双精度型）、long double（长双精度型）。

在计算机中，实数是以浮点数形式存储的，所以通常将实数称为浮点数。浮点数在计算机中是按指数形式存储的，即把一个实型数据分成小数和指数两部分。

实型变量的定义，只需在定义语句中指明实型数据类型和相应的变量名即可。

例如： float a,b;   /*定义变量 a, b 为单精度实数*/
　　　 double c,d;   /*定义变量 c, d 为双精度实数*/
　　　 long double e,f;   /*定义变量 e, f 为长双精度实数*/

5．字符型变量

字符型变量用于存放字符，即一个字符型变量可存放一个字符，所以一个字符型变量占用 1 字节的内存容量。定义字符型变量的类型说明符是 char，另外还有修饰符 signed 和 unsigned。使用时只需在定义语句中指明字符型数据类型和相应的变量名即可。例如：

　　　 char s1, s2;   /*定义 s1,s2 为字符型变量，各占 1 字节*/
　　　 s1='A';   /*为 s1 赋字符常量'A'，即 A 的 ASCII 编码 65*/
　　　 s2='a';   /*为 s2 赋字符常量'a'，即 a 的 ASCII 编码 97*/

变量 s1 和 s2 在内存中以二进制数的形式存放，形式如下：

变量 s1：值 65	0	1	0	0	0	0	0	1

变量 s2：值 97	0	1	1	0	0	0	0	1

也可以用 s1=65；s2=97；代替 s1='A';s2='a';，在一定条件下，一个字符数据可以赋给一个整型变量；反之，一个整型数据也可以赋给一个字符型变量。但要注意的是，字符变量只占 1 字节。对于 unsigned char（无符号字符型）变量，它只能存放 0～255 范围内的整数；对于 signed char（有符号字符型）变量，它只能存放–128～127 范围内的整数。而整型变量（VC 系统中）至少占 4 字节，它存放的数据范围为–2 147483648～2 147483647。

阅读下面程序段，理解变量的存储形式。

　　　 char c;   /*定义一个字符型变量*/
　　　 c='a';   /*正确*/
　　　 c="a";   /*错误，c 只能容纳一个字符，而"a"要占 2 字节*/

2.3　基本运算

C 语言提供了丰富的运算符，这样就可以对数据进行各种处理，从而保证各种操作的方便实现。但是在所提供的运算符中，有些不同功能的运算符使用了相同的符号。另外，运算符还具有优先级和结合性等。所以在学习运算符时,要掌握每个运算符的功能、优先级和结合性,以及使用时的格式规定。

表达式是由运算符和运算对象组成的式子,运算对象就是在程序中要处理的各种数据。最简单的表达式就是一个常量或变量。在表达式中,可以使用圆括号来改变优先级,任何一个表达式经过计算都应有一个确定的值和类型。

在计算一个表达式时,应首先确定运算符的功能,然后确定计算顺序。一个表达式的计算顺序是由运算符的优先级和结合性决定的。优先级高的先计算,优先级低的后计算。在优先级相同的情况下,由结合性决定,在多数情况下,从左至右;在个别情况下,从右至左。另外,括号的使用可以嵌套,在计算嵌套括号的表达式时,应先计算内层括号,再计算外层括号。

一个表达式的类型由运算符的种类和操作数(运算对象)的类型决定。C 语言规定,只有同类型的数据才进行计算,不同类型的数据要先转换成同一类型的数据,然后进行计算。

2.3.1 变量赋值

在程序中,定义变量的目的是使用变量,使用变量包括给变量存放值(称给变量赋值)和从变量中取值。

1. 变量初始化

变量的初始化是给变量赋值的一种方式。在定义变量的同时给变量赋予初始值就称为变量的初始化。初始值必须是常量,常量的类型应该和定义变量的类型一致。

例如,int x;   /*变量 x 没有初始化,其值是不确定的*/
　　　int　a=10;   /*变量 a 初始化,其值是 10*/
　　　float　f=5.55f;
　　　char　c='a';
　　　int　a=15,b=15,d=15;   /*注意:不能写为 int a=b=d=15;*/

当一个变量初始化后,其值将被保存到分配给该变量的内存单元中,直到重新给该变量赋值。对于没有初始化的变量,由于计算机为它们分配有相应的存储空间,故该存储空间内,必然存在一个先前保留下来的无意义值(对于静态变量系统有默认初始化,其值如 0 或'\0'等),也就是变量的值是不确定的。

2. 变量赋值

变量赋值是更新变量值的方法,在程序运行过程中给变量赋新值,原来的值会被新值取代。C 语言中对变量的赋值可以采用下面的方法:

　　　变量名=表达式;

其中,"表达式"的意义将在后面介绍,这里只讲表达式可以是一个常量的情况。因而给一个变量赋值的格式为:

　　　变量名=常量或符号常量;

例如,char c1;   /*定义 c1 为字符型,其值不确定*/
　　　c1='b';   /*c1 的值为'b'字符也就是 98*/
　　　c1='a';   /*c1 的值变为'a'字符也就是 97*/
　　　c1= c1+1;   /*c1 的值又变为 98 即'b'字符*/

又如，int x,y;   /*定义 x，y 为整型变量，其值不确定*/
　　　char c1;   /*定义 c1 为字符型变量，其值也不确定*/
　　　x=10;y=20;   /*给变量 x、y 分别赋值 10 和 20*/
　　　c1='H';   /*给字符变量 c1 赋值'H'*/

3. 简单赋值运算符

赋值运算符"="是一种能够改变变量值的运算符。即它在计算赋值表达式的值后，还将会改变其变量的值。赋值运算符是双目运算符，赋值运算符的左边必须是变量。C 语言中赋值运算符分为：简单赋值运算符和自反赋值运算符。在这里只介绍简单赋值运算符，自反赋值运算符在后面再介绍。

简单赋值运算符只有一个：=（赋值运算符）。

简单赋值运算符的运算对象、运算规则等如表 2.3 所示。

表 2.3　简单赋值运算符

对象数	名　称	运　算　符	运算规则	运算对象	运算结果	结 合 性
双目	赋值	=	将表达式值赋于变量	任何类型	变量的类型	自右向左

赋值运算符的运算规则是将赋值运算符右边表达式的值赋给左边的变量；赋值运算符的结合性是自右向左的；赋值运算符的优先级比算术运算符的优先级低。

例如：int x=6;
　　　x=5+10;

第一个语句定义了一个 int 型的变量 x，并且初始化为 6。第二个语句是将赋值运算符右边表达式 5+10 的计算结果 15 赋给左边变量 x，从而使变量 x 的值由原来的 6 变为 15。

4. 赋值表达式

由赋值运算符和操作对象连接组成的式子称为赋值表达式。

赋值表达式的格式如下：

　　变量名 = 表达式

例如：int x,y,z;
　　　x=y=z=5+6;

上面第二个语句的执行过程是：先计算 z=5+6 的值，计算后变量 z 被更新为 11，表达式取 z 的值即 11。接着，将表达式 z=5+6 的值 11 赋给变量 y。最后将表达式 y=z=5+6 的值 11 赋给变量 x。经过上面的连续赋值，使变量 x，y，z 的值都更新为 11。

5. 赋值表达式的类型转换

赋值运算符两边的数据类型若不一致，则要进行类型转换。转换原则为：在赋值表达式中，当左值（赋值运算符左边的变量）和右值（赋值运算符右边的表达式）类型不同时，一律将右值类型转换为左值的类型。

例如：int x;
　　　float y=5.26;
　　　x=y+1.3;

将 y+1.3 的计算结果值 6.56 赋给整型变量 x 时，由于 6.56 是一个 double 类型数值，舍弃小数部分，将整数部分 6 赋给整型变量 x。注意，当赋值运算符右值大于 int 型的有效范围时，x 将被赋予一个无意义的数值，原因可参考 2.3.2 节的数据类型转换介绍。使用时请注意，避免出现错误。

将字符数据赋给整型变量时，是将字符的 ASCII 编码赋给 int 型变量。

例如：int x;
   x='a';

它是将字符'a'的 ASCII 编码 97 赋给 int 型变量 x。

因为，由赋值运算符组成的表达式中，若数据类型不一致，则要进行类型转换。正确掌握转换规则，才能编制出正确的程序。看下面的一个例子：

  int x=5,y;
  y=x+6.89;

在表达式 y=x+6.89 中，要做两次隐含转换，先将变量 x 的值转换成 double 类型，然后与 6.89 进行相加运算，最后将相加的结果值 11.89（double 型）转换成 int 型值 11（取整）赋给变量 y，结果变量 y 的值为 11。

将一个 int 型或 long 型数据赋给一个 char 型变量时，只将其低 8 位原封不动地传送到 char 型变量（发生截断）。例如：

  int i=289; /*i 中存放的二进制数是 00000000000000000000000100100001*/
  char c;
  c=i;   /*将 i 变量中低 8 位二进制数 00100001 存入 c 变量中，即十进制数为 33*/

将 signed（有符号）型数据赋给长度相同的 unsigned（无符号）型变量，将存储单元内容原样照搬（连原有的符号位也作为数值一起传送）。

【例 2.2】 将 signed（有符号）型数据赋给 unsigned（无符号）型变量。

```
#include<stdio.h>
#include <stdlib.h>
void main( )
{   unsigned a;
    int b=-1;
    a=b;
    printf("%u\n",a);          /*注意 TC 和 VC 系统运行结果不同*/
    system("pause");
}
```

例 2.2 的程序在 TC 系统的运行结果为：65535，而在 VC 6.0 系统的运行结果为：4294967295。请同学们思考一下为什么？

2.3.2 算术运算

1. 基本算术运算符

基本算术运算符用来对数据进行简单算术运算。要注意字符型数据也可以看成整型数据，参加基本算术运算。

基本算术运算符的运算对象、运算规则等如表 2.4 所示。

表 2.4 基本算术运算符

对象数	名称	运算符	运算规则	运算对象	运算结果	结合性
单目	正	+	取原值			自右向左
	负	-	取负值			
双目	加	+	加法	整型或实型	整型或实型	自左向右
	减	-	减法			
	乘	*	乘法			
	除	/	除法			
	模（求余）	%	整除取余	整型	整型	

这七个运算符的优先级规定如下：+（正）和-（负）最高，*、/和%同级，+（加）和-（减）低。用以下的描述方法：{+（正）、-（负）}→{*、/、%}→{+（加）、-（减）}。

① 单目基本运算符优先于双目基本运算符；
② *、/、%优先于+、-；
③ 同级单目基本运算符的结合性是自右向左；
④ 同级双目基本运算符的结合性是自左向右。

关于加、减、乘、除四则运算不再详述，它们对 int 型、float 型和 double 型变量都适用，而%运算符只用于 int 型运算对象。另外，两个整数相除，结果为整数；若分子小于分母，结果为零。例如：

  5/2 结果为 2。
  2/5 结果为 0。

假设两个整型数分别为 a 和 b，则求两个数的余数（a%b）的计算方法如下：

  a%b=a-int(a/b)*b

其中，int(a/b)表示取 a/b 的整数商。例如：

  5%3 余数是 2，计算方法为 5-int(5/3)*3=5-1*3=2。
  5%8 余数是 5，计算方法为 5-int(5/8)*5=5-0*8=5。
  -5%3 余数是-2，计算方法为-5-int(-5/3)*3=-5-(-1)*3=-2。
  5%-3 余数是 2，计算方法为 5-int(5/(-3))*(-3)=5-(-1)*(-3)=2。

对于五个双目运算符，其结合性为：自左向右。例如：

  10+6-4*2

第一步先计算 10+6，得结果 16；第二步计算 4*2，得结果 8；然后用第一步计算的结果减第二步计算的结果，得结果 8。

注意，C 语言中没有乘方运算符，因此不能直接进行乘方运算。

2. 算术表达式

算术表达式由算术运算符连接数值型运算对象构成，数值型运算对象称为操作数。表达式的值是一个数值，表达式的类型由运算符和操作数决定。当表达式中的操作数类型相同时，表达式结果的类型就是操作数的类型；若表达式中的操作数类型不相同，计算机将自动进行隐含类型转换。在一个算术表达式中可能出现多个相同或不同的算术运算符时，先进行哪一个运算，后进行哪一个运算，取决于运算符的优先级和结合性。

例如，5+3*(6-2)的计算方法是从左向右扫描表达式，当看到 5+3*时就可以决定不会计算

5+3，因为*的优先级比+的优先级高；再继续扫描到 5+3*( )，因为( )的优先级最高，先计算（6−2）得 4，再计算 3*4 得 12，最后计算 5+12 得 17。表达式的类型为 int 型。

表达式 3+4.0−3/2.0 的计算顺序：

① 计算 3+4.0 的过程，将 3 自动转换为 3.0，再计算 3.0+4.0 得 7.0；

② 计算 3/2.0 的过程，将 3 自动转换为 3.0，再计算 3.0/2.0；

③ 计算第一步的结果减去第二步的结果。表达式的类型为 double 型。

注意，4.0 和 2.0 看成 double 型。在表达式计算过程中，为什么将 3 自动转换为 3.0？这是下面要介绍的内容。

3．数据类型转换

C 语言允许不同类型的操作数据在表达式中进行混合运算，但运算时先将操作数转换成同一类型数据，然后进行运算。在一般情况下，转换的原则为低级类型向高级类型转换。即将占存储空间小的类型（低级类型）转换成为占存储空间大的类型（高级类型）。表达式的结果类型是占存储空间大的类型。因为这样做不会降低运算结果的精度。

类型转换分为两种：一种是隐含转换，也称自动转换；另一种是强制转换。

（1）隐含转换

隐含类型转换规则如图 2.4 所示。

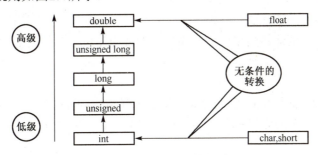

图 2.4　隐含类型转换规则

这里，int 型的级别最低，double 型的级别最高。

在表达式计算过程中，隐含类型转换原则为：short 和 char 型无条件自动转换成 int 型，float 型无条件自动转换成 double 型；当运算符作用的两个运算对象类型不同时，低级类型向高级类型转换。这种隐含的类型转换是一种保值映射，即在转换中数据的精度不受损失。

例如，若有：

　　　　int a;long x;

则表达式 a+x 的计算过程为：因为 a 为 int 型，而 x 为 long 型，两个运算对象类型不统一，由图 2.4 可以看到在 long 和 int 中 long 是高级类型的，因此需将 a 的值取出转换为 long 型，再求和。注意，a 变量的类型还是 int 型，没有发生改变，仅仅是对取出的值进行转换。

又如，若有：

　　　　int i, float f, double d, long e

则 8+'a'+i*f−d/e 表达式运算次序为：

① 将'a'无条件转换成 97（int 型），然后进行 8+'a'运算，结果为 int 型；

② 将 i 和 f 的值都转换成 double 型，然后进行 i*f 运算，结果为 double 型；

③ 将①的结果转换为 double 型，然后与②的结果相加，结果为 double 型；
④ 将 e 的值转换成 double 型，然后进行 d/e 运算，结果为 double 型；
⑤ 用③的结果减④的结果，结果为 double 型。
（2）强制类型转换
强制类型转换是将某种类型强制性地转换为指定的类型。
【例2.3】 分析下列程序的运行结果。

```
#include<stdio.h>
#include <stdlib.h>
void main()
{
    float x=12.465f;
    printf("%d",x);
    system("pause");
}
```

程序的运行结果为-2147483648，明显不符合设计要求，主要是在 printf("%d",x);中格式控制符"%d"和变量 x 的类型不一致，为了解决这个问题，提出了强制类型转换。强制类型转换是通过类型转换运算来实现的。

强制类型转换的一般格式如下：

（类型说明符）（表达式）

其功能是把表达式的运算结果强制转换成类型说明符所表示的类型。

例如，若有：

int a; float x,y;

则强制类型转换(double)a 是将 int 型变量 a 的值取出强制性地转换为一个 double 型的临时中间数值。(int)(x+y)是将两个 float 型变量 x 加 y 的结果（是一个 float 型）强制性地转换为一个 int 型的临时中间数值。

这种转换是不安全的，因强制性地转换可能会出现从高级类型向低级类型转换，这时数据精度要受到损失，甚至得到一个毫无意义的数据。例如：

若 x=2.22; y=2.60; 则(int)(x+y)结果为 4。

若 int x=32 765, y=10; 则(short)(x+y)结果为-32761。

另外，强制类型转换(short)(x+y)，它仅将 x+y 的结果强制性转换为 short 型，并不能改变变量 x 和 y 的原 int 类型，即变量 x 和 y 的类型仍为 int 型。

在使用强制类型转换时应注意以下问题：

① 类型说明符和表达式都必须加括号（单个变量可以不加括号），若把(short)(x+y)写成(short)x+y，则把 x 转换成 short 型之后再与 y 相加；

② 无论是强制转换还是自动转换，都只是为了本次运算的需要而对变量值的数据长度进行的临时性转换，不改变该变量定义的类型。

【例2.4】 强制类型转换示例。

```
#include<stdio.h>
#include <stdlib.h>
void main()
{
```

```
        float f=5.75f;
        printf("(int)f=%d,f=%f\n",(int)f,f);
        system("pause");
}
```

在例 2.4 中,变量 f 的值虽强制转为 int 型,但只在运算中起作用,是临时的,而 f 本身的类型并不改变。因此,(int)f 的值为 5(删去了小数部分),而 f 的值仍为 5.75。

注意,除了上面介绍的这种方法之外,在赋值运算表达式中也有类型转换,在 return 语句中也有类型转换,这些在后面介绍。

4. 自增、自减运算符

(1) 自增、自减运算符简介

自增(++)、自减(--)运算符都是单目运算符,一般用来对整型、字符型变量进行算术运算,运算的结果仍是原类型,并存回原运算对象。自增、自减运算符的运算对象、运算规则与结果、结合性如表 2.5 所示。

表 2.5 自增、自减运算符

对象数	名称	运算符	运算规则	运算对象	运算结果	结合性
单目	自增(前缀)	++	先加 1,后使用	整型、实型、字符型	同运算对象的类型	自右向左
	自增(后缀)	++	先使用,后加 1			
	自减(前缀)	--	先减 1,后使用			
	自减(后缀)	--	先使用,后减 1			

这两个运算符都是单目运算符,也是一种能够改变变量值的运算符,即它在计算表达式的值后,还将会改变其变量的值(使变量的值增 1 或减 1)。

自增(++)、自减(--)运算符的优先级:{++、--、!}→双目算术运算符→关系运算符→&&→||→赋值运算。

(2) 自增、自减运算符构成的表达式

C 语言的自增、自减运算符既可作用于一个变量的前面,也可以作用于一个变量的后面。无论作用于一个变量的前面还是后面,都会使被作用的变量值加 1 或减 1,这就构成了自增或自减表达式。当自增或自减运算符作用于一个变量的前面时,则该变量值先被加 1 或减 1,然后该变量才被引用。反之,如作用于一个变量的后面,则先引用该变量,然后该变量值被加 1 或减 1。

例如: ++x;   --x;   (先自增 1、自减 1)。
       x++;   x--;   (后自增 1、自减 1)。

又如,若有 int a=2;则表达式++a+1 的结果为 4,此时,变量 a 的值为 3;而表达式 a--+1 的结果为 3,此时,变量 a 的值为 1。

设有下列程序段,分析变量的值。

```
int x1, x2, x3, x4, y=5;
x1=++y;        /*y 的值变为 6,并赋给 x1,x1 的值为 6*/
x2=--y;        /*y 的值由 6 变为 5,并赋给 x2,x2 的值为 5*/
x3=y++;        /*y 的值为 5,先赋给 x3,再自增 y,y 变为 6*/
x4=y--;        /*y 的值为 6,先赋给 x4,再自减 y,y 变为 5*/
```

则经过运算,x1 的值为 6,x2 的值为 5,x3 的值为 5,x4 的值为 6。

2.3.3 关系运算符和关系表达式

1. 关系运算符

关系运算符也称比较运算符,用来比较两个数据的大小,以及运算的结果成立或不成立。如果成立,则结果为逻辑值"真",用整数"1"表示;如果不成立,则结果为逻辑值"假",用整数"0"表示。

关系运算符的运算对象、运算规则、结合性等如表2.6所示。

表2.6 关系运算符

对象数	名称	运算符	运算规则	运算对象	运算结果	结合性
双目	小于	<	满足则为真,结果为 1 不满足则为假,结果为 0	整型、实型或字符型	逻辑值(整型)1 或 0	自左向右
	小于等于	<=				
	大于	>				
	大于等于	>=				
	等于	==				
	不等于	!=				

C语言中的关系运算符共有 6 个,它们的优先级比算术运算符低,而比赋值运算符高,即算术运算符→关系运算符→赋值运算符。

关系运算符优先级:{>、<、>=、<=}→{==、!=}。

前面 4 个运算符的优先级相同,后面两个运算符的优先级相同;前面 4 个运算符的优先级高于后面两个运算符的优先级。

关系运算符的运算比较简单,要注意的是运算符的写法。例如,大于等于的写法为">=",不能写成"=>";等于的写法为"=="(即由代数中的两个等号组成),不能写成赋值运算符"=";不能在两个符号中加空格,如"> ="是错误的。

2. 关系表达式

由关系运算符和操作数组成的表达式称为关系表达式。关系表达式的值是一个逻辑型的值,即只有两个值("真"或"假")。在 C 语言中,真用"1"表示,假用"0"表示。

例如,若有 int x=2, y=3, z=5;

则:x>y   结果为 0。

  z>=y   结果为 1。

  z==y   结果为 0。

  z>y>x   结果为 0。先计算 z>y,结果为 1;再计算 1>x,结果为 0。

  x<y==z   等效于(x<y)==z   结果为 0。

  x==y<z   等效于 x==(y<z)   结果为 0。

  x=y>z   等效于 x=(y>z)   结果为 0。

关系运算符的结合性为:自左至右。关系运算符的优先级低于算术运算符的优先级。

又如,若有 int x=2, y=3, z=5;

则:y>=x+x   结果为 0。先计算 x+x,结果为 4;再计算 y>=4,结果为 0。

  x>=z-y   结果为 1。先计算 z-y,结果为 2;再计算 x>=2,结果为 1。

思考:表达式 x>y!=z>y 的结果为 1。请读者自己分析原因,注意运算符的优先级。

2.3.4 逻辑运算符

1. 逻辑运算符

逻辑运算符是对关系表达式或逻辑值进行运算的运算符，运算的结果仍是逻辑值。如表 2.7 所示，逻辑运算符共 3 个，包括：① 单目逻辑运算符：!（逻辑求反或逻辑非）。② 双目逻辑运算符：&&（逻辑与）、||（逻辑或）。

表 2.7 逻辑运算符

对象数	名称	运算符	运算规则	运算对象	运算结果	结合性
单目	逻辑非	!	!假为1、!真为0	整型、实型或字符型	逻辑值（整型）1 或 0	自右向左
双目	逻辑与	&&	真&&真为1、其他为0			自左向右
	逻辑或	||	假||假为0、其他为1			

逻辑运算符的优先级由高到低如下：! →双目算术运算符→关系运算符→&&→||→赋值运算符。

2. 逻辑表达式

由逻辑运算符连接关系表达式或逻辑值组成的表达式称为逻辑表达式。逻辑表达式的值也是一个逻辑值，即只有真值和假值，真值用"1"表示，假值用"0"表示。但要注意的是，在表达式运算判断时，非"0"即为真，"0"才为假。而确定表达式的计算结果时，真为"1"，假为"0"。

① 逻辑求反(!)：真求反得假，假求反得真。
② 逻辑与(&&)：两个操作数都为真时结果才为真，只要有一个操作数为假，结果就为假。
③ 逻辑或(||)：两个操作数都为假时结果才为假，只要有一个操作数为真，结果就为真。

例如：int x=6, y=3, z=8;
则：!x   结果为 0。
    !!!!x   结果为 1。
    x&&y   结果为 1。
    !x||y   结果为 1。

双目逻辑运算符的结合性为：自左至右。逻辑与(&&)和逻辑或(||)运算符的优先级低于关系运算符的优先级。单目逻辑求反(!)运算符的结合性为自右至左，它的优先级高于双目算术运算符的优先级。

例如：int x=3, y=5, z=6;
则：x&&!y&&z   结果为 0。
    x>y&&z>y   结果为 0。
    x<y||y<z   结果为 1。
    x<z&&y-5   结果为 0。
    x<z&&!y-5   结果为 1。

注意，在由&&和||运算符组成的逻辑表达式中，C 语言规定，只对能够确定整个表达式值所需要的最少数目的子表达式（操作数）进行计算。即在由若干个子表达式（或操作数）

组成的一个逻辑表达式中，从左至右计算子表达式的值，当计算出一个子表达式的值后便可确定整个逻辑表达式的值时，后面的子表达式就不再计算了。

例如：int x=3,y=0;

则：!x&&x+y&&x+1   结果为 0。

当计算出!x 为 0 时，便可确定整个逻辑表达式的值为 0，于是，后面的子表达式 x+y 和 x+1 就不再计算了。

又如：int x=3, y=0;

则：x||y||y+x||(y=1)   结果为 1。

当计算出 x 为 3 时，便可确定整个逻辑表达式的值为 1，于是，后面的子表达式 y、y+x 和 y=1 就不再计算了。此时 y 的值仍为 0 而不是 1。

熟练掌握 C 语言的关系运算符和逻辑运算符后，可以巧妙地用逻辑表达式来表示一个复杂的条件。例如，要判断某年（year）是否为闰年（闰年的条件是符合下面两条件之一：①能被 4 整除，但不能被 100 整除。②能被 100 整除，又能被 400 整除。如 2008 年、2000 年是闰年，2009 年、2100 年不是闰年），就可以用这种方法，并且有多种表达形式：

【方法一】可以用下面逻辑表达式来判断闰年：

　　　year%4==0&&year%100!=0||year%400==0

当给定年份为某一整数值时，如果上述表达式值为真，则该年为闰年；否则为非闰年。

【方法二】还可以用下面逻辑表达式来判断：

　　　(year%4!=0)||(year%100==0&&year%400!=0)

若表达式值为真，则为非闰年；否则为闰年。

2.4　数据的输入与输出

完整的程序都应含有数据的输入和输出功能。没有输出功能的程序是没有用处的，因为运算结果看不见；没有输入功能的程序缺乏灵活性，每次运行只能对相同的数据进行加工，所以输入和输出是程序中不可缺少的部分。

一般程序都由三部分组成：输入原始数据部分、计算处理部分和输出结果部分。其他高级语言均提供了输入和输出语句，而 C 语言无输入/输出语句。为了实现输入和输出功能，在 C 的库函数中提供了一组输入/输出函数，其中，scanf()和 printf()函数是针对标准输入/输出设备（键盘和显示器）进行格式化输入/输出的函数。

2.4.1　格式化输出函数

printf()函数的调用形式：

　　　printf(输出格式字符串，输出表达式表);

其中，"输出格式字符串"是由控制输出格式的字符组成的字符串；"输出表达式表"是用逗号分隔的若干个表达式。

printf()函数的功能是按自右向左的顺序，依次计算"输出表达式表"中各表达式的值，然后按照"输出格式字符串"中规定的格式输出到屏幕上。

说明：输出格式字符串是由双引号括起的一串字符，如"China"，用来说明输出表达式表中各表达式的输出格式。输出表达式表中的表达式（常量、变量或表达式）之间用逗号分开。

若没有输出表达式表,且输出格式字符串中不含控制输出格式的字符,则输出的是输出格式字符串本身。使用 printf()函数有如下两种基本形式。

1. 普通字符串的输出

调用输出函数 printf()的格式如下:
  printf(字符串);
字符串中不含输出格式字符,它的功能是按原样输出字符串。
例如:
  printf("How are you\n");
在屏幕上输出显示 How are you 之后换行,'\n'表示换行控制字符。

2. 格式化输出函数

调用输出函数 printf()的格式如下:
  printf(输出格式字符串,输出表达式表);
例如:
  printf("r=%d, s=%f\n", 2, 3.14*2*2);
先计算 3.14*2*2 表达式的值 12.56,在屏幕上输出显示 r=2, s=12.560000。用格式%d 输出整数 2,用%f 输出 3.14*2*2 的值 12.56,%f 格式要求输出 6 位小数,故在 12.56 后面补 4 个 0。"%d"和"%f"是格式字符,"r="、","和"s="是非格式输出字符,非格式输出字符按原样输出。

格式字符分为整型、无符号整型、单精度实型、双精度实型、字符型、字符串型。格式字符的名称、书写格式、控制的数据对象、宽度控制方法如表 2.8 所示。

表 2.8 输出格式字符表

格式字符	数据对象	输出形式	输出格式
%-md	int short char unsigned short unsigned char	十进制整数	无 m,按实际位数输出; 有 m,输出 m 位; 超过 m 位,按实际位数输出; 不足 m 位,补空格; 无−,右对齐(左补空格); 有−,左对齐(右补空格)
%-mo		八进制整数	
%-mx		十六进制整数	
%-mu		无符号整数	
%-mld(%-mhd)	long unsigned long (short) (unsigned short)	十进制长(短)整数	无 m,按实际位数输出; 有 m,输出 m 位; 超过 m 位,按实际位数输出; 不足 m 位,补空格; 无−,右对齐(左补空格); 有−,左对齐(右补空格)
%-mlo(%-mho)		八进制长(短)整数	
%-mlx(%-mhx)		十六进制长(短)整数	
%-mlu(%-mhu)		无符号长(短)整数	
%-m.nf	float double	十进制小数	无 m.n,按实际位数输出; 有 m.n,输出 n 位小数,总宽度为 m; 超过 m 位,按实际位数输出; 不足 m 位,补空格; 无−,右对齐(左补空格); 有−,左对齐(右补空格)
%-m.ne		十进制指数	
%g		自动选取 f 或 e 的格式	
%-mc	char int short	单个字符	无 m,输出单个字符; 有 m,输出 m 位,补空格; 无−,右对齐(左补空格); 有−,左对齐(右补空格)
%-m.ns	字符串	一串字符	无 m.n,按实际字符串输出全部字符; 有 m.n,仅输出前 n 个字符,补空格; 无−,右对齐(左补空格); 有−,左对齐(右补空格)

注意：①其中的 m 或 n 是正整数，m 是输出数据的宽度，n 是小数位的位数或字符串的实际输出字符数。②0~127 之间的整数可以用"%-mc"格式输出对应的字符；字符型数据可以用"%-md"、"%-mo"、"%-mx"和"%-mu"格式输出对应的整数。

下面举例说明 printf( )函数的使用方法。

【例 2.5】 用 printf( )函数输出整数和字符。

```
#include<stdio.h>
#include <stdlib.h>
void main()
{   char c1='A';
    printf("%c  %d",c1,c1);
    system("pause");
}
```

运行结果为：
  A   65

【例 2.6】 用 printf( )函数输出十进制整数、八进制整数和十六进制整数。

```
#include<stdio.h>
#include <stdlib.h>
void main()
{   int i=123;
    printf("%d  %o  %x",i,i,i);
    system("pause");
}
```

运行结果为：
  123   173   7b

【例 2.7】 用 printf( )函数输出字符串。

```
#include<stdio.h>
#include <stdlib.h>
void main()
{   printf("%10s\n","hello");
    printf("%-10s\n","hello");
    system("pause");
}
```

运行结果为：
  ⊔⊔⊔⊔⊔hello
  hello⊔⊔⊔⊔⊔

其中，符号"⊔"表示空格，实际输出为空，%与格式符 s 之间的 10 表示域宽，当域宽大于参数的实际长度时，输出参数的值以右边对齐的方式输出，前面补空格。若在 10 前加一个负号（−），则输出参数的值以左边对齐的方式输出，后面补空格。当域宽小于参数的实际长度时，域宽不起作用，按参数的实际长度输出。

【例 2.8】 printf()函数的几种输出示例。

```
#include<stdio.h>
#include <stdlib.h>
```

```
void main()
{   float y=45.4356f;
    printf("%9.4f\n",y);
    printf("%0.4f\n",y);
    printf("%0.3f\n",y);
    printf("%f\n",y);
    system("pause");
}
```

运行结果为：

  ␣␣45.4356

  45.4356

  45.436

  45.435600

2.4.2 格式化输入函数

scanf()函数的调用形式：

  scanf(输入格式字符串，输入变量地址表);

输入格式字符串是由控制输入格式的字符组成的字符串；输入变量地址表是用逗号分隔的若干个接收输入数据的变量地址。

scanf()函数的功能是按照"输入格式字符串"中规定的格式从键盘读取若干个数据，按"输入变量地址表"中变量的顺序，依次存入对应的变量。

输入格式字符串是由格式字符和非格式字符组成的，通常是一个字符串常量。其中非格式字符作为输入时数据的分隔符，必须原样输入；而格式字符对应的数据，必须按规定的格式输入。对数值型格式来讲，在输入格式字符串中有多个格式字符而没有非格式字符分隔时，用键盘输入数据时，默认分隔符为按空格键、Tab键或回车键。注意，单个字符的输入分隔符不起作用。

格式字符分为整型、无符号整型、单精度实型、双精度实型、字符型、字符串型。格式字符的名称、控制的数据对象、数据输入形式和方法如表2.9所示。

表2.9 输入格式字符表

格 式 字 符	数 据 对 象	输 入 形 式	数据输入方法
%md	int	十进制整数	无 m，按实际位数输入； 有 m，则输入 m 位，不足 m 位则跟回车键
%mo	short	八进制整数	
%mx	unsigned int unsigned short	十六进制整数	
%mld(%mhd)	long	十进制长（短）整数	无 m，按实际位数输入； 有 m，则输入 m 位，不足 m 位则跟回车键
%mlo(%mho)	unsigned long (short) (unsigned short)	八进制长（短）整数	
%mlx(%mhx)		十六进制长（短）整数	
%mf %me	float	十进制小数 十进制指数	无 m，按实际位数输入； 有 m，则输入 m 位，不足 m 位则跟回车键
%mlf %mle	double	十进制小数 十进制指数	无 m，按实际位数输入； 有 m，则输入 m 位，不足 m 位则跟回车键
%mc	char	单个字符	无 m，仅取单个字符； 有 m，则输入 m 位，仅取第一个字符
%ms	字符串	一串字符	无 m，取若干字符直到回车或空格为止； 有 m，则仅取前 m 个字符

注意，其中的 m 是一个正整数，主要用来控制输入数据的位数。m 可以省略，省略时，可以用非格式字符作为两个数据的间隔；也可以在输入时按空格键、Tab 键或回车键作为两个输入数据的间隔。用%c 作为输入格式字符时，仅接受单个字符。从键盘输入单个字符后应跟回车键作为输入格式字符时，此时回车键作为一个字符将存放在键盘缓冲区，如果下面再有%c 作为输入格式字符，将不再读键盘，而从键盘缓冲区取出没有读完的"回车键"。

【例 2.9】 scanf()函数中的输入格式字符串与程序运行时键盘输入格式的比较。

```
#include<stdio.h>
#include <stdlib.h>
void main()
{   int a,b,c,d;
    char c1;
    scanf("%d %d %d %c",&a,&b,&c,&c1);
    d=a+b+c;
    printf("%c=%d\n",c1,d);
    system("pause");
}
```

运行时输入：1□2□3□s✓。数字之间必须有空格分隔，因为 scanf("%d %d %d %c",&a,&b,&c,&c1);语句中每两个%d 之间有空格。

输出结果为：s=6

```
#include<stdio.h>
#include <stdlib.h>
void main()
    {int a,b,c,d;
    char c1;
    scanf("%d%d%d%c",&a,&b,&c,&c1);
    d=a+b+c;
    printf("%c=%d\n",c1,d);
    system("pause");
    }
```

运行时输入：1□2□3s✓

输出结果为：s=6

当有多个数据输入时，一定要注意数据之间所使用的分隔符。

例如，若有：

  scanf("%3d%3d",&x,&y);

若输入数据格式为：1234□56789✓，则将 123 赋给 x，4 赋给 y。

若输入数据格式为：123456✓，则将 123 赋给 x，456 赋给 y。

又如，若有：

  scanf("%c%c%c",&c1,&c2,&c3);

若输入数据格式为：a□b□c✓或 abc✓，则赋值结果是一样的，即将 a 赋给 c1，c 赋给 c2，b 赋给 c3。

在有多个数据输入时，若 scanf( )函数中的格式控制字符串有自定义的数据分隔符，则必须按自定义的分隔符原样输入。

【例 2.10】 用自定义的数据分隔符","方式输入数据。

```
#include<stdio.h>
#include <stdlib.h>
void  main( )
{    int x,y;
     char c;
     scanf("%d,%d,%c",&x,&y,&c);
     printf("%d,%d,%c\n",x,y,c);
     system("pause");
}
```

数据输入格式必须为：10,20,a↵

输出结果为：10，20，a

若输入数据格式为：10 20 a，则变量 y 和 c 不能获得数据 20 和 a。这样就会使程序的计算结果产生错误。为了说明此问题，看下面一个例子。

【例 2.11】 用逗号（,）字符分隔方式输入数据。

```
#include<stdio.h>
#include <stdlib.h>
void  main( )
{    int x,y;
     scanf("%d,%d",&x,&y);
     x+=y;
     printf("%d,%d",x,y);
     system("pause");
}
```

数据输入格式必须为：50,100↵

输出结果为：150,100

若输入数据格式为：50 100↵，则输出结果为：-858 993 410，-858 993 460（这是一个错误的结果）。

由例 2.11 可以看出，在输入数据时，如果不注意数据的输入格式，尽管程序是正确的，但因为输入的数据格式不对，将造成计算结果出错。在这里特别提醒初学者，对于这种错误，应给予足够的认识。

2.4.3 字符输入与输出函数

1. 字符输入函数

字符输入函数的调用形式：

  getchar( )

getchar( )函数没有参数（即括号内不填写任何内容）。函数的功能是从键盘读取单个字符。

执行该函数时，机器等待用户从键盘输入一个字符并返回其值。接收该函数值时，可以用字符型或整型变量，也可以直接作为一个操作数参与运算。通常使用的方式是采用下列语句：

   变量=getchar();

  例如：char c1,c2;

   c1=getchar();

   c2=getchar()+1; /*getchar()作为运算对象*/

  第一个语句定义了两个 char 型的变量 c1、c2；第二个语句是将从键盘输入的一个字符通过 getchar()函数读入到程序中，并赋值给变量 c1；第三个语句是将从键盘输入的下一个字符也读入到程序中，并与常数 1 进行相加运算，最后将计算结果赋值给变量 c2。注意，getchar()函数一次只能从键盘读取一个字符。

  2．字符输出函数

  字符输出函数的调用形式：

   putchar(c);

参数 c 可以是字符常量、字符变量或整型表达式，若为整型表达式，则其值应在 0～127 之间。函数的功能是将参数 c 对应的字符输出到屏幕上的当前光标处。通常有下列两种语句形式：

   putchar(字符变量);

  或 putchar('字符');

  【例 2.12】 putchar()和 getchar()函数的应用。

```
#include <stdio.h>
#include <stdlib.h>
void main()
{   char c1,c2;
    c1=getchar();
    c2=getchar()+1;
    putchar(c1);
    putchar(c2);
    system("pause");
}
```

  输入：ab✓

  输出结果：ac

  该程序的第一个 putchar(c1)语句，是将变量 c1 中的字符输出到显示器上；第二个 putchar(c2)语句，是将变量 c2 中的字符输出到显示器上。

  注意：

  ① 要使用标准的输入/输出函数，必须在程序的开始增加一个命令#include <stdio.h>。它的作用是告诉 C 语言的编译系统，该程序中将用到标准的输入/输出函数。但 printf()和 scanf()两个函数可以不加#include <stdio.h>。

  ② 在例 2.12 中，若从键盘输入两个字符（如 a 和 b），正确的输入方法是：先用键盘输入字母 a 和 b，然后才能按回车键。而不能输入一个 a 字母，按一次回车键，再输入一个 b 字母，再按一次回车键。请同学们思考这是为什么？

2.5 知识扩展

2.5.1 条件运算符和条件表达式

条件运算符是 C 语言中仅有的一个三目运算符，该运算符需要 3 个运算对象，它的格式如下：

d1?d2:d3

其中：d1、d2 和 d3 是 3 个运算对象，d1 可以是任何类型的运算对象，通常要按逻辑对象来理解，d2、d3 是任何类型的运算对象。条件运算符的运算对象、运算规则、结合性如表2.10 所示。

表2.10 条件运算符

对象数	名称	运算符	运算规则	运算对象	运算结果	结合性
三目	条件	?:	对于 d1?d2:d3 d1 为真，取 d2 d1 为假，取 d3	表达式	值：d2 或 d3 类型：d2、d3 高的一个	自右向左

条件运算符的功能是先计算 d1 的值，根据该值进行判断。如果为非 0，则计算 d2 的值，并把该值作为条件表达式的值；否则计算 d3 的值，并把该值作为条件表达式的值，而表达式的类型为 d2 和 d3 中类型高的。另外，条件运算符的结合性是自右向左。

条件运算符的优先级如下：{++、--、!}→双目算术运算符→关系运算符→&&→||→条件运算符→赋值运算。

例如，设整型变量 a,b,c,d 的值均为 2，则 a==b?(c=1):(d=0)的结果是：a、b、d 不变，c 为 1；表达式值为 1。

注意，运算顺序相当于(a==b)?(c=1):(d=0)，由于条件运算符的优先级高于赋值运算符的优先级，所以(c=1)和(d=0)的圆括号不能少。

又如：a+1==3?(b=a+2):(c=a+3);   结果 a、c 不变，b 为 4，表达式值为 4
　　　a==b?(c=0):a>b?(c=1):(c=-1);   结果 a、b 不变，c 为 0，表达式值为 0

若有下列程序段：

```
    float f=32765.0f;
    int i=10;
```

则表达式 1?f:i 的值为 32765.0，在 VC 系统中类型为 float。表达式 0?f:i 的值为 10.0，在 VC 系统中类型为 float。

【例 2.13】输入一个字符，判别它是否为大写字母，如果是，则将它转换成小写字母；如果不是，不转换。然后输出最后得到的字符。

关于大写字母和小写字母的转换，实际是字母的 ASCII 编码运算。

```
    #include<stdio.h>
    #include <stdlib.h>
    void main()
    {   char ch;
```

```
        scanf("%c",&ch);
        ch=(ch>='A'&&ch<='Z')?ch+32:ch;
        printf("%c\n",ch);
        system("pause");
}
```

【例2.14】 条件运算示例。

```
#include<stdio.h>
#include <stdlib.h>
void main()
{   int x=3,y=4,z;
    z=x>y?++x:++y;
    printf("%d,%d,%d\n",x,y,z);
    z=x-y?x+y:x-3?x:y;
    printf("%d,%d,%d\n",x,y,z);
    system("pause");
}
```

程序的运行结果如下：

3,5,5

3,5,8

2.5.2 逗号运算符和逗号表达式

C 语言把逗号（,）作为运算符。逗号运算符的功能是将多个表达式组成一个逗号表达式。逗号运算符是所有运算符中优先级最低的。逗号表达式运算规则是：从左至右依次计算各个表达式的值，最后计算的一个表达式的值和类型便是整个逗号表达式的值和类型。逗号运算符的运算对象、运算规则、结合性如表 2.11 所示。

表 2.11 逗号运算符

对象数	名称	运算符	运算规则	运算对象	运算结果	结合性
双目	逗号	,	依次计算前、后表达式	表达式	后表达式值和类型	自左向右

逗号运算符的优先级如下：{++、--、!}→双目算术运算符→关系运算符→&&→||→赋值运算→逗号运算符。

例如：y=(x=3,5+6,x+5)逗号表达式的值为 8，类型也是表达式 x+5 的类型。

设整型变量 a、b、c、d、e、f，a、b 值为 2，则逗号表达式 b=a+3，c=b+4 的结果为：a 不变，b 为 5，c 为 9，逗号表达式的值为 9（取 c=b+4 的值）。

逗号表达式 d=a--, e=d--, f= --e 的结果为：a 为 1，d 为 2，e 为 1，f 为 1，逗号表达式的值为 1（取 f=--e 的值）。

【例2.15】 逗号运算示例。

```
#include<stdio.h>
#include <stdlib.h>
void main()
{   int x=1,y=2,z;
    z=x+y+3;
```

```
        printf("%d,%d,%d\n",x,y,z);
        z=(x++,x+=y,x+y);
        printf("%d,%d,%d\n",x,y,z);
        system("pause");
    }
```

程序的运行结果如下：

  1, 2, 6

  4, 2, 6

2.5.3 数据类型长度运算符

  数据类型长度运算符（sizeof）是一个单目运算符，其运算对象可以是任何数据类型说明符或表达式，它的功能是返回给定类型的运算对象所占内存字节数。其引用的格式为：

    sizeof（类型说明符、数组名或表达式）

或

    sizeof 变量名

  显然，sizeof()是单目运算符，只能连接一个运算对象。如果运算对象是一个表达式（如常量、变量、数组名、结构体变量、共用体变量等），则 sizeof()不会对表达式求值，只给出该表达式所占用的字节数；如果运算对象是一个类型说明符（如 char、int 等），它会准确地给出该类型的数据在计算机上的实际长度。

  长度运算符的运算对象、运算规则、结合性如表 2.12 所示。

表 2.12　长度运算符

对象数	名 称	运算符	运算规则	运算对象	运算结果	结合性
单目	长度	sizeof	测试数据类型所占用的字节数	类型名、数组名、表达式	整型	无

  长度运算的优先级如下：{sizeof,单目算术运算符，!,++,− −}同级；{sizeof、++、− −、!、单目算术运算符}→双目算术运算符→关系运算符→&&→||→赋值运算→逗号运算符。

  例如，若有 int n;short s;unsigned long x;float f;char c;

则：sizeof(n)的值是 4；

  sizeof(s)的值是 2；

  sizeof(x)的值是 4；

  sizeof(f)的值是 4；

  sizeof(c)的值是 1；

  sizeof(f+1.2)的值是 8。

【例 2.16】 长度运算示例。

```
#include<stdio.h>
#include <stdlib.h>
void main( )
{   float f;
    int a[10];
    printf("%d,%d,%d,%d ",sizeof f,sizeof a[5],sizeof(double),sizeof(char));
```

```
        system("pause");
    }
```

该程序在 VC 系统下的运行结果为：

  4，4，8，1

2.5.4 算术自反赋值运算符

算术自反赋值运算符是双目运算符，运算符的左面必须是变量，右面是表达式。

算术自反赋值运算符的运算对象、运算规则与运算结果、结合性如表 2.13 所示。

表 2.13 算术自反赋值运算符

对象数	名称	运算符	运算规则	运算对象	运算结果	结合性
双目	加赋值	+=	a+=b 相当 a=a+(b)	数值型、字符型	数值型	自右向左
	减赋值	-=	a-=b 相当 a=a-(b)			
	乘赋值	*=	a*=b 相当 a=a*(b)			
	除赋值	/=	a/=b 相当 a=a/(b)			
	模赋值	%=	a%=b 相当 a=a%(b)	整型	整型	

算术自反赋值运算符的优先级如下：算术运算符→关系运算符→双目逻辑运算符→算术自反赋值运算符；{sizeof、++、--、!、单目算术运算符}→双目算术运算符→关系运算符→&&→||→{赋值运算符、算术自反赋值运算符}→逗号运算符。

在计算算术自反赋值运算符的表达式中，应该先计算右边表达式的值，再与左边变量的值运算，将结果赋给算术自反赋值运算符左边的变量。例如：

  int x=3,y=4,z=5,p=6;

  x*=y+1;

等价于 x=x*(y+1);

这里，x 的值为 15。因为先计算右边表达式 y+1 的值，然后再与变量 x 相乘，再将结果赋给变量 x。

又如，x+=y-=z*=p/=2; 计算顺序相当于 x+=(y-=(z*=(p/=2)));计算结果 p 的值为 3；z 的值为 15；y 的值为-11；x 的值为-8。

2.5.5 位运算

位运算是一种对运算对象按二进制位进行操作的运算。位运算不允许只操作其中的某一位，而是对整个数据按二进制位进行运算。位运算的对象只能是整型（包括字符型）数据，运算的结果仍是整型的。位运算符又分为三类：逻辑位运算符、移位运算符和位自反赋值运算符。由位操作运算符连接的操作对象组成的表达式也称为算术表达式。因为位运算符的实质是算术运算符，所以它组成的表达式的值是算术值。另外，位运算符只针对基本数据类型中的 char 型和 int 型数据中的二进制位进行操作，不能对其他类型的数据进行操作。

1. 逻辑位运算符

逻辑位运算符是将数据中每个二进制位上的"0"或"1"看成逻辑值，逐位进行逻辑运算的运算符。逻辑位运算符有4个，包括：① 1个单目逻辑位运算符：~（按位求反）。② 3个双目逻辑位运算符：&（按位与）、|（按位或）和^（按位加或称按位异或）。

第 2 章 基本数据类型与运算

位运算符的优先级如下：～和单目逻辑运算符、++、--、单目算术运算符、长度运算符同级；在双目逻辑位运算符中，&高于^，而^又高于|；～→双目算术→关系→&→^→|→双目逻辑。

按位求反(～)是将各个二进制位由 1 变 0，由 0 变 1。

按位与(&)是将两个操作数的二进制位从低位（最右位）到高位依次对齐后，对应位求与。只有两个位都是 1 时结果才为 1，否则为 0。

逻辑位运算符如表 2.14 所示，双目逻辑位运算符规则示例如表 2.15 所示。

表 2.14 逻辑位运算符

对象数	名 称	运算符	运算规则	运算对象	运算结果	结合性
单目	位非	～	～1 为 0 ～0 为 1	整型	整型	自右向左
双目	位与	&	参见表 2.13			自左向右
	位或	|				
	按位加（异或）	^				

表 2.15 双目逻辑位运算符的运算规则示例

对象 1（a）	对象 2（b）	位与（&）	位或（|）	按位加（^）
0	0	0	0	0
0	1	0	1	1
1	0	0	1	1
1	1	1	1	0

【例 2.17】 位运算示例。

```
#include<stdio.h>
#include <stdlib.h>
void main()
{   short int a=0111,b=0123,x1,x2,x3,x4;
    x1=~a;
    x2=a&b;
    x3=a|b;
    x4=a^b;
    printf("x1=%ho\nx2=%ho\nx3=%ho\nx4=%ho\n",x1,x2,x3,x4);
    system("pause");
}
```

注意：程序中"%ho"为短整型八进制数输出格式控制符。

在程序中设 a、b 均为整型变量，a 为八进制数 0111（对应的二进制数为 0000000001001001），b 为八进制数 0123（对应的二进制数为 0000000001010011），则有如下结果：

① ～a 的结果为 0177666（对应的二进制数为 1111111110110110）。

② a&b 的结果为八进制数 0101，运算过程如下：

```
         0000000001001001    （a，为八进制数 0111 的二进制数）
    &    0000000001010011    （b，为八进制数 0123 的二进制数）
         0000000001000001    （按位与的结果为八进制数 0101）
```

③ a|b 的结果为八进制数 0133，运算过程如下：
    0000000001001001　（a，为八进制数 0111 的二进制数）
  | 0000000001010011　（b，为八进制数 0123 的二进制数）
    0000000001011011　（按位或的结果为八进制数 0133）
④ a^b 的结果为八进制数 032，运算过程如下：
    0000000001001001　（a，为八进制数 0111 的二进制数）
 ^ 0000000001010011　（b，为八进制数 0123 的二进制数）
    0000000000011010　（按位异或的结果为八进制数 032）

2. 移位运算符

移位运算符是将数据看成二进制数，对其进行向左或向右移动若干位的运算。移位运算符分为左移和右移两种，均为双目运算符，分别是：<<（左移）和>>（右移）。

（1）左移运算

左移运算是将一个二进制的数按指定的位数向左移位，移掉的高位被丢弃，右边移出的空位一律补 0。

左移运算表达式格式为：

  a<<b

其中，a 为要左移的运算对象，<<为左移运算符，b 为左移的位数。

例如，设 a 为短整型，a=3，则表达式 a<<4 的结果为 48。

表达式 a<<4 的含义是把 a 的各二进位向左移动 4 位。a 为 0000000000000011（十进制数 3），左移 4 位后为 0000000000110000（十进制数 48）。

（2）右移运算

右移是将一个二进制的数按指定的位数向右移位，移掉的低位被丢弃，左边移出的空位补 0，或者补符号位，这要由被移位的数据是否带符号决定。若是无符号数，则补入数全部为 0；若是带符号数，则补入的数全部等于原数的最左端位上的原数（即符号位）。在使用补码作为机器数的机器中，正数的符号位为 0，负数的符号位为 1。

右移运算表达式格式为：

  a>>b

其中，a 为要右移的运算对象，>>为右移运算符，b 为右移的位数。

例如，设 a 为短整型，a=15，则表达式 a>>2 的结果为 3。

表达式 a>>2 的含义是把 a 的各二进位向右移动 2 位。a 为 0000000000001111（十进制数 15），右移 2 位后为 0000000000000011（十进制数 3）。

移位运算符的运算对象、运算规则、结合性如表 2.16 所示。

表 2.16　移位运算符

对象数	名称	运算符	运算规则	运算对象	运算结果	结合性
双目	左移	<<	a<<b,a 向左移 b 位	整型	整型	自左向右
	右移	>>	a>>b,a 向右移 b 位			

移位运算符的优先级为：算术运算符→移位运算符→关系运算符。

【例2.18】 移位运算符应用示例1。

```
#include<stdio.h>
#include <stdlib.h>
void main( )
{   unsigned short  x=6,y,z;
    y=x<<2;
    z=x>>2;
    printf("y=%hu,z=%hu",y,z);
    system("pause");
}
```

运行结果为：
　　y=24,z=1
运算过程分析：
　　　　　　　　x=:　0000000000000110（x 为 6 的二进制数）
　　　　　　　　x<<2:　0000000000011000（y 为 24 的二进制数）
　　　　　　　　x>>2:　0000000000000001（z 为 1 的二进制数）
注意：在程序运行过程中，x 变量的值没有发生变化。

【例2.19】 移位运算符应用示例2。

```
#include<stdio.h>
#include <stdlib.h>
void main( )
{   short int x=-6,y,z;
    y=x>>2;
    z=x<<2;
    printf("y=%d,z=%d",y,z);
    system("pause");
}
```

运行结果为：
　　y=-2, z=-24
运算过程分析：
　　　　　　　　1111111111111010（x 为-6 的二进制数补码）
　　　　　　　　1111111111111110（y 为-2 的二进制数补码）
　　　　　　　　1111111111101000（z 为-24 的二进制数补码）

【例2.20】 编写一个函数 getbits()，其功能是从一个 16 位的单元中取出连续的几位（即该几位保留原值）。函数调用形式为：
　　　　getbits(value,n1,n2)
其中，value 为该 16 位（两个字节）单元中的数据值，n1 为欲取出的起始位，n2 为欲取出的结束位。例如，getbits(0101675,5,8)表示对八进制数 101675 在 16 位单元中的 16 位二进制表示，取出它从左面起的第 5 位到第 8 位的数值。

分析：

① 首先构造一个 16 位的数，其值从左起第 n1 位到第 n2 位的值全为 1，其他位的值均为 0；

② 用构造好的数与输入的数进行位与运算，结果保留了输入数的第 n1 到第 n2 位的值，其他位的值均置为 0；

③ 将得到的值向右移（16–n2）位。

程序如下：

```
#include<stdio.h>
#include <stdlib.h>
void main()
{   unsigned short a;
    int n1,n2;
    printf("Input an octal number:");
    scanf("%ho",&a);
    printf("Input n1,n2:");
    scanf("%d,%d",&n1,&n2);
    printf("result:%o\n",getbits(a,n1-1,n2));
    system("pause");
}
getbits(unsigned short value,int n1,int n2)
{   unsigned short z;
    z=~0;                       /*z 各二进制位的值全为 1*/
    z=(z>>n1)&(z<<(16-n2)); /*z 的 n1 到 n2 位的值全为 1，其他位的值均为 0*/
    z=value&z;                  /*保留了 value 的第 n1 到第 n2 位的原值,其他位的值均置 0*/
    z=z>>(16-n2);               /*将 z 的值右移 16-n2 位*/
    return(z);
}
```

运行时提示和输入：

    Input an octal number:101675↵

    Input n1,n2:5,8↵

    result:3

（3）位自反赋值运算符

位自反赋值运算符是双目运算符，其前面必须是变量，后面是表达式。

位自反赋值运算符的运算对象、运算规则、结合性如表 2.17 所示。

表 2.17 位自反赋值运算符

对象数	名 称	运算符	运算规则	运算对象	运算结果	结合性
双目	位与赋值	&=	a&=b 相当于 a=a&(b)	整型	整型	自右向左
	位或赋值	|=	a|=b 相当于 a=a|(b)			
	按位加赋值	^=	a^=b 相当于 a=a^(b)			
	位左移赋值	<<=	a<<=b 相当于 a=a<<(b)			
	位右移赋值	>>=	a>>=b 相当于 a=a>>(b)			

位自反赋值运算符的优先级：位自反赋值运算符和赋值运算符、算术自反赋值运算符的优先级是相同的。

例如，设无符号整型变量 a 为 6，b 为 3，则有如下结果：

  b&=a 相当于 b=b&(a)，结果 a 不变，b 为 2，表达式值为 2。
  b|=a 相当于 b=b|(a)，结果 a 不变，b 为 7，表达式值为 7。
  b^=a 相当于 b=b^(a)，结果 a 不变，b 为 5，表达式值为 5。
  a<<=b 相当于 a=a<<(b)，结果 b 不变，a 为 48，表达式值为 48。
  a>>=b 相当于 a=a>>(b)，结果 b 不变，a 为 0，表达式值为 0。

【例 2.21】 编写程序，要求任意输入 4 位十六进制整数，以反序的方式输出该十六进制数。例如，若输入 6A8F，则输出 F8A6。

分析：对输入的 4 位十六进制整数，分别取得最低位、次低位、次高位和最高位的一位十六进制数，具体方法是，将该数分别与 0x000F、0x00F0、0x0F00 和 0xF000 进行按位与运算，然后分别左移 12 位、左移 4 位、右移 4 位和右移 12 位，再将所得的每一步移位求和。

程序如下：

```c
#include<stdio.h>
#include <stdlib.h>
void main()
{   unsigned short a,b;
    scanf("%4hx",&a);
    b=(a&0X000f)<<12;
    b+=(a&0X00f0)<<4;
    b+=(a&0X0f00)>>4;
    b+=(a&0Xf000)>>12;
    printf("%4hx\n",b);
    system("pause");
}
```

【例 2.22】 编程实现：输入一个整数，判断它能否被 3、5、7 整除，并输出相应信息提示，包括以下几种情况：①能同时被 3、5、7 整除；②能被其中两个整除（要指出哪两个）；③能被其中一个整除（要指出哪一个）；④不能被 3、5、7 任一个数整除。

程序如下：

```c
#include<stdio.h>
#include <stdlib.h>
void main()
{   int x;char tag;
    printf("Input a integer number:");
    scanf("%d",&x);
    tag=0;
    if(x%3==0)
        tag=tag|4;
    if(x%5==0)
        tag=tag|2;
    if(x%7==0)
        tag=tag|1;
```

```
        switch(tag)
        {   case 0: printf("%d can not be divided by 3,5,7 exactly\n",x); break;
            case 1: printf("%d can  be divided by 7 exactly\n",x); break;
            case 2: printf("%d can  be divided by 5 exactly\n",x); break;
            case 3: printf("%d can  be divided by 5,7 exactly\n",x); break;
            case 4: printf("%d can  be divided by 3 exactly\n",x); break;
            case 5: printf("%d can  be divided by 3,7 exactly\n",x); break;
            case 6: printf("%d can  be divided by 3,5 exactly\n",x); break;
            case 7: printf("%d can  be divided by 3,5,7 exactly\n",x); break;
        }
        system("pause");
}
```

程序中，tag 变量的个位为 1 代表能被 7 整除，十位为 1 代表能被 5 整除，百位为 1 代表能被 3 整除。

2.5.6 运算符的结合性和优先级

每一种运算符都有一个优先级，优先级用来标识运算符在表达式中的运算顺序。C 语言将运算符分为 15 个优先级，优先级高的先运算，优先级低的后运算，优先级相同时，由结合性决定运算顺序。常用运算符及其优先级和结合性见附录 B。当然，可以使用圆括号改变运算的顺序。结合性也标识运算符在表达式中的运算顺序。大多数运算符的结合性是从左至右，只有 3 类运算符的结合性是从右至左，它们是：单目运算符、三目运算符和赋值运算符。

2.6 疑难辨析

1. 实型常量的指数形式

"实数"部分可以是任何合法的十进制数值，"指数"部分只能是整数，即字母 E 之后的部分不能是小数形式，但可以是负数或正数。

例如，12.56E+6、12.56E6、542.76E-5、2.15E-6 是正确的表示形式，而 23.56E2.5、23.56E-2.5 是错误的表示形式。

2. 变量初始化时初始值必须是常量

在定义变量的同时给变量赋予初始值就称为变量的初始化。这个初始值必须是常量。
例如，int x=1+2;   /*1+2 是表达式，不是常量，错误*/
       int a=10+x;   /*10+x 是表达式，不是常量，错误*/
       char c="a";   /*c 为字符型变量，不能赋字符串"a"；错误*/

3. 忽略了变量的类型，进行了不合法的运算

```
#include <stdio.h>
#include <stdlib.h>
void main()
{   float a=3.4f,b=4.5f;
    printf("%d",a%b);
```

```
        system("pause");
}
```

上程序段中，%是求余运算，运算对象必须为整型，而 a 和 b 为单精度实型变量，不符合要求。如果将 a 和 b 的类型改为整型变量，则就可以进行求余运算，程序段如下：

```
#include <stdio.h>
#include <stdlib.h>
void main()
{   int a=3,b=4;
    printf("%d",a%b);
    system("pause");
}
```

4．将字符常量与字符串常量混淆

```
char c;
c="a";
```

在这里就混淆了字符常量与字符串常量的概念，字符常量是由一对单引号括起来的单个字符，字符串常量是一对双引号括起来的字符序列。C 规定以'\0'作字符串结束符，它是由系统自动加上的，所以字符串"a"实际上包含两个字符：'a'和'\0'，而将字符（'a'或'\0'）可以赋给字符变量。

```
char c;
c= 'a';
```

5．忽略了"="与"=="的区别。

C 语言中，"="是赋值运算符，"=="是关系运算符。例如，在下列语句中的表达式：
  if (a==3) a=b;
  if (a=3) a=b;
前者表达式 a==3 是进行比较运算，a 是否和 3 相等，如果相等结果为真，否则为假；后者表达式 a=3 表示将 3 赋给变量 a，表达式结果永远是真。

6．自增、自减运算符在使用时应该注意的问题

【例 2.23】 分析下列程序的输出结果。

```
#include<stdio.h>
#include <stdlib.h>
void  main( )
{   int x=8,y,z;
    y=(++x)+(x++)+(++x);
    z=(--x)+(x--)+(++x);
    printf("y=%d,z=%d,x=%d",y,z,x);
    system("pause");
}
```

ANSI C 中对表达式求值的顺序并无统一规定，在求一般表达式时不会发生歧义，而在求含++和--运算符的表达式时会出现歧义，在不同系统中可能得到不同的结果。大多数人认为

例 2.23 的程序经过运算后 y 的值为 29、z 的值为 30,但实际上在 Turbo C 系统中,程序经过运算,y 的值为 30、z 的值为 33,而变量 x 的值为 10;在 VC 6.0 系统中,程序经过运算,y 的值为 28、z 的值为 31,而变量 x 的值为 10。为什么同一个程序在不同系统中有不同结果呢?这是因为当在表达式中含有自增、自减运算符时,各系统求值顺序不一致。

另外,特别要注意的是,当自增、自减运算符出现在函数的参数中时,它们的计算方法也不同。

例如:

```
int x=8,y;
printf("y=%d",(++x)+(x++)+(++x));
```

Turbo C 系统结果为:y=29。
VC 6.0 系统结果为:y=28。

因此,一般在进行 C 语言程序设计时,函数的参数中都避免使用自增、自减运算符(可以将函数参数中含有自增、自减运算的表达式提到函数调用的外面),从而使设计出的程序可在各种 C 语言编译系统下获得同样的计算结果。

例如,若有如下语句:

printf("z=%d",(++x)+(x++));

则可以将它改为:

y=(++x)+(x++);
printf("z=%d",y);

根据上面分析,在程序中应该尽可能避免这些歧义性的语句出现,要充分认识到++和--运算符的副作用,主张不要过多地依赖使用++和--运算符的技巧,要遵循安全第一、易于理解的原则。如果对 y=(++x)+(x++)+(++x);进行如下改造,含义就是确定的。

```
x=8;
a=++x;
b=x++;
c=++x;
y=a+b+c;
```

执行完上述语句后,y 的值为 29,x 的值 11。

当出现难以区分的若干个+或-组成的运算符串时,C 语言规定,自左向右取尽可能多的符号组成运算符。

例如: –i++   相当于–(i++)
       i+++j   相当于(i++)+j
       i– – –j   相当于(i– –)–j

注意,自增、自减运算符只能作用于一个变量的前面或后面,不能作用于一个常量或表达式的前面或后面。例如,++5、6++、– –(x+y)、(x+2)– –、++(56+x)等都是错误的。为什么请大家仔细思考,可从该运算符的运算性质上考虑。

7. scanf()函数中参数变量忘记加地址运算符"&"

```
int a,b;
scanf("%d%d",a,b);
```

这是不合法的。scanf()函数的作用是：按照 a、b 在内存的地址将键盘输入的值存到 a、b 所代表的内存中。"&a"指 a 在内存中的地址。所以正确的语句是：

scanf("%d%d",&a,&b);

8．输入数据的方式与要求不符

① scanf("%d%d",&a,&b);

输入时，不能用逗号作为两个数据间的分隔符，如下面输入不合法：

3，4

正确的输入形式为：3 4

输入数据时，在两个数据之间以一个或多个空格间隔，也可用回车键和跳格键 tab。

② scanf("%d,%d",&a,&b);

C 语言规定：如果在"格式控制"字符串中除了格式说明以外还有其他字符，则在输入数据时应输入与这些字符相同的字符。下面输入是合法的：

3，4

此时不用逗号而用空格或其他字符是不对的。下列输入是不正确的：

3 4 或 3：4

又如：

scanf("a=%d,b=%d",&a,&b);

输入应如以下形式：

a=3,b=4

9．输入字符的格式与要求不一致

在用"%c"格式输入字符时，"空格字符"和"转义字符"都作为有效字符输入。

scanf("%c%c%c",&c1,&c2,&c3);

如输入 a b c

字符"a"送给 c1，字符" "即空格送给 c2，字符"b"送给 c3，因为%c 只要求读入一个字符，后面不需要用空格作为两个字符的间隔。

10．输入输出的数据类型与所用格式说明符不一致

例如，a 已定义为整型，b 定义为实型：

a=3;b=4.5;

printf("%f%d",a,b);

编译时不会给出错误信息，但运行结果将与原意不符。这种错误尤其需要注意。

11．输入数据时，企图规定精度

scanf("%7.2f",&a);

这样做是不合法的，输入数据时不能规定精度。

12．数学上 x 在 a,b 之间（a>x>b）的含义，用 C 语言表达式的表示方法

例如，当 5>=x>10 时，y=x^2-1;否则 y=x^2+1,用 C 语言表达式表示如下：

if(5>=x>10) y=x*x-1; else y=x*x+1;这个语句的含义和题意不符合。它等价于

if((5>=x)>10) y=x*x-1; else y=x*x+1;这个语句中（5>=x）>10 含义是先取（5>=x）的逻辑判断结果再和 10 比较大小。

正确的语句应是：if(5>=x && x>10) y=x*x-1; else y=x*x+1;

习 题 2

一、选择题

1. 下面四个选项中，均是合法整型常量的是（ ）。
   A．160，–0xffff，011　　　　　　　　B．–60，0fa，0xe
   C．–01，986,012，0668　　　　　　　D．–0x48a，2e5，0x
2. 类型修饰符 unsigned 修饰（ ）类型是错误的。
   A．char　　　　B．int　　　　C．long int　　　　D．float
3. 下列不正确的字符常量是（ ）。
   A．'\105'　　　B．'*'　　　　C．'\4f'　　　　　D．'\a'
4. 下列不正确的字符串常量是（ ）。
   A．"\"yes\"or\"No\""　B．"\'OK!\'"　　C．"abcd\n"　　D．"ABC\O"
5. 下列变量名正确的是（ ）。
   A．CHINA　　　B．byte-size　　C．double　　　　D．A+a
6. 下列转义字符不正确的是（ ）。
   A．'\\'　　　　B．'\"'　　　　C．'074'　　　　　D．'\0'
7. 下面四个选项中，均是 C 语言关键字的是（ ）。
   A．auto；enum；include　　　　　　B．switch；typedef；continue
   C．signed；union；scanf　　　　　　D．if；struct；type
8. 下列程序执行后的输出结果是（ ）。

   ```
   #include<stdio.h>
   #include <stdlib.h>
   void main()
   {   short int a=-32769;
       printf("%hd\n",a);
       system("pause");
   }
   ```

   A．32769　　　B．–32769　　　C．32767　　　　D．–32767
9. 设 x、y、z 和 k 都是 int 型变量，则执行表达式 x=(y=4, z=16, k=32)后，x 的值为（ ）。
   A．4　　　　　B．16　　　　　C．32　　　　　　D．52
10. 若有以下定义，则表达式 a*b+d–c 值的类型为（ ）。

    ```
    char a; int b;
    float c; double d;
    ```

    A．float　　　B．int　　　　C．char　　　　　D．double
11. 设有如下的变量定义，则满足 C 语言语法的表达式是（ ）。

```
int i=8, k, a, b;
unsinged long w=5;
double x=1.42, y=5.2;
```

    A．a+=a-=(b=4)*(a=3)   B．x%(-3);

    C．a=a*3=2   D．y=float(i)

12．假定有以下变量定义，则能使值为 3 的表达式是（   ）。

```
int k=7, x=12;
```

    A．x%=(k%=5)   B．x%=(k-k%5)   C．x%=k-k%5   D．(x%=k)-(k%=5)

13．表示关系 x≤y≤z 的 C 语言表达式为（   ）。

    A．(x<=y)&&(y<=z)   B．(x<=y)AND(y<=z)   C．(z<=y<=z)   D．(x<=y)&(y<=z)

14．已知：int a=5;float b=5.5;，在下列表达式中，有语法错误的是（   ）。

    A．a%3+b   B．b*b&&++a   C．(a>b)+(int(b)%2)   D．--a+b

15．能使变量 i 的值变为 4 的选项是（   ）。

    A．int i=0, j=0;   i+=j++;   B．int i=1, j=0;   j=i=((i=3)*2);

    C．int i=0, j=1;   (j==1)?(i=1):(i=3);   D．int i=1, j=1;   i+=j+=2;

16．以下程序的输出结果是（   ）。

    A．10 10   B．12 12   C．11 10   D．11 13

```
#include<stdio.h>
#include <stdlib.h>
void main()
{   int a=12,b=12;
    printf("%d %d\n",--a,++b);
    system("pause");
}
```

17．设变量 n 为 float 类型，m 为 int 型，则以下能实现将 n 中数据保留小数点后两位，第三位进行四舍五入运算的表达式是（   ）。

    A．n=(n*100+0.5)/100.0   B．m=n*100+0.5,n=m/100.0

    C．n=n*100+0.5/100.0   D．n=(n/100+0.5)*100.0

18．若有如下程序，运行该程序的输出结果是（   ）。

```
#include<stdio.h>
#include <stdlib.h>
void main( )
{   int y=3,x=3,z=1;
    printf("%d%d\n",(++x,y++),z+2);
    system("pause");
}
```

    A．34   B．42   C．43   D．33

19．语句 printf("a\bre\'hi\'y\\\bou\n");的输出结果是（   ）。

    A．a\bre\'hi\'y\\\bou   B．a\bre\'hi\'y\bou

    C．re'hi'you   D．abre'hi'y\bou

20. 下列程序执行后的输出结果是（　　）。

```
#include<stdio.h>
#include <stdlib.h>
void main( )
{   char x=0xFFFF;
    printf("%d\n",x--);
    system("pause");
}
```

　　A. -32767　　　　B. FFFE　　　　C. -1　　　　D. -32768

21. 下列程序执行后的输出结果是（　　）。

```
#include<stdio.h>
#include <stdlib.h>
void main( )
{   int x='f';
    printf("%c\n",'A'+(x-'a'+1));
    system("pause");
}
```

　　A. G　　　　B. H　　　　C. I　　　　D. J

22. 用十进制数表示表达式 12|012 的运算结果是（　　）。

　　A. 1　　　　B. 0　　　　C. 14　　　　D. 12

23. 设字符型变量 a=3，b=6，计算表达式 c=（a^b）<<2 后，c 的二进制值是（　　）。

　　A. 00011100　　B. 00000111　　C. 00000001　　D. 00010100

24. 下列程序执行后的输出结果是（　　）。

```
#include<stdio.h>
#include <stdlib.h>
void main( )
{   int a=20,b=30;
    a=a+b;b=a-b;a=a-b;
    printf("a=%d,b=%d\n",a,b);
    system("pause");
}
```

　　A. a=20,b=30　　B. a=50,b=30　　C. a=20,b=50　　D. a=30,b=20

25. 下列程序执行后的输出结果是（　　）。

```
#include<stdio.h>
#include <stdlib.h>
void main( )
{   int a=6699;
    printf("|%-8d|",a);
    system("pause");
}
```

　　A. |-0006699|　　B. |00006699|　　C. |6699␣␣␣␣|　　D. 输出格式错误

26. 下列程序执行后的输出结果是（　　）。

```
#include<stdio.h>
void  main( )
{printf("s1=|%15s|   s2=|%-12s|","NorthWest", "University");}
```

A．s1=|NorthWest| s2=|University|

B．s1=|␣␣␣␣␣␣NorthWest| s2=|University␣␣|

C．s1=|NorthWest␣␣␣␣␣␣| s2=|University␣␣|

D．s1=|␣␣␣␣␣␣NorthWest| s2=|␣␣University|

27. 若 int 类型数据占 4 字节，则下列语句的输出为（　　）。

```
#include<stdio.h>
void  main( )
{int k = -1; printf ("%d,%u\n",k,k);}
```

A．-1，-1   B．-1，2147483647

C．-1，2147483648   D．-1，4294967295

28. 阅读以下程序：

```
#include<stdio.h>
#include <stdlib.h>
void  main( )
{   int a;float b,c;
    scanf("%2d%3f%4f",&a,&b,&c);
    printf("\na=%d,b=%f,c=%f\n",a,b,c);
    system("pause");
}
```

执行时从键盘上输入 9876543210✓（符号✓表示回车），则程序的输出结果是（　　）。

A．a=98,b=765,c=4321   B．a=10,b=432,c=8765

C．a=98,b=765.000000,c=4321.000000   D．a=98,b=765.0,c=4321.0

29. 若有说明语句：int a;float b;，以下输入函数正确的是（　　）。

A．scanf("%f%f",&a,&b);   B．scanf("%f%d",&a,&b);

C．scanf("%d,%f",&a,&b);   D．scanf("%6.2f%6.2f",&a,&b);

30. 下列程序执行后的输出结果是（　　）。

```
#include<stdio.h>
#include <stdlib.h>
void  main( )
{   int a=2,b=3;
    printf(a>b?"***a=%d":"###b=%d",a>b?a:b);
    system("pause");
}
```

A．没有正确的输出格式控制   B．***a=2

C．###b=3   D．***a=2####b=3

二、计算表达式的值

1. 计算 3.5*3+2*7-'a'的值。

2. 计算 26/3+34%3+2.5 的值。
3. 计算 45/2+(int)3.14159/2 的值。
4. 已知 int a,b;求表达式 a=3*5,a=b=3*2 的值。
5. 已知 int a=3,b,c;求下列表达式的值。

   A．a=b=(c=a+=6);　　　　B．(int)(a+6.5)%2+(a=b=5);

6. 已知 int a=7;float x=2.5,y=4.7;求表达式 x+a%3*(int)(x+y)%2/4 的值。
7. 已知 int a=2,b=3;float x=3.5,y=2.5;求表达式(float)(a+b)/2+(int)x%(int)y 的值。
8. 已知 int i=10,j=5;求下列表达式的值。

   A．++i-j- -;　　　　B．i=i*=j;　　　　C．i=3/2*(j=3-2);

9. 已知 int a=5,b=3;求下列表达式的值。

   A．!a&&b++;　　　　B．a||b+4&&a*b;　　　　C．a=1,b=2,a>b?++a:++b;

   D．++b,a=10,a+5;　　E．a+=b%=a+b;　　　　F．a!=b>2<=a+1;

10. 已知 int i=3,j=4,k=5,x,y;求下列表达式的值。

    A．'i'&&'j';　　　　　　　　B．i<=j;

    C．i||j+k&&j-k;　　　　　　D．!((i<j)&&!k||1);

    E．i+j>k&&j==k;　　　　　　F．i||j+k&&j-k;

    G．!(i>j)&&!k||1;　　　　　 H．!(x=i)&&(y=j)&&0;

    I．!(i+j)+k-1&&j+k/2;

11. 已知字符'1'的 ASCII 码值为 49，求下列表达式的值。

    A．3+2<<1+1;　　　　　B．5%-3*2/6-3;

    C．8==3<=2&5;　　　　D．6>=3+2-('0'-7);

三、简答题

1. 常量有哪几种类型？它们的含义是什么？
2. 字符常量与字符串常量有什么区别？
3. 变量的类型有什么作用？
4. 在 C 语言中，哪些运算符可以使变量的值被改变？
5. 什么是表达式？表达式的值如何计算？
6. 表达式在进行计算时，其类型是如何确定的？
7. C 语言中，对类型转换有哪些规定？

四、程序设计

1. 从键盘上输入两个整型数，比较其大小，并输出其中较小的。
2. 编程实现：输入千米数，输出其英里数。已知 1 英里=1.609 34 千米。
3. 从键盘上输入任意一个小写字母，然后将该字符转换为对应的大写字母并输出，同时输出该字母的 ASCII 编码。

第 3 章　简单程序设计

程序是由多条语句组成的，描述了计算机的执行步骤。人们利用计算机解决一个问题时，必须预先将问题转化为用计算机语句描述的解题步骤，即程序。也就是说，当程序在计算机上执行时，程序中的语句用来完成具体的操作和控制计算机的执行流程，但是程序的执行并不一定是语句的书写顺序，程序中语句的执行顺序称为"程序结构"。

如果程序中的语句是按照书写顺序执行的，则称其为"顺序结构"；如果某些语句是按照当时的某个条件来决定是否执行的，则称其为"选择结构"；如果某些语句要反复执行多次，则称其为"循环结构"。程序设计理论已经证明，任何程序均可由三种基本结构组成，这三种基本结构分别是顺序结构、选择结构和循环结构，如图3.1所示。

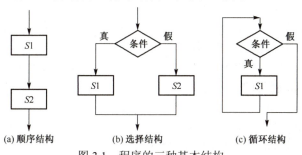

图 3.1　程序的三种基本结构

① 顺序结构：从前向后顺序执行 S1 语句和 S2 语句，当 S1 语句执行完后才执行 S2 语句。

② 选择结构：根据条件有选择地执行语句。当条件成立（真）时执行 S1 语句，当条件不成立（假）时执行 S2 语句。

③ 循环结构：有条件地反复执行 S1 语句（也称为循环体），直到条件不成立时终止循环，控制转移到循环体外的后继语句。

以上三种形式是编写程序的基本结构，无论多么复杂和庞大的程序，其模块内部或模块之间都是由三种基本结构组成的。因此，任何一种程序设计语言都会提供与之对应的语句，用其完成程序中的流程控制。

3.1　顺序结构

C 语言源程序的基本组成单位是函数，而函数是由很多语句组成的。语句分为基本语句和复合语句，基本语句按功能可分为两类：一类用于描述计算机要进行的操作和运算（如赋值语句）；另一类控制操作和运算的执行顺序（如循环控制语句）。操作和运算类语句通常叫做运算型语句，变量定义等各种定义和声明语句统称为数据描述语句。

3.1.1　顺序语句

C 语言语句中，以分号作为语句的结束符。因此，一个 C 语言程序函数是由若干个带有分号的语句（复合语句除外）组成的。无论一条语句的内容有多长，只要它中间没有分号，就认为是一条语句。但有些情况除外,如 for 语句中三个表达式之间的两个分号不是语句结束符,是分隔符,它属于 for 语句的语法要求。

例如：for(i=0;i<10;i++)
　　　　printf("a%d=%c\n",i,'*');

整个是一条语句,最后的分号才是语句结束符。

C 语言中有四种语句是顺序执行的,它们是：表达式语句、空语句、函数调用语句和复合语句。

1. 表达式语句

所谓表达式语句,就是在表达式后面加一个分号所构成的语句。有些表达式语句并没有实际意义,但从语法上讲,它是合法的。例如：

　　i>j;
　　i;
　　1*2;

这三个语句无实际意义,因为它们没有保存计算结果,对程序的功能不产生任何影响,只是延长了执行时间,但它是合法的语句。

又如,赋值语句 j=i=1;的作用是给变量赋一个新值,也属赋值语句。语句 i++;中,i 变量的新值的大小取决于原值加"1"。

2. 空语句

空语句是仅由一个分号表示的语句,其格式为：

　　;

它不产生任何作用(此语句主要用于循环语句的循环体和标号所标识的语句)。

3. 函数调用语句

当函数定义好以后,可在程序中使用如下语句来代替整个函数块：

函数名（参数表）；

此方法称为函数调用,函数名、括号及括号内的参数表构成的是函数表达式,函数调语句由函数表达式加一个分号组成。例如：

```
printf("NORTHWEST UNIVERSITY\n");
sqrt(3);
```

虽然函数是一段程序,但是函数的调用是作为语句的形式出现的,且执行顺序是由前向后。

4. 复合语句

复合语句是由一对花括号括起来的若干语句组成的。复合语句中可以有说明部分,对复合语句中用到的变量进行定义。例如：

```
{   int  sum=0;
    sum+=i;
    i++;
}
```

复合语句是一个整体，可以存在于程序中允许语句出现的任何地方，从逻辑上讲，它是一个语句，即单个语句。复合语句的结束不需要用分号";"作为语句的结束符，复合语句的右大括号"}"就有语句结束符的作用。如果加一个分号，则表示在复合语句之后多了一个空语句。

3.1.2 顺序程序设计

顺序结构是根据语句在程序中的先后次序顺序执行的程序结构。

【例3.1】 从键盘输入一个任意的小写英文字母，将其转换成对应的大写字母后输出。

算法：

(1) 输入一个小写英文字母，存入 c 变量中。
(2) 将变量 c 中存放的小写英文字母转化大写字母(c-32)，并仍存放在 c 变量中。
(3) 输出 c 变量的值。

程序如下：

```
#include<stdio.h>
void main( )
{   char c;
    printf("请输入一个小写英文字母：");
    scanf("%c",&c);
    c=c-32;
    printf ("%c",c);
}
```

执行过程如下。

请输入一个小写英文字母：a✓

输出结果：A

前面已经介绍，字符在计算机中以 ASCII 码形式存储，要将一个字符变为另一个字符，只要将它的存储编码变换一下，ASCII 是一个编码（0～127 的整数），故在 C 语言中，字符的转换问题实际上是一个整数的计算问题。由于每个小写字母的 ASCII 编码值比它的大写字母的 ASCII 编码值大 32，所以只要减去 32，便是大写字母的 ASCII 码。

下列程序也能完成同样的任务。

```
#include<stdio.h>
void main( )
{char c;
 printf("请输入一个小写英文字母：");
 c=getchar();
 c=c-32;
 putchar(c);
}
```

在程序中，因为调用了 getchar( )和 putchar( )函数，程序的开头必须加#include<stdio.h>命令。语句 c=getchar();的作用和 scanf("%c",&c);相同；语句 putchar(c);的作用和 printf ("%c",c);相同。

3.2 选择结构

选择结构语句的作用是，在程序执行中能依据运行时某些变量的值确定某些操作是执行还是不执行。C 语言提供了两种选择结构语句，if 语句和 switch 语句，用来在程序中根据不同的条件选择不同的程序段来执行。

3.2.1 选择性问题

在实际工作中，假设要计算函数 $y(x)$ 的值，函数表示如下：

$$y(x) = \begin{cases} 1 & x > 0 \\ 0 & x = 0 \\ -1 & x < 0 \end{cases}$$

在编程过程中，仅仅靠程序的顺序结构难以完成，程序的书写永远是顺序的，但必须要有对顺序书写的语句进行有选择的执行，这就是选择结构语句的功能。

程序如下：

```c
#include<stdio.h>
void main()
{   int x,y;
    printf("请输入 X 的值：");
    scanf("%d",&x);
    if(x>0)
    y=1;
    else if(x==0)
        y=0;
        else y=-1;
    printf("y=%d\n",y);
}
```

可以看出，书写是顺序的，执行是有选择的。这是用 if 语句来实现的，if 语句用来判定所给的条件是否满足，根据判定的结果（真或假）决定执行语句中给出的两种操作之一。

3.2.2 if 语句

C 语言提供了 if 条件语句的两种基本形式：一种是不带 else 的 if 语句；另一种是带 else 的 if 语句。

1. 不带 else 的 if 语句（即 if 语句）

语句格式：

  if（表达式）语句

在 if 语句中，表达式为判断的条件，语句为内嵌语句，内嵌语句只能是一个语句。注意，内嵌语句的结束符也是 if 语句的结束符。

if 语句执行过程如图 3.2 所示。首先，计算表达式的值；当表达式的值为真（非 0）时，执行内嵌语句，否则什么也不做，顺序向下执行后一条语句。

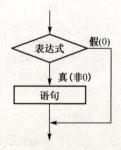

图 3.2　if 语句执行过程

例如：

    if(a<b)   a=b;

如果表达式 a<b 的值为真，则执行 a=b;，否则（即表达式值为假），不执行语句 a=b;。这个条件语句执行完后，a 中存放的是 a、b 两数中较大的一个。

在程序设计中，当遇到某段语句只有在某种特定条件下才被执行时，就应该用 if 语句来控制，这段语句应变为复合语句并为 if 语句的内嵌语句。

【例 3.2】 任意输入一个整数，求其绝对值并输出。

分析：输入一个整数，此数可以是正数、零或负数，若为负数，则将其转化为正数；若为正数或零，直接输出 x 的值。注意，变量 x 的值在程序运行过程中有可能改变。

程序如下：

```
#include<stdio.h>
void main( )
{   int x;
    printf("请输入一个整数:");
    scanf("%d",&x);
    if(x<0)    x= -x;
    printf("%d\n",x);
}
```

在该程序中，只有当条件(x<0)为真，才执行 x=-x;语句。

2. 带有 else 的 if 语句（即 if…else 语句）

语句格式：

    if（表达式）语句 1   else   语句 2

这里的语句 1 和语句 2 也是内嵌语句，它们分别也只能是一条语句。

带有 else 的 if 语句的执行过程如图 3.3 所示。首先，计算表达式的值；然后，表达式的值为真（非 0）时，执行语句 1；为假（0）时，执行语句 2；最后顺序向下执行。

该语句与不带 else 的 if 语句是不同的，这里语句 1 和语句 2 必须根据条件选择其一执行。

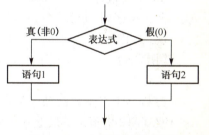

图 3.3 if…else 语句执行过程

【例 3.3】 任意输入两个实数，将其按由大到小的次序输出。

分析：从键盘输入两个实数，分别存入变量 a 和 b 中，如果条件(a>=b)为真，则执行 printf("%f, %f\n",a,b);，否则执行 printf("%f, %f\n",b,a);。

程序如下：

```
#include<stdio.h>
void main( )
{   float   a,b;
    printf("请输入两个实数:");
    scanf("%f%f",&a,&b);
    if(a>=b) printf("%f,%f\n",a,b);
        else  printf("%f,%f\n",b,a);
}
```

3.2.3 switch 开关语句

前面已经介绍了 if 语句，用其嵌套可以实现多分支语句，C 语言还专门提供一个多分支语句，即 switch 语句，也叫开关语句。

1. switch 语句的格式

switch 语句的基本格式如下：

  switch（表达式）
  {
    case 常量表达式 1：语句序列 1；
    case 常量表达式 2：语句序列 2；
    …
    case 常量表达式 n：语句序列 n；
    default ：语句序列 $n+1$；
  }

这里，常量表达式 1、常量表达式 2、…、常量表达式 n 应为整型或字符型常量，也可以是整型或字符型的符号常量。

switch 语句的执行过程如下：

① 求表达式的值，并将其值与常量表达式值逐个比较；
② 当表达式的值和某个常量表达式相等时，则执行该常量表达式后边的语句序列；
③ 接着执行下一个常量表达式后边的语句序列，直到后边所有的语句序列都执行完（即执行到语句序列 $n+1$）；
④ 如果表达式的值与所有 case 后的常量表达式都不相等，则执行 default 后面的语句序列。

【例 3.4】 写一段程序，完成生肖判断。已知 1985 年是牛年，输入一个年份，输出该年是什么年？

分析：十二生肖的顺序为鼠牛虎兔龙蛇马羊猴鸡狗猪。生肖每 12 年轮回一次。计算 $(n-1985)\%12$ 的值，结果是 0，则为牛年；结果是 1，则为虎年；结果是 2，则为兔年……结果是 10，则为猪年；结果是 11，则为鼠年。

程序如下：

```
#include<math.h>
#include<stdio.h>
void main()
{   int year,cha;
    printf("请输入一个年份：");
    scanf("%d",&year);
    cha=(year-1985)%12;
    if (cha<0) cha=12+cha;   /*如果是负数，则说明在1985年前*/
    switch(cha)
        {   case 0:printf("%d 年是牛年 2\n",year);break;
            case 1:printf("%d 年是虎年 3\n",year);break;
            case 2:printf("%d 年是兔年 4\n",year);break;
            case 3:printf("%d 年是龙年 5\n",year);break;
```

```
                case 4:printf("%d 年是蛇年 6\n",year);break;
                case 5:printf("%d 年是马年 7\n",year);break;
                case 6:printf("%d 年是羊年 8\n",year);break;
                case 7:printf("%d 年是猴年 9\n",year);break;
                case 8:printf("%d 年是鸡年 10\n",year);break;
                case 9:printf("%d 年是狗年 11\n",year);break;
                case 10:printf("%d 年是猪年 12\n",year);break;
                case 11:printf("%d 年是鼠年 1\n",year);
            }
    }
```

从本例中可以看出，每个 case 后面的语句序列的最后一个是 break 语句，它的作用是强迫立即退出 switch 语句，否则会按 switch 语句的功能，继续执行下面的每一个 case 后面的语句或 default 后面的语句。

break 语句的主要功能是防止从一个 case 语句到下一个 case 语句中，它还可以用在 while、for 和 do…while 循环语句中，强迫立即退出循环。

2．switch 语句的几点说明

在程序中使用 switch 语句时应该注意以下几点：
① 在同一个 switch 语句中，任意两个 case 后面的常量表达式的值不能相同；
② 允许多个 case 公用一个执行语句；
③ switch 语句只能将表达式的值与 case 后的整型值（char 型常量作为短整型）进行相等性测试，而 if 描述多路选择问题却不受此条件的限制；
④ switch 语句中 default 部分可以省略。

3.2.4 选择程序设计

选择程序结构用于判断给定的条件，根据判断的结果来控制程序的流程。

【例 3.5】 任意输入两个实数，用选择程序结构方式，将其按由大到小的次序输出（例 3.3 的另一种实现程序）。

分析：从键盘输入两个实数，分别存入变量 *a* 和 *b* 中，如果条件(*a*>=*b*)为真，则执行 printf("%f, %f\n",a,b);，如果条件(*a*<*b*)为真，则执行 printf("%f, %f\n",b,a);。

程序如下：

```
#include<stdio.h>
void main()
{   float a,b;
    printf("请输入两个实数:");
    scanf("%f%f",&a,&b);
    if(a>=b) printf("%f,%f\n",a,b);
    if(a<b)  printf("%f,%f\n",b,a);
}
```

该程序也可采用下列方法：如果条件(*a*<*b*)为真，则交换两变量中的值，否则什么也不做。
程序如下：

```
#include<stdio.h>
```

```
void main( )
{   float a,b,t;                      /*变量t是变量a和b值交换时所需的中间变量*/
    printf("请输入两个实数：");
    scanf("%f%f",&a,&b);
    if(a<b)
    {t=a; a=b; b=t; }                 /*变量a和b值交换时所需的中间变量t*/
    printf("%f,%f\n",a,b);
}
```

程序运行结果如下。

请输入两个实数：8.2 10.3✓

输出结果：10.300000，8.200000

注意，凡在程序中要交换两个变量的值，必须借助第三个变量才能完成，这第三个变量称为中间变量。具体可分三步：先将第一个变量的值放如入中间变量中；再将第二个变量的值放入第一个变量中；最后将中间变量的值放回到第二个变量中，这样就完成了两个变量值的交换。

3.3 知识扩展

前面已经介绍 if(e1) s 和 if(e2) s1 else s2 两种选择结构语句，其中 e1、e2 分别代表表达式1和表达式2；s、s1、s2 分别代表语句、语句1和语句2。这两种语句中都有内嵌语句。而对于 s、s1、s2 来讲，也可以是两种选择结构语句中的一种。

例如，对于下列语句：

```
if(a<b) s1
  else
    c=b;
```

若 s1 代表语句 if(b<c) c=a;，则完整的语句为：

```
if(a<b)
  if(b<c) c=a;
else
  c=b;
```

从程序段中可以看出，有两个 if、一个 else，对于 else 与这两个 if 中的哪一个配对，会有两种解释。如下形式的语句：

　　if(e1)if(e2)s1 else s2;

① else 与第一个 if 配对，则构成 if(e1)s else s2 结构，s 为 if(e2)s1 结构。

② else 与第二个 if 配对，则构成 if(e1)s 结构，s 为 if(e2)s1 else s2 结构。

总之，在这种情况下会有两种不同的解释，这种现象在程序设计中是不允许的，因此 C语言规定，else 总是与前面离自己最近的 if 配对。上面的程序段中，else 应与第二个 if 配对，构成 if(e2)s1 else s2 结构，如果希望 else 与第一个 if 配对，则应使用如下复合语句：

```
if(a<b)
  {if(b<c)              /*复合语句*/
      c=a;
```

```
    }
else
    c=b;
```

3.4 应用举例

【例 3.6】 求一元二次方程式 $ax^2+bx+c=0$ 的根。a、b、c 的值在运行时由键盘输入。它们的值满足 $b^2-4ac \geq 0$。

求根公式：$x_1 = \dfrac{-b+\sqrt{b^2-4ac}}{2a}$，$x_2 = \dfrac{-b-\sqrt{b^2-4ac}}{2a}$。

计算结果 x_1 和 x_2 为方程的根。

程序如下：

```
/*求一元二次方程式的根*/
#include<stdio.h>
#include<math.h>
void main( )
{   float a,b,c,x1,x2;
    scanf("%f%f%f",&a,&b,&c);
    x1=(-b+sqrt(b*b-4*a*c))/(2*a);
    x2=(-b-sqrt(b*b-4*a*c))/(2*a);
    printf("x1=%f,x2=%f\n",x1,x2);
}
```

运行情况如下。

输入：4.5 8.8 2.4↙

输出：x1=-0.327612   x2=-1.627944

【例 3.7】 财务人员给员工发工资时经常遇到这样一个问题，即根据每个人的工资额（以元为单位）计算出各种面值的钞票的张数，且要求总张数最少。例如，假设某职工工资为 436 元，发放方案为：100 元 4 张，20 元 1 张，10 元 1 张，5 元 1 张，1 元 1 张。编程实现此功能。

程序如下：

```
#include<stdio.h>
void main( )
{   int  gz;
    int m100,m50,m20,m10,m5,m2,m1;
    printf("请输入工资:");
    scanf("%d",&gz);
    printf("工资=%d\n",gz);
    m100=gz/100;gz=gz%100;   /*求100元的张数之后，gz中才存放剩余的金额数*/
    m50=gz/50;gz=gz%50;
    m20=gz/20;gz=gz%20;
    m10=gz/10;gz=gz%10;
    m5=gz/5;gz=gz%5;
    m2=gz/2;
    m1=gz%2;
```

```
        printf("100元：%d 张\n 50元:%d 张\n", m100,m50);
        printf(" 20元：%d 张\n 10元:%d 张\n",m20,m10);
        printf("  5元：%d 张\n  2元:%d 张\n",m5,m2);
        printf("  1元：%d 张\n", m1);
}
```

程序中定义了整型变量，使用了整型数据的除法，求余运算。对于变量命名问题，前面已介绍，从语法上讲，一个变量名只要符合命名规则就是合法的，但在实际编程时，变量名除了要符合语法规则外，还要便于阅读，最好做到见名知义。例如，变量 m100 代表面额为 100 元的钞票的张数。除变量名约定之外，在编写程序中应加入必要的注释说明，使程序的可阅读性大大提高。

【例 3.8】 在直角坐标系中有一个以原点为中心的单位圆，任给一点 (x,y)，试判断该点是在单位圆内、单位圆上，还是单位圆外，若在单位圆内，那么是在 x 轴上方，还是在 x 轴的下方？

程序如下：

```
#include<stdio.h>
void main( )
{   float x,y,z;
    printf("请输入一点的坐标（x,y）:");
    scanf("%f,%f",&x,&y);
    z=x*x+y*y;
    printf("%.2f,%.2f\t",x,y);
    if(z<=1)              /*在单位圆内或单位圆上*/
    {if(z==1)              /*在单位圆上*/
    printf("单位圆上\n");
    else
    if (y>=0)
    if(y>0)
    printf("在单位圆内, x轴上方\n");
    else
    printf("在单位圆内, x轴上\n");
    else
    printf("在单位圆内, x轴下方\n");
    }
    else printf("在单位圆外\n");
}
```

程序运行如下：

请输入一点的坐标（x,y）:0.10,0.2↵

输出结果：

0.10,0.20   在单位圆内，x 轴上方

【例 3.9】 输入三个整数，输出其中最大的一个。

分析： 要输出最大的一个，必须将三个数进行比较，先比较其中两个，获得较大的，再去同第三个数比较，最后得到三个数中最大的。要进行两个数的比较，经常用到 if 语句，比较的结果可以作为下一步操作的条件。

程序如下：

```
#include<stdio.h>
void main( )
{   int a,b,c,max;
    printf("请输入三个整数:");
    scanf("%d%d%d",&a,&b,&c);
    if (a>=b)                    /*求a,b中的大者存入变量max中*/
        max=a;
    else
        max=b;
    if (max>=c)
        printf("最大的数为:%d\n",max);
    else
        printf("最大的数为:%d\n",c);
}
```

上面程序也可以写成：

```
#include<stdio.h>
void main( )
{   int a,b,c,max;
    printf("请输入三个整数:");
    scanf("%d%d%d",&a,&b,&c);
    if (a>=b)
        max=a;
    else
        max=b;
    if(c>max)
        max=c;
    printf("最大的数为:%d\n",max);
}
```

【例 3.10】 输入三个数，按从小到大的顺序输出。

分析：用变量 a、b、c 分别存放三个数，比较后，a 中存放最小值，c 中存放最大值，b 中存放中间值。

如果(a>b)，将 a 和 b 对调（a 是 a、b 中的小者）。

如果(a>c)，将 a 和 c 对调（a 是 a、c 中的小者，也就是 a、b、c 中的最小者）。

如果(b>c)，将 b 和 c 对调（b 是 b、c 中的小者，也就是三者中的次小者）。

程序如下：

```
#include<stdio.h>
void main( )
{   float a,b,c,t;                       /*t为两个变量值交换的中间变量*/
    printf("请输入三个实数（以逗号分隔)");
    scanf("%f,%f,%f",&a,&b,&c);
    if(a>b)
        {t=a;  a=b; b=t; }               /*a、b值互换*/
```

```
        if(a>c)
            {t=a; a=c; c=t; }           /*a、c值互换*/
        if(b>c)
            {t=b; b=c; c=t; }           /*b、c值互换*/
        printf("%10.2f,%10.2f,%10.2f\n",a,b,c);
}
```

在这个程序中，if 语句的内嵌语句必须为复合语句，如果将复合语句中的三个赋值语句变为一个逗号表达式语句，则程序为：

```
#include<stdio.h>
void main()
{   float a,b,c,t;
    printf ("请输入三个实数（以逗号分隔)");
    scanf ("%f,%f,%f",&a,&b,&c);
    if(a>b)
    t=a, a=b, b=t;                      /*逗号表达式构成的语句*/
    if(a>c)
    t=a, a=c, c=t;                      /*逗号表达式构成的语句*/
    if(b>c)
    t=b, b=c, c=t;                      /*逗号表达式构成的语句*/
    printf("%10.2f,%10.2f,%10.2f\n",a,b,c);
}
```

if 语句在使用时要注意：如果语句 1 或语句 2 不是复合语句，其后一定要有一个分号。

【例 3.11】 求三角形面积。已知平面上任意三个点 $A(x_1, y_1)$、$B(x_2, y_2)$、$C(x_3, y_3)$，判断能否构成三角形。若能，则计算三角形的面积；若不能，则输出相应的信息。

分析：三个点可以构成三条边。两个点之间的距离计算公式如下：

$$d=\sqrt{(x_i-x_j)^2+(y_i-y_j)^2}$$

可以用公式计算出三条边的长度 d_1、d_2、d_3，这三条边能构成三角形的条件是任意两条边之和大于第三边。如果能构成三角形，可以采用海伦公式计算面积。海伦公式如下：

$$area=\sqrt{s(s-d_1)(s-d_2)(s-d_3)},$$

其中，$s=\dfrac{d_1+d_2+d_3}{2}$，area 为面积。

程序如下：

```
#include<math.h>
#include<stdio.h>
void main()
{   float x1,y1,x2,y2,x3,y3;
    float d1,d2,d3,s,area;
    printf("请输入第一个点的坐标：");
    scanf("%f%f",&x1,&y1);
    printf("请输入第二个点的坐标：");
    scanf("%f%f",&x2,&y2);
```

```
        printf("请输入第三个点的坐标：");
        scanf("%f%f",&x3,&y3);
        d1=sqrt((x1-x2)*(x1-x2)+(y1-y2)*(y1-y2));
        d2=sqrt((x1-x3)*(x1-x3)+(y1-y3)*(y1-y3));
        d3=sqrt((x3-x2)*(x3-x2)+(y3-y2)*(y3-y2));
        if(d1+d2>d3&&d2+d3>d1&&d1+d3>d2)
        {   s=(d1+d2+d3)/2;
            area=sqrt(s*(s-d1)*(s-d2)*(s-d3));
            printf("三角形面积 area=%.2f\n",area);
        }
        else
            printf("这三个点不能构成三角形\n");
}
```

输入三个点坐标：

　　4 5

　　6 9

　　7 8

输出显示：

　　三角形面积 area=3.00

【例 3.12】 输入一个十进制无符号短整型数，然后按用户输入的代码，分别以十进制数（代码 D）、八进制数（代码 O）、十六进制数（代码 X）输出。

程序如下：

```
#include<stdio.h>
void main( )
{   unsigned short x;
    char c;
    scanf("%d,%c",&x,&c);
    switch(c)
    {case 'd':
    case 'D':printf("%dD\n",x);
        break;
    case 'o':
    case 'O':printf("%oO\n",x);
        break;
    case 'x':
    case 'X':printf("%xX\n",x);
        break;
    default: printf("input error!\n");
    }
}
```

运行时输入：

　　12，x✓

执行结果为：

　　cX

3.5 疑难辨析

1. 语句结束符

（1）简单语句

分号是 C 语句中不可缺少的一部分，语句末尾必须有分号。如有下列程序段：

```
a=1
b=2
```

编译时，编译程序在"a=1"后面没发现分号，就把下一行"b=2"也作为上一行语句的一部分，这就会出现语法错误。改错时，有时在被指出有错的一行中未发现错误，就需要看一看上一行是否漏掉了分号。

（2）复合语句

```
{ z=x+y;
t=z/100;
printf("%f",t);  /*不能写成：printf("%f",t)  */
}
```

对于复合语句来说，最后一个语句的分号不能忽略不写，复合语句结束不需要分号。

2. if 语句嵌套

（1）if (a>b) if (c>b) if (c<x) x=2; else x=3;

这个语句可以看作为一个条件语句，分析如下：

if (a>b)……，后面省略号表示的语句 if (c>b) if (c<x) x=2; else x=3;是内嵌语句。仅在 a>b 条件成立时才执行内嵌语句；即当 a>b 条件成立，执行 if (c>b) if (c<x) x=2; else x=3;内嵌语句，内嵌语句也是一个条件语句，即 if (c>b)……，当 c>b 成立时，才会执行 if (c<x)……;else ……;这个内嵌语句。

该语句等价于 if (a>b) { if (c>b) { if (c<x) x=2; else x=3; } }

（2）对于语句：if (a<=b) ; else if (b>c) x=1; else x=2;

该语句在逻辑上相当于下列语句：

```
if ( a>b)  { if ( b>c ) x=1; else x=2; } else ;
```

3. 在 switch 语句使用中常常漏写 break 语句

例如：根据考试成绩的等级打印出百分制数段。

```
switch(grade)
{ case 'A': printf("85~100");
  case 'B': printf("70~84");
  case 'C': printf("60~69");
  case 'D': printf("<60");
  default: printf("error");
}
```

由于漏写了 break 语句，case 只起标号的作用，而不起判断作用。因此，当 grade 值为 A

时，printf 函数在执行完第一个语句后接着执行第二、三、四、五个 printf 函数语句。正确写法应在每个分支后再加上"break;"。例如：

```
case  'A': printf("85~100");break;
```

习 题 3

一、选择题

1. 在"if（表达式）语句"语句中，用于判断的"表达式"是（ ）。
   A．关系表达式　　　　　B．逻辑表达式　　　C．算术表达式　　　D．任意表达式
2. 已知 int x=10, y=20, z=30;，以下程序段执行后 x、y、z 的值是（ ）。

   ```
   if (x>y)   z=x;x=y;y=z;
   ```

   A．x=10, y=20, z=30　　　　　　　　　　B．x=20, y=30, z=30
   C．x=20, y=30, z=10　　　　　　　　　　D．x=20, y=30, z=20
3. 下列程序执行后的输出结果是（ ）。

   ```
   #include<stdio.h>
   void main( )
   {   int m=5;
       if (m++>5) printf ("%d\n",m);
       else printf ("%d\n",m--);}
   ```

   A．4　　　　　　　　　B．5　　　　　　　C．6　　　　　　　D．7
4. 以下语法不正确的语句是（ ）。
   A．if(x>y);
   B．if(x=y)&&(x!=0) x+=y;
   C．if(x!=y) scanf("%d",&x);else scanf("%d",&y);
   D．if(x<y) {x++;y++;}
5. 若 w、x、y、z、m 均为 int 型变量，则执行下面语句后的 m 值是（ ）。

   ```
   w=1;x=2;y=3;z=4;
   m=(w<x)?w:x;
   m=(m<y)?m:y;
   m=(m<z)?m:z;
   ```

   A．1　　　　　　　　　B．2　　　　　　　C．3　　　　　　　D．4

二、修改错误并调试正确

1. 下面程序用来计算如下公式的值，请修改程序中的错误。

$$y(x)=\begin{cases}-1 & (x<0)\\ 0 & (x=0)\\ 1 & (x>0)\end{cases}$$

```
#include<stdio.h>
void main( )
```

```
{   int  x,y;
    scanf("%d", &x);
    y=-1;
    if (x!=0);
        if(x>0);
            y=1;
                else;
                y=-1;
    printf("x=%d,y=%d\n",x,y);
}
```

2．下面程序按百分制记分，100 分显示满分，99～90 显示优秀，89～80 显示优良，79～70 显示良好，69～60 显示及格，59 分以下显示不及格。请修改其中的错误。

```
#include<stdio.h>
void main( )
{   int x;
    printf ("请输入成绩: ");
    scanf("%d",x);
    x=x/10;
    switch(x);
    case x=10: printf("满分");
    case x=9:  printf("优秀"):
    case x=8:  printf("优良");
    case x=7:  printf("良好");
    case x=6;  print("及格");
    case x=5:
    case x=4:
    case x=3:
    case x=2:
    case x=1:
    case x=0   printf("不及格")
}
```

三、编程题

1．从键盘输入三条边长 *a*、*b*、*c*。若它们能组成三角形，就用下列公式计算由它所组成的三角形的面积。公式为：

$$p = (a+b+c)/2, \quad s = \sqrt{p(p-a)(p-b)(p-c)}$$

其中，*s* 为三角形面积。按题意编制程序。

2．输入一个年份和月份，打印出该月份有多少天（考虑闰年），用 switch 语句编程。

3．编写一程序，实现如下功能：输入 1、2、3、4、5、6、7（分别对应星期一至星期日）中的任何一个数，便能输出与之对应的星期几英文名称。如输入 1，则输出 Monday。

第4章 循环程序设计

循环语句用来描述具有规律性的重复运算,它可以大大缩短程序的长度,使程序简单明了。

4.1 循环问题的引入

在实践中,例如,求 1+2+3+…+1000 的值,打印 100 以内的所有奇数(即打印 1, 3, 5, 7, 9, 11, 13, 15, …, 99)这类问题,如果按顺序写出计算步骤,程序一定很长。因此必须寻找主要的计算步骤和计算规律,在顺序书写结构中,能够重复地执行其中的一部分语句,这种思想就是程序的循环结构。程序循环结构是靠语言中的循环语句来完成的。

4.2 循环控制语句

C 语言提供了三种形式的循环控制语句,分别为 while 语句、do…while 语句和 for 语句。下面分别介绍 while 和 for 语句用法。

4.2.1 While 语句

while 语句的一般形式为:

  while(表达式)
    语句

其中,表达式指明了循环进行的条件,一般是关系表达式或逻辑表达式,也可以是数值表达式。当表达式的值非 0 时,条件成立,执行语句(循环体)。循环体可以是单个语句,也可以是用花括号括起来的由多个语句构成的复合语句。

while 语句的执行过程是:先计算表达式的值;若值非零,就执行循环体,当执行循环体之后,再计算表达式的值,决定是否再次执行循环体;若值为零,则跳出循环语句,如图4.1所示。

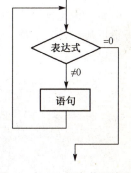

图 4.1 while 语句执行流程

【例 4.1】 打印 100 以内的所有奇数。
程序如下:

```
#include<stdio.h>
void main( )
{   int  i=1;
    while (i<=100)
    {printf("%d,",i);
        i+=2;
        }
    printf ("\n");
}
```

在执行 while 语句之前，变量 i 的初值为 1，进入 while 语句，首先计算表达式 i<=100 的值，结果为 1，并判断为非"0"，于是执行循环体：先打印 i 的值 1，然后将 i 增加 2，使 i 变成 3，至此，一次循环结束。然后再转去计算表达式 i<=100 的值，由于这时 i 的值是 3，故 i<=100 值仍为 1，非"0"，再重复执行循环体：打印 i 的值 3，并使 i 变为 5……如此重复，当 i=99 时，表达式 i<=100 的值仍为 1，继续打印 i 的值 99，并使 i 的值增加 2，i 变为 101，本次循环结束，进入下次循环，计算表达式 i<=100 的值，为 0，整个循环宣告结束。

要说明的是，while 语句执行结束后程序中变量 i 的值是 101，而不是 99。

while 语句的特点是先判断表达式的值，然后才决定是否执行循环体。如果一开始表达式的值就是 0，那么循环体一次也不执行。例如程序段：

```
i=10;
while(i<3)
    printf("i=%d\n",i);
```

在这个 while 语句中，循环体一次也不执行。另外，当表达式的值恒为非"0"时，则表示循环条件永远成立，循环就会无休止地执行下去，这种情况称为"死循环"，在程序设计中必须设法排除。例如：

```
while(10)
{……}
```

是一种死循环形式，但如果在循环体中有 break、return 或 goto 语句（在后面介绍），也能正常结束循环。

【例 4.2】 求 $s = 1^2+2^2+3^2+\cdots+n^2+\cdots$ 的前 n 项之和小于且最接近 10000 时的项数 n 及前 n 项和。

分析：这是一个累加求和问题。用 s 表示级数前 n 项的和，k 表示级数前 n+1 项的和，i 为级数项数计数。如果 k≤10000 时，就进行累加，否则结束循环。

程序如下：

```c
#include<stdio.h>
void main()
{   int  s=0,k=1, i=0;
    while (k<=10000)
    {i++;
    s=s+i*i;
    k=k+(i+1)*(i+1);
    }
printf("前%d 项的和为 s=%d\n",i,s);
}
```

在程序中，k 是前 i+1 项的和。

运行结果为：

前 30 项的和为 9455

4.2.2 for 语句

for 语句的一般形式为：

for（表达式 1; 表达式 2; 表达式 3）
　　语句

其中，表达式 1——循环初始化表达式，主要作用是对循环变量置初值。

表达式 2——控制是否继续循环的条件表达式，为真则继续循环，否则跳出循环。

表达式 3——对循环控制变量增量或减量的表达式。

语句——循环体，循环过程中将被重复执行。

for 语句的执行流程如图4.2 所示，执行过程如下：

① 计算表达式 1 的值；

② 计算表达式 2 的值，若其值为真（非 0）则执行第③步，若其为假（为 0）则执行第⑤步；

③ 执行循环体；

④ 计算表达式 3 的值，返回第②步；

⑤ 语句结束，执行其后继语句。

【例 4.3】 在屏幕上输出所有可显示字符与其 ASCII 码的对照表。

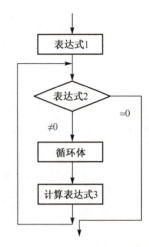

图 4.2　for 语句的执行流程

分析：从 ASCII 码表中可以看出，所有可显示的字符是连在一起的，第一个字符是空格字符，ASCII 码为 32，最后一个字符为 "～"，ASCII 码为 126，因此，只要输出 ASCII 码值的范围为 32~126 之间的字符即可，程序如下：

```
#include<stdio.h>
void main( )
{   char c;
    for (c=32; c<=126; c++)
        printf("字符%c 对应的ASCII 码值为%d\n",c,c);
}
```

从本例可以看出，for 语句能有效地控制循环次数已知的循环。

for 语句中的表达式可以是任意表达式，如逗号表达式，可同时对多个变量赋初值及修改值。例如：

　　for(i=0,j=1; j<n&&i<n; i++,j++)

for 语句中的三个表达式可以省略，但分号不能省略。其省略形式有如下几种情况。

① 若省略表达式 1，例如：

```
i=1;
for(;i<4;i++)
printf("%d\n",i);
```

与

```
for(i=1;i<4;i++)
printf("%d\n",i);
```

的结果完全相同。

② 若省略表达式 3，例如：

```
for(i=1; i<4;)
{   printf ("%d\n",i);
    i++;
}
```

这时循环体就不是单个语句,而是一个复合语句,必须用大括号括起来。

③ 若省略表达式 1 和表达式 3,则 while 语句与这样的 for 语句等价。

  for (;表达式;)   while (表达式)
   语句   语句

④ 若省略表达式 2,则表达式循环条件永远成立,此时,会出现死循环,除非在循环体中用其他手段(如 break,return 或 goto 语句等)来结束循环。例如:

```
for (i=1;;i++)
{   printf ("%d\n",i);
    if (i>4)
    break;
}
```

⑤ 若三个表达式全省略。例如:

```
for(;;) 语句
```

完全等价于 while(1)语句。

  注意,for(;;);是一个死循环语句。

  for 语句的功能完全可以用 while 语句来实现。例如:

  for(表达式 1;表达式 2;表达式 3)
   语句

等价于

  表达式 1;
  while(表达式 2)
  { 语句
   表达式 3;
  }

【例 4.4】 用下面公式求 π 的近似值,直到最后一项的绝对值小于 10^{-7} 为止。

$$\frac{\pi}{4} \approx 1 - \frac{1}{3} + \frac{1}{5} - \frac{1}{7} + \cdots$$

程序如下:

```
#include<stdio.h>
#include<math.h>
void main( )
{   int s=1;
    double n=1,t=1,pi=0;
    while(fabs(t)>1e-7)
    {   pi=pi+t;
        n=n+2;
        s=-s;
```

```
        t=s/n;
      }
    pi=pi*4;
    printf("pi=%g\n",pi);
}
```

注意：不要将 n 定义为整型变量，否则在执行 t=s/n;时，得到 t 的值为 0。

4.2.3 循环程序设计

前面已经介绍了 C 语言的多种程序控制结构，到此，我们就可以编制简单的程序了。程序设计需要很强的逻辑思维能力，对初学者而言，它往往是令人望而生畏的。计算机作为人脑的模拟，在许多方面与人的思维习惯是一致的。如果能迅速地把人们的思维习惯与程序设计的方法相吻合起来，无疑能较快地提高程序设计能力。本节主要介绍程序设计的两条基本思维原则之一，即归纳法。

归纳法是从大量的特殊性中总结出规律性或一般性结论的方法。在数学中，归纳法主要用于证明。而在程序设计中，则大量使用归纳法，以便找到规律性的东西。一旦找到了规律，用计算机解决便是轻而易举的事了。例如，大家非常熟悉的一个问题是对数列或级数求和，通过找到它们的通项公式就可以方便地求和。

归纳法在程序设计上主要表现为递归和迭代，这是计算机算法的一个基本特点，常常通过递归和迭代的方式把一个复杂的计算过程转化为简单过程的多次重复，这种重复很容易用循环来实现。

【例 4.5】 有一张足够大的纸，厚 0.09 毫米，问将它对折多少次后可以达到珠穆朗玛峰的高度（8 848 米）？

分析 用传统的数学方法可以计算出

$n=\ln 8848 - \ln(9\times 10^{-5})$

用计算机算法只需将初值 $a=9\times 10^{-5}$ 每次乘 2（表示对折后的高度），然后判断乘积是否已超过 8848。若已超过，则记下乘 2 的次数就是对折的次数。

程序代码如下：

```
#include<stdio.h>
void main( )
{
  int n=0;
  float  a=0.09e-3;
  while(1)
  {n++;
   a=a*2;
   if(a>=8848)
     break;
  }
  printf("n=%d\n",n);
}
```

这样就把一个复杂的对数问题转化为简单的对加法和乘法的多次重复。本程序的循环体共被执行 27 次，故 n=27，表明对折 27 次后，纸的高度已超过 8 848 米。

掌握递归、递推的思维方法和程序设计方法，在程序设计中是极为有用的，许多用传统的数学方法无法求解的问题（例如，求高次方程的根、求积分、求微分方程的解等，它们大多数都不能用传统的数学方法求解），只能用计算机求数值解。用计算机求数值解，基本上都离不开递推方法。而递推方法，正是归纳法。

归纳法的数学模型具有如下统一的形式：

$$F_n(x) = \begin{cases} g(x) & (n=0) \\ H[F_{n-1}(x)] & (n>0) \end{cases}$$

例如，求 $N!$ 的值，公式如下：

$$N! = \begin{cases} 1 & (N=0) \\ N(N-1)! & (N>0) \end{cases}$$

它们都有一个初始值和一个迭代公式（也称递推公式）。因此，使用归纳法，需要分两步进行：

（1）确定初始值。
（2）确定递推公式，并反复使用这个递推公式，直到求出问题的答案为止。

累加和、连乘积、阶乘、多项式求值、求极值、排序等，都要用到归纳法。

【例 4.6】 编程求 $n!$ 的值。

分析：用 p 来存放阶乘值，显然其初值为 1，递推公式为：

$$p = p \times i \quad (i \text{ 从 } 1 \text{ 变化到 } n)$$

程序代码如下：

```
#include<stdio.h>
void main( )
{
  int i,n;
  float  p=1;
  scanf("%d",&n);
   for(i=1;i<=n;i++)
      p=p*i;
   printf("%d!=%.0f\n",n,p);
}
```

【例 4.7】 求任给 n 个数中的最大值和最小值。

分析 假设任给 n 个数为 a_1、a_2、…、a_n，用 max 和 min 分别存放最大值和最小值。先令 max=a_1，min=a_1，然后将 max 和 min 依次与 a_1、a_2、…、a_n 比较。若发现 max<a_i，则令 max=a_i；若 min>a_i，则令 min=a_i。全部比较完后，max 和 min 就是 a_i 中的最大值和最小值。

程序代码如下：

```
#include<stdio.h>
void main( )
{
  int i, n;
  float  a,max,min;
```

```
    printf("请输入数据个数 n: ");
    scanf("%d",&n);
    printf("请输入第%d 个数: ",1);
    scanf("%f",&a);
    max=min=a;
    for(i=2;i<=n;i++)
    {
      printf("请输入第%d 个数: ",i);
      scanf("%f",&a);
      if (max<a)
        max=a;
      if(min>a)
        min=a;
    }
    printf("max=%f,min=%f\n",max,min);
}
```

4.3 多重循环

4.3.1 多重循环的引入

多重循环又称循环的嵌套。一个循环语句的循环体中包含另一个完整的循环语句，称为循环的嵌套。在实际工作中，一个循环语句常常难以解决实际应用问题，所以人们引入了多重循环。例如，输出一数字任意大小正方形，以5行5列的图形为例，正方形图示如下：

1 1 1 1 1
2 2 2 2 2
3 3 3 3 3
4 4 4 4 4
5 5 5 5 5

我们可以用循环来实现，外层循环控制输出行数（for i=1;i<=5;i++）；内层循环控制输出列数（for j=1;j<=5 j++）。

【例 4.8】 编程实现：输出一数字任意大小正方形。

程序如下：

```
#include<stdio.h>
void main( )
{   int i,j;
    for (i=1;i<=5;i++)
    {for (j=1;j<=5;j++)
        printf ("%d ",i);
        printf("\n");    /*一行数字删除完才换行*/
    }
}
```

4.3.2 多重循环程序设计

本节主要介绍程序设计的基本思维原则之一，即枚举原则。

枚举法，也称穷举法，是人们常用的一种思维方法。有一些问题是无法用一个计算公式来求得其解的，它们的解可能离散地分布在某个有限或无限的集合里。枚举法，就是逐一列举这个集合里的各个元素，并加以判断，直到求得所需要的解。

枚举法的思想很简单，但处理起来比较繁杂，因为如果要列举的集合元素很多，列举、判断的过程极耗精力，这就限制了它的实用价值。但是，由于计算机的运算速度很快，因此枚举法在程序设计中还是得到了广泛的应用。尤其是在排列、组合、数据分类、信息检索、多解方程的求解，以及人工智能程序设计中，均大量使用了枚举法。

使用枚举法，主要掌握两条原则：

（1）确定搜索范围。当然，这个范围必须是有限的而不是无限的。例如，求素数就是一个无限范围内的问题，用计算机也能找到某一个最大素数，因为它受到计算机字长和计算时间的限制。在确定搜索范围时，有的问题比较明显，有的问题不大明显，就要进行分析后再确定。

（2）选择搜索策略。如何枚举，按照一条什么样的路线来逐一枚举，就是搜索策略问题。上述两条原则运用的情况，对程序的计算量有很大的影响。

【例 4.9】 "百钱百鸡"问题。用 100 元钱买 100 只鸡，每只公鸡 5 元，每只母鸡 3 元，每 3 只小鸡 1 元，要求每种鸡至少买一只，且必须是整只的，问各种鸡各买多少只？

分析： 显然这是一个组合问题，也可以看成是一个三元一次方程问题，只能用枚举法。令 i、j、k 分别表示公鸡、母鸡、小鸡的数目。为了确定取值范围，可以有不同的思路，因而也有不同的方法，其计算量可能相差甚远。下面采用 4 种方法，分别求解。

[方法一] 令 i、j、k 的搜索范围分别为：

i 1～20（公鸡最多能买 20 只）
j 1～33（母鸡最多能买 33 只）
k 1～100（小鸡最多能买 100 只）

于是可以用三重循环逐个搜索。

```c
#include<stdio.h>
void  main ( )
{
  int i,j,k;
    for (i=1;i<=20;i++)
      {for (j=1;j<=33;j++)
        {for(k=1;k<=100;k++)
         if((i+j+k==100)&&(i*5+j*3+k/3.0==100))
          printf("i=%d,j=%d,k=%d\n",i,j,k);
        }
       }
     }
}
```

在这个程序中，循环体将被执行 20×33×100=66×10³ 次，且每次循环要做两次判断。

[方法二] 令 i、j、k 的搜索范围分别为（保证每种鸡至少买一只）：

第4章 循环程序设计

    i 1~18（公鸡最多能买18只）

    j 1~31（母鸡最多能买31只）

    k 100-i-j（当公鸡和母鸡数量确定后，小鸡的数量即随之而定）

可用二重循环实现。

```
#include<stdio.h>
void main( )
{
  int  i,j,k;
     for(i=1;i<=18;i++)
       {for(j=1;j<=31;j++)
         {k=100-i-j;
            if(i*5+j*3+k/3.0!=100)
             continue;
            printf("i=%d,j=%d,k=%d\n",i,j,k);
         }
       }
}
```

该程序的循环体只被执行18×31=558次，其计算量不足方法一的1%。

[方法三] 由题意可得到下列方程组：

$$\begin{cases} i+j+k=100 \\ 5i+3j+k/3=100 \end{cases}$$

由此可得 $7i+4j=100$。由于 i 和 j 至少为 1，实际上 i 最大为 13，j 最大为 23，请读者自己编写程序。

可以分析该算法循环体被执行13×23=229次，略大于方法二的一半。

[方法四] 由方法三中的方程 $7i+4j=100$ 可得：$j=(100-7×i)/4$（i 最大值为 13），请读者自己编写程序。

这个算法程序只循环了13次，计算量不足方法三的5%。

上述 4 个程序都能得到相同的运行结果。由于程序的搜索策略不同，因而程序的运算量也不同。

【例4.10】 求整数 a 和 b 的最小公倍数 i。

分析：如果 i 为 a 和 b 的最小公倍数，则必能被 a 和 b 整除，同时必须是自然数，所以其取值范围为 1~∞。

[方法一] i 从 1 开始，依次增加 1，直到第一次能被 a 和 b 同时整除为止，这时的 i 就是 a 和 b 的最小公倍数。于是可编制程序代码如下：

```
#include<stdio.h>
void main( )
{
   int a,b,i;
   printf("请输入两个整数：a,b");
   scanf("%d,%d",&a,&b);
   i=0;
   while(1)
```

```
        {i++;
         if (i%a==0)
         if(i%b==0)
           {printf("最小公倍数为: %d\n",i);
            break;
           }
        }
}
```

假设 *a*=7，*b*=5，则循环体将被执行 35 次。

[方法二] 令 *i* 从 *a* 开始，而不是从 1 开始，使 *i* 每次增加 *a* 而不是增加 1，这就保证了 *i* 总是 *a* 的倍数。因此，每次只要判断 *i* 能否被 *b* 整除就可以了。一旦判断成立，*i* 就是 *a* 和 *b* 的最小公倍数。程序代码如下：

```
#include<stdio.h>
void main( )
{int a ,b,i;
 printf("请输入两个整数: a,b");
 scanf("%d,%d",&a,&b);
 i=0;
 while(1)
   { i+=a;
    if (i%b==0)
      {printf("最小公倍数为: %d\n",i);
       break;
      }
   }
}
```

在这个程序中，对同样的 *a*、*b*，循环次数仅为方法一的 1/7。由此可见，选择合适的搜索策略，对减少计算量具有重要的意义。

【例 4.11】 打印乘法口诀表。

程序如下：

```
#include<stdio.h>
void main( )
{   int i,j;
    for (i=1;i<10;i++)
    {for (j=1;j<=i;j++)
        printf ("%10d*%2d=%2d",i,j,i*j);
        printf("\n");
    }
}
```

【例 4.12】 找出所有这样的 3 位数，要求它的各位数字的立方和正好等于这个 3 位数。例如，$153=1^3+5^3+3^3$ 就是这样的 3 位数。

设所求三位数的百位数字是 *i*，十位数字是 *j*，个位数字是 *k*，显然应满足：

$$i^3 + j^3 + k^3 = 100i + 10j + k$$

程序如下：

```
#include<stdio.h>
void main()
{   int i,j,k;
    for (i=1;i<=9;i++)
    for (j=0; j<=9;j++)
    for (k=0;k<=9;k++)
        if (i*i*i+j*j*j+k*k*k== 100*i+10*j+k)
        printf("%d%d%d\n",i,j,k);
}
```

运行结果为：

153
370
371
407

从程序中可以看出，3 个 for 语句嵌套在一起，第二个 for 语句是前一个 for 语句的循环体，第三个 for 语句是第二个 for 语句的循环体，第三个 for 语句的循环体是 if 语句。

3 种循环（while 循环、do…while 循环和 for 循环）也可以互相嵌套。

4.4 知识扩展

4.4.1 do…while 语句

do…while 语句的一般形式为：

  do
  语句
  while（表达式）；

如图 4.3 所示，do…while 语句的执行过程如下：

① 先执行语句（循环体）；

② 计算表达式的值，根据其值判断，为真（非 0）时，返回步骤①再次执行循环体；为假（为 0）时转步骤③；

③ 结束 do…while 语句，执行其后继语句。

do…while 语句和 while 语句相似，执行 do…while 语句时，它的循环体语句最少执行一次，而 while 语句的循环体语句可能一次也不被执行。

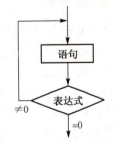

图 4.3 do…while 语句执行流程

【例 4.13】while 和 do…while 循环语句比较。

程序 1：输入若干个正整数，当输入的数不大于 10 时，求所输入数之和，否则程序运行结束。

```
#include<stdio.h>
void main ()
```

```
    {   int  sum=0, i;
        scanf("%d", &i);
        while(i<=10)
        {   sum= sum+i;
            scanf("%d",&i);}
            printf("%d\n", sum);
    }
```

程序2：输入若干个正整数，求所输入的数之和，所输入的数大于10时，结束程序。

```
#include<stdio.h>
void main()
{
    int  sum=0, i;
    scanf("%d",&i);
    do
{sum=sum+i;
    scanf("%d", &i);}
    while (i<=10);
    printf("%d\n", sum);
}
```

比较这两个程序可以看出，当输入的第一个数小于或等于10时，二者得到的结果相同。而当第一个数大于10时，二者得到的结果就不同了，这是因为对while循环来说，一次也不执行循环体（因为表达式"i<=10"为假）；而对do…while语句来说，则要执行一次循环体。

可以得出结论：当while后面的表达式的值第一次为真时，两种循环结构得到的结果相同；否则，二者结果不同（前提是二者具有相同的循环体）。

4.4.2 break和continue语句

在循环体中使用break语句，可以提前结束整个循环，退到循环体外；使用continue语句，是为了提前结束本次循环，进入下一轮循环。

1. break语句

在switch语句中已经介绍过，break语句可以强迫控制立即退出switch语句，从而防止执行了一个case中的语句之后滑到下一个case语句中继续执行。如果在循环体中使用break语句，则当执行break语句后，将会跳出循环语句，执行循环语句的后继语句。

【例4.14】 输入任意两个整数，求其最大公约数。

分析：假设输入两个整数分别是8和12，最大公约数肯定位于1～8（包含8和1）。所以用8和12依次除以8、7、6、5、4、3、2、1，最先能够整除的数则为最大公约数。显然当除到4时，后边的3、2、1就无须再除，循环中止，最大公约数为4。

程序如下：

```
#include<stdio.h>
void main()
{   int a,b,min,i;
    printf("请输入整数a，b: ");
```

```
    scanf ("%d,%d",&a,&b);
    min= (a<b)? a:b;
    for (i=min; i>=1; i--)
        if(a%i==0&&b% i==0)
            break;
    printf ("%d 和%d 的最大公约数为%d", a,b,i);
}
```

2. continue 语句

continue 语句只能出现在循环体中，其作用是结束本次循环，跳过循环体中尚未执行的语句，再进行循环条件判断，决定是否进行下次循环。对于 for 语句，跳过循环体中尚未执行的语句，执行计算表达式 3，再计算表达式 2 并判断，决定是否继续循环。

【例 4.15】 求 1～100 中所有能被 3 整除的数，并打印出来。

```
#include<stdio.h>
void main ()
{   int i=1;
    while (i<=100)
    {   if ( i%3!=0)
        {i++;
            continue;}
            printf ("%d ",i);
            i++;
            }
    printf("\n");
}
```

在程序的循环体中，如果 i 不是 3 的倍数，i 增值，然后跳过后面语句，结束本次循环，提前进入下一轮循环；否则打印 i 的值，继续下一轮循环。

4.4.3 goto 语句和标号

在结构化程序设计中，尽量少使用 goto 语句，因为 goto 语句产生的动态转移使程序变得难以阅读和维护。但有时使用 goto 语句能使程序简洁，例如，用 break 语句只能跳出一层循环或开关语句，而使用 goto 语句可以立即跳出任意层的循环或开关语句。

goto 语句的一般形式：

  goto 语句标号；

语句标号用标志符表示，其命名规则和变量命名相同。它可以出现在任何执行语句之前。但是标号不必进行类型说明，程序中出现的标号应以冒号结尾。

执行 goto 语句后，跳转到有此标号的语句处开始执行。因此要跳转到的语句必须在前边写上同样的标号和冒号。注意，在程序中变量的同一作用范围内，不允许两条语句使用相同的语句标号。

【例 4.16】 用 goto 语句设计程序，求 $s = 1^2+2^2+3^2+\cdots+10^2$。

```
#include<stdio.h>
void main()
```

```
{   int i=1, sum=0;
    loop: if (i<=10)
        {sum = sum+i*i;
            i++;
            goto loop;
            }
    printf ("%d\n", sum);
}
```

运行结果如下:
385

4.5 应用举例

【例 4.17】 从输入的若干个大于零的正整数中选出最大值,用–1 结束输入。

分析:在程序的第一个 do…while 循环中,要求输入一个大于零的数或输入一个–1 放入 x 中,不满足此条件时,循环继续,不断要求输入一个数,直到满足条件为止。退出 do…while 循环后,若 x 中的数为–1,不进入下面的 while 循环,程序运行结束。若 x 中的数不是–1,进入下面的 while 循环。用变量 max 存放最大值。在 while 循环中每给变量 x 读入一个值,就去判断它是否大于 0 并且大于 max,若是,则用新的 x 值替换 max 原来的值;否则什么也不做。如此循环,直到读入结束标志–1 为止。最后输出所求得的最大数。

程序如下:

```
#include<stdio.h>
void main()
{   int x,max;
    printf("Enter -1 to end:\n");
    do
    { printf("Enter x:");
    scanf("%d",&x);
    }while(x<0&&x!=-1);
    max=x;
    while(x!=-1)
    { printf("Enter x:");
      scanf("%d",&x);
      if(x>0&&x>max) max=x;      /*max 始终存放大于零的最大值*/
    }
    if(x=-1) printf("max=%d\n",max);
}
```

当输入以下数据时:
 24 –6 18 12 –9 45 12 42 –1
输出结果如下:
 max=45

【例 4.18】 从键盘输入一个正整数,把这个正整数中的各位数字反序显示出来。例如,输入 1234,显示输出 4321。

分析：要将一个整数反序显示出来，需先显示个位数，再显示十位数……具体做法，该整数除以 10 的余数为个位数，再取该数整除 10 的商，得到一个新数，对这个新数进行相同的操作，就可以求出各位数字。例如，整数 1234，由 1234%10 得 4, 1234/10 得 123，再由 123%10 得 3, 123/10 得 12，再由 12%10 得 2, 12/10 得 1, 1%10 得 1, 1/10 得 0。此时，所给整数的各位已逐一分离出来。循环终止的条件是某次求得商为 0。

程序如下：

```
#include<stdio.h>
void main()
{   int n,c;
    printf ("请输入一个整数：");
    scanf ("%d",&n);         /*正整数不能大于 32767*/
    do
    {  c=n%10;
       printf ("%d",c);
    } while((n/=10)>0);
    printf("\n");
}
```

运行情况如下：

请输入一个整数：1234✓

运行结果为：

4321

思考：

① 从低位开始取出长整型变量 s 中奇数位上的数，依次构成一个新数放在 t 中。例如，当 s 中的数为 4576235 时，t 中的数为 4725。

② 将长整型数中每一位上为偶数的数依次取出，构成一个新数放在 t 中。高位仍在高位，低位仍在低位。例如，当 s 中的数为 87653142 时，t 中的数为 8642。

【例 4.19】 经典问题求解，有一对兔子，从出生后第 3 个月起每个月都生一对兔子，小兔子长到第三个月后每个月又生一对兔子，假如兔子都不死，问每个月的兔子总数为多少对？

分析：兔子的规律为数列 1、1、2、3、5、8、13、21…

程序代码如下：

```
#include<stdio.h>
void main()
{
  long f1,f2;
  int i;
  f1=f2=1;
  for(i=1;i<=20;i++)
  { printf("%12ld %12ld",f1,f2);
    if(i%2==0) printf("\n");         /*控制输出，每行 4 个*/
         f1=f1+f2;                   /*前两个月加起来赋值给第三个月*/
         f2=f1+f2;                   /*前两个月加起来赋值给第三个月*/
  }
}
```

【例 4.20】 一位卡车司机违反交通规则，撞死了行人，司机畏罪驾车逃跑。当时有三个目击者，都没有看清卡车的牌照号码，只记得牌照号码的某些特征。甲记住牌照前两个数字是相同的，乙记住牌照的后两位数字是相同的，丙是一位数学家，他说："牌照号码肯定是一个四位数，并且这四位数恰好是一个整数的平方。"根据这些线索，你能否正确地判断出牌照号码吗？若能，请编程实现。

分析：令 j 是汽车牌照号码，$i^2=j$，由于 j 是一个四位数，所以 i 的取值范围一定是 32~99。利用循环语句从 $i = 32$ 开始，步长为 1，直到 $i ≤ 99$，在循环体内判断由 i^2 得到的 j 是否满足前两位数相等，同时后两位数也相等这个条件。如果满足就退出循环；打印结果，否则，就继续循环。

程序如下：

```
#include<stdio.h>
void main()
{   int i,j,j1,j2,j3,j4;
    for(i=32 ; i<=99 ; i++)
    {j=i*i;
    j1=j/1000;
    j2=(j-j1*1000)/100;
    j3=(j- j1*1000-j2*100)/10;
    j4=j%10;
    if(j1==j2&&j3==j4)
    {printf ("%d=%d**2\n",j,i);break;}
    }
}
```

运行结果为：

7744=88**2

7744 就是肇事汽车的牌照号码。

4.6 疑难辨析

忽视 while 和 do…while 语句在细节上的区别就会产生错误结果。

（1）程序 1

```
#include<stdio.h>
void main( )
{int a=0,i;
scanf("%d",&i);
while(i<=10)
{a=a+i;
i++;
}
printf("%d",a);
}
```

（2）程序 2

```
#include<stdio.h>
void main( )
{int a=0,i;
scanf("%d",&i);
do
{a=a+i;
i++;
}while(i<=10);
printf("%d",a);
}
```

可以看到，在程序 1 和程序 2 中，当输入 i 的值小于或等于 10 时，二者得到的结果相同。而当 $i>10$ 时，二者结果就不同了。因为 while 循环是先判断循环条件，后执行循环体；而 do⋯while 循环是先执行循环体，后判断循环条件。对于大于 10 的数 while 循环一次也不执行循环体，而 do⋯while 语句则要执行一次循环体。

习 题 4

一、选择题

1. 下列程序执行后的输出结果是（　　）。

```
#include<stdio.h>
void main( )
{   int a=1,b=2,c=2,t=0;
    while(a<b) {t=a;a=b;b=t;c++;}
    printf("%d,%d,%d",a,b,c);}
```

  A. 1,2,0　　　　　　B. 2,1,0　　　　　　C. 1,2,1　　　　　　D. 2,1,3

2. 下面有关 for 循环的正确描述是（　　）。

  A. for 循环只能用于循环次数已经确定的情况

  B. for 循环是先执行循环体语句，后判断表达式

  C. 在 for 循环中，不能用 break 语句跳出循环体

  D. for 循环的循环体中，可包含多条语句，但必须用花括号括起来

3. 若 i 为整型变量，则以下循环体执行的次数是（　　）。

```
  for(i=2;i==0;)   printf("%d",i--);
```

  A. 无限次　　　　　B. 0 次　　　　　　C. 1 次　　　　　　D. 2 次

4. 执行语句 for(i=1;i++<4;);后变量 i 的值是（　　）。

  A. 3　　　　　　　　B. 4　　　　　　　　C. 5　　　　　　　　D. 不定

5. 以下说法正确的是（　　）。

  A. continue 语句的作用是结束整个循环的执行

  B. 只能在循环体内和 switch 语句体内使用 break 语句

C. 在循环体内使用 break 语句和 continue 语句的作用相同

D. 在多层循环嵌套中退出时,只能使用 goto 语句

6. 下列程序执行后的输出结果是（　　）。

```c
#include<stdio.h>
void main( )
{
    int  x=1,y=9,m=1,n=2;
    while(x<=y)
        switch((m+n+x+y)%4)
        {   case 0: x*=2,m++;
            case 1: switch(n%3)
                {   case 0: x++;break;
                    case 1: y*=2; break;
                    case 2: x+=3;
                }
            case 2: n++;y--;break;
            case 3: x/=2;y+=2;
        }
    printf("x=%d,y=%d\n",x,y);}
```

A. x=9,y=7　　　　　B. x=8,y=6　　　　　C. x=11,y=9　　　　　D. x=8,y=9

7. 执行下面的程序段后,变量 x 和 i 的值分别为（　　）。

```c
#include<stdio.h>
void main( )
{int  i, x;
for(i=0,x=5;i<10;i++)
{   if(x>=10) break;
    if(x%2==1){x+=5;continue;}
    x-=3;
}
}
```

A. 10, 1　　　　　B. 10, 2　　　　　C. 7, 2　　　　　D. 7, 1

8. 有以下程序段:

```c
#include<stdio.h>
void main( )
{   int i=1,sum=0,n;
    scanf("%d",&n);
    do
    {   i+=2;
        sum+=i;
    }while(i!=n);
    printf("%d",sum);}
```

若使程序的输出值为 8,则应该从键盘输入的 n 的值是（　　）。

A. 1　　　　　B. 3　　　　　C. 5　　　　　D. 7

二、修改错误并调试正确

1. 下面程序功能是打印出以下图案，请修改程序中的错误。

```
       *
      ***
     *****
    *******
     *****
      ***
       *
```

```c
#include<stdio.h>
void  main( )
{   int i,j,k;
    for(i=;i<=4;i++)
        {for ( j=0;j<=2-i;j++)
            printf (" ");
        for (k=0; k<=2*i;k++)
        printf("*");
        }
    for(i=0;i<=2;i++)
    { for(j=0;j<=i;j++)
    printf(" ");
    for(k=0;k<=4-2*i;k++)
    printf("");
    printf("\n");
}
```

2. 下面的三个程序都是计算 n! 的，请修改其中的错误。

```c
① #include<stdio.h>
   void main( )
{   int n,i; long int p
    printf("请输入一个整数：");
    scanf("%d",&n);
    while(i<=20);
    p=p*i;
    i++;
    printf("%d!=%ld\n",n,p);
}
② #include<stdio.h>
   void main ( )
{   int i,n; long int p;
    printf("请输入一个整数：");
    scanf("%d",&n);
    for(i=1;i<=n;i+=1)
    {   p=p*i;
```

```
            i=i+1;
        }
        printf("%d!=%ld\n",n,p);
}
③ #include<stdio.h>
void   main()
{   int i,n;long int p;
    do
    {i++;
    p=p*i;
    }while (i<=n)
    printf("  %d;=%ld\n")
}
```

三、编程题

1．编一个程序统计几个同学的平均年龄。要求通过键盘输入每位同学的年龄，若输入年龄为-1，则表示所有同学年龄已输入完毕。

2．雨淋湿了算术书的一道题，如下所示，9 个数字只能看清楚 4 个，第一个数字虽然模糊不清，但可看出不是 1：

$$[□*（□3+□）]2=8□□9$$

其中，□表示淋湿的数字。请编程序将这些数字找出来。

3．有一个数，被 3 除余 2，被 5 除余 3，被 7 除余 2，问该数至少应多大？

4．求 1!+3!+5!+⋯+11!的值。

5．输出 100 以内能被 3 整除且个位数为 6 的所有整数。

6．利用 $\frac{\pi}{2} \approx \frac{2}{1} \times \frac{2}{3} \times \frac{4}{3} \times \frac{4}{5} \times \frac{6}{5} \times \frac{6}{7} \cdots$ 前 100 项之积计算π的值。

7．有一序列：2/1, 3/2, 5/3, 8/5, 13/8, 21/13……求这个序列前 20 项之和。

提示：后一项的分母为前一项的分子，后一项的分子为前一项分子与分母之和。

8．编写一程序，要求用户在键盘上输入一个 4 位整数，并把每位数字转换为英文。例如，若输入 1024，则输出 One Zero Two Four。

9．输入 10 对整数，请计算每对数中较大者之和，并输出结果。

10．已知 $abc + cba = 1333$，其中 a、b、c 均为一位数，如 617+716=1333、518+815=1333。试编程求出符合这一规律的 a、b、c，并输出结果。

11．求 $S_n = a + aa + aaa + aaaa + aaaaa + \cdots + \underbrace{aa\cdots a}_{n\uparrow a}$ 的前 5 项之和，其中 a 是一个数字，例如，2+22+222+2222+22222。

12．请编程，用 scanf()函数输入三个整数，输出其中值大小居中的那个数，输出宽度为五位。

13．编程实现输出所有 1～100 能被 9 整除余 2 的数及它们的和。

14．一个数如果正好等于它的因子之和，这个数就称为"完数"。例如，6 的因子为 1、2、3，而 6=1+2+3，因此 6 是"完数"。编程序找出 1000 之内的所有完数，并按下列格式输出其因子：

　　　6　its　factors are 1,2,3

15．求一个不超过五位的十进制整数各位数值的和。例如，输入 2634，输出 15。

16. 从键盘输入少于 50 个的整数，其值在 0 和 4 之间（包括 0 和 4），用 –1 作为输入结束标志，统计整数的个数，请编程实现。

17. 一个百万富翁遇到一个陌生人，陌生人找他谈一个换钱计划，该计划如下：陌生人每天给富翁 10 万；而富翁第一天给陌生人一分钱，第二天给两分钱，以后每天给的钱是前一天的两倍，直到满一个月（30 天）。百万富翁欣然接受了这个契约。问一个月后，百万富翁收取了多少钱，付出了多少钱？请编程计算实现。

18. 根据普通出租车收费标准编程进行车费计算。具体收费标准如下：起步里程为 3 千米，起步费 10 元；超过起步里程后 10 千米内，每千米 2 元，超过 10 千米以上的部分加收 50% 的回空补贴费，即每千米 3 元；在营运过程中，因路阻及乘客要求临时停车的，按每 5 分钟 2 元计收（不足 5 分钟则不收费）。要求用键盘输入行驶里程和等待时间，计算并输出乘客应该支付的车费（元），结果四舍五入，保留到整元。

第 5 章 数 组

在程序设计中,为了处理方便,可以把具有相同类型的若干变量按空间连续的形式组织起来,这些具有连续存储空间的同类数据元素的集合称为数组。一个数组可以分解为多个数组元素,这些数组元素既可以是基本数据类型也可以是构造类型。

5.1 一维数组的使用

【例 5.1】 从键盘输入 50 名学生的考试成绩,求平均值。

分析:可以定义变量 score 用于存放每次输入的成绩,定义变量 sum 用于存放成绩的累加和,每输入一名学生的成绩,进行一次累加,直到输入 50 个人的成绩为止。

程序如下:

```c
#include <stdio.h>
void main()
{
    int i;
    float score,sum;
    for(i=0,sum=0;i<50;i++)
    {
        scanf("%f",&score);
        sum+=score;
    }
    printf("\n the average score is %f",sum/50);
}
```

通过这种方法可以解决问题,该方法的缺陷在于读入下一个分数时,前一个数据将被覆盖。所以,在求完平均值之后,就不可能对输入的分数进行其他处理了。

要解决这个问题,一种方法就是定义 50 个变量来存放 50 个学生的成绩。但如果学生数目非常大,定义大量相同类型的变量就是低效而费时的。

如何通过简单的方法,一次定义大量同类型的数据变量呢?对于此问题,通过数组方式就很容易解决。

【例 5.2】 分析下面的程序。该程序要求用户从键盘输入 20 个整数,求其总和、最大值、最小值。

程序如下:

```c
#include <stdio.h>
void main()
{
    inti a[20],max,min,sum;
    for(i=0;i<20;i++) scanf("%d",&a[i]);
```

```
    max=min=0;
    sum=a[0];
    for(i=1;i<20;i++)
    {
     sum+=a[i];
     if(a[i]>a[max]) max=i;
     if(a[i]<a[min]) min=i;
    }
    printf("\n the sum is %d",sum);
    printf("\n the max is %d",a[max]);
    printf("\n the min is %d",a[min]);
}
```

在这个程序中，使用数组保存 20 个整数，并通过下标调用数组中的元素。其中，max 和 min 是分别存放最大值和最小值的数组元素的下标。

5.1.1 一维数组概述

1. 一维数组的定义

数组是具有相同数据类型的变量集，这些变量拥有共同的名字。一个数组包含了若干个变量，每个变量称为一个元素，每个元素的数据类型相同。可以通过下标来访问数组中的元素。C 语言中的数组是由一段连续的存储单元构成的，最低地址的单元对应数组第一个元素，最高地址的单元对应最后一个元素。

在实际问题中遇到的一些成批出现的变量，如数学中的向量和矩阵、数据处理中的表格等，都可以用数组进行存储和处理。

数组可以是一维的，也可以是多维的。

（1）一维数组的定义格式

一维数组的定义格式如下：

  数据类型 数组名[常量表达式];

说明：

① 数据类型用于指明数组中存放的是何种类型的数据（决定每个元素所占空间的大小）；

② 数组名必须符合标志符的命令规定；

③ 常量表达式的值必须是具体的整型常量（系统通过它和数据类型来确定分配给数组的连续空间的大小，总字节数=类型长度×数组长度）。

例如，有如下定义：

```
    int a[10],x;          /*正确*/
    char c1[20];          /*正确*/
    float b[30];          /*正确*/
    char s[x];            /*错误*/
```

第一个语句定义了一个一维数组，a 是这个一维数组的数组名，该数组中含有 10 个元素，每个元素都是一个 int 型变量。第二个语句定义了一个字符型数组 c1，c1 是一个含有 20 个字符型元素的一维数组。第三个语句定义了一个一维数组 b，该数组含有 30 个元素，每个元素都是一个 float 型变量。第四个语句使用变量 x 指定数组 s 的大小,该语句出错,这是因为 C 语言规定:不能定义动态数组,即不能定义数组元素个数不定的数组。

(2) 一维数组的存储空间特性

为了便于对内存进行管理,系统以字节(Byte)为单位对内存空间编号,这些编号称为对应空间的地址(存储单元的地址从 0 开始连续编码,最大地址码取决于中央处理器中地址码的位数,这一范围称为中央处理器的地址空间)。

例如,有如下定义:

  int a[10];

定义完成后,系统将在内存空间为数组 a 分配连续的 40 字节(共 10 个元素,在 VC 环境中,每个 int 型数据占 4 字节),如图5.1所示。以后这 40 字节的空间将不再分配给其他变量,直到释放该空间为止。

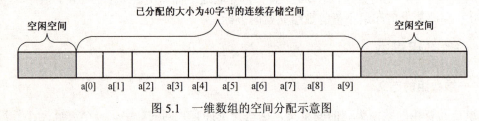

图 5.1　一维数组的空间分配示意图

定义完一维数组后,相当于一次定义了多个变量(即数组中的元素),然后就可以通过元素来使用数组了。

2. 一维数组初始化

定义数组时,系统只是根据元素的类型和数组的大小在内存中为其分配连续存储空间,并不清除这些空间中的原有内容(一些随机值)。所以在使用数组之前,必须通过一定的方式改变数组中原来的随机值,使其变为所需要的数值。

要达到这样的目的,一般有两种方法:一种是在定义数组的同时赋初值(初始化);另一种是在程序运行过程中给数组元素赋值。

初始化形式:

  数据类型 数组名[大小]={值 1,值 2,值 3,…,值 n};

说明:

① { }中为所赋初值,用逗号分隔,且从前向后依次对各元素赋值,{ }不能省略;
② 若初值数目少于数组大小,从前向后依次对各元素赋值,剩余部分赋 0 值;
③ 若数组大小省略,则系统根据初值数目多少自动计算数组大小;
④ 若初值数目多于数组大小,则系统编译出错。

例如,有如下定义:

  int b[10]={0,1,2,3,4,5,6,7,8,9};
  int c[10]={1,2,3,4,5};

系统在定义数组后,将对其进行初始化,数组 b 的 10 个元素将获得初值。数组 c 的前 5 个元素将分别获取初值 1、2、3、4 和 5,而后 5 个元素将获得默认初值 0。

如果有如下定义:

```
int d[5]={0,1,2,3,4,5,6};
```
则系统编译出错，并指出初始化参数太多。

3．一维数组的使用

对数组的使用是通过对元素的使用来实现，而对元素的使用则是通过下标引用来实现的。数组元素的引用格式如下：

数组名[下标表达式]

说明，C 语言数组的下标从 0 开始，各个元素在内存中是按其下标升序连续存放。

例如：

```
int b[6];
b[0]=b[1]=0;
b[2]=b[3]=1;
b[4]=b[0]+b[2];
```

例中定义了一维数组 b，它的 6 个元素依次表示为 b[0]、b[1]、b[2]、b[3]、b[4]和 b[5]。其中 0、1、2、3、4、5 称为元素的下标。可以将数组中的元素表示为 b[i]，i 取值范围为 0～5。

5.1.2 一维数组应用举例

【**例 5.3**】 从键盘输入 20 名学生的成绩（每人三门课），求每门课程的平均成绩，以及各个学生 3 门课的平均成绩、各门课的最高和最低成绩。

分析：如何保存 20 名学生的三门课成绩？可以定义三个大小为 20 的一维数组来存放成绩。首先，通过一个循环向这三个一维数组读入数据实现成绩的输入。然后，再通过循环对三个数组中的元素进行累加、求极值的操作。

定义数组 sum 存放每个学生的总分，总分来源于三门课成绩的累加，所以需赋初值 0。定义 s1_sum、s2_sum、s3_sum 分别存放三门课的总分，总分来源于 20 个学生的该门课成绩的累加，所以需赋初值 0。

定义 s1_max、s1_min、s2_max、s2_min、s3_max、s3_min 存放三门课最高分和最低分的下标（注意：对数组进行操作时，只要得到该元素的下标就很容易得到该元素）。

程序如下：

```
#include <stdio.h>
void main()
{
    int i;
    float s1[20],s2[20],s3[20];                /*存放20个学生的三门课成绩*/
    float sum[20]={0},s1_sum=0,s2_sum=0,s3_sum=0;
    int s1_max,s1_min,s2_max,s2_min,s3_max,s3_min;
    for(i=0;i<20;i++)                          /*数据的输入*/
     scanf("%f,%f,%f",&s1[i],&s2[i],&s3[i]);
    for(i=0;i<20;i++)
    {
      sum[i]=s1[i]+s2[i]+s3[i];                /*求每个人的总分*/
      s1_sum+=s1[i];                           /*对第一门课累加求和*/
      s2_sum+=s2[i];                           /*对第二门课累加求和*/
```

```
            s3_sum+=s3[i];                      /*对第三门课累加求和*/
    }
    /*假定最大值和最小值的下标均为 0*/
    s1_max=s1_min=s2_max=s2_min=s2_max=s3_min=0;
    for(i=1;i<20;i++)
    {
        if(s1[i]<s1[s1_min])  s1_min=i;         /*存放第一门课最小值下标*/
        if(s1[i]>s1[s1_max])  s1_max=i;         /*存放第一门课最大值下标*/
        if(s2[i]<s2[s2_min])  s2_min=i;         /*存放第二门课最小值下标*/
        if(s2[i]>s2[s2_max])  s2_max=i;         /*存放第二门课最大值下标*/
        if(s3[i]<s3[s3_min])  s3_min=i;         /*存放第三门课最小值下标*/
        if(s3[i]>s3[s3_max])  s3_max=i;         /*存放第三门课最大值下标*/
    }
    /*显示结果*/
    printf("\n the average score of every student:");
    for(i=0;i<20;i++)
     printf("\n%4.1f",sum[i]/3);
     printf("\n the average score of three class:");
     printf("\n%4.1f,4.1f,4.1f",s1_sum/20,s2_sum/20,s3_sum/20);
     printf("\n the max score of every class:");
     printf("\n%4.1f,4.1f,4.1f",s1[s1_max],s2[s2_max],s3[s3_max]);
     printf("\n the min score of every class:");
     printf("\n%4.1f,4.1f,4.1f",s1[s1_min],s2[s2_min],s3[s3_min]);
}
```

【例 5.4】 从键盘输入 500 个字符,统计各个字母出现的次数(不区分大小写)。

分析:这是一个典型的统计问题。存放 500 字符可以通过定义大小为 500 的一维字符数组来完成。字母若不区分大小写则会有 26 种情况,可以定义一个大小为 26 的整型数组来存放各个字母出现的次数。

初步编写程序如下:

```
#include <stdio.h>
void main()
{char str[500];
int i,s[26]={0};
for(i=0;i<500;i++) str[i]=getchar();
for(i=0;i<500;i++)
{
switch(str[i])
{
    case 'a':
    case 'A':s[0]++;break;
    case 'b':
    case 'B':s[1]++;break;
    case 'c':
    case 'C':s[2]++;break;
    ……
```

```
        case 'z':
        case 'Z':s[25]++;break;
    }
}
for(i=0;i<26;i++) printf("\n%d",s[i]);
}
```

如果通过这种算法解决问题，那么编程就是一件复杂的工作，根本无法体验程序设计的快乐。因为对每一个字符都需要进行 52 种情况的判断。

现在，对该问题重新进行分析。

在解决问题时，数组和循环必须配合使用，二者缺一不可。数组和循环配合使用的关键在于找到问题的规律。同样采用数组 str 来存放所输入的字符，采用大小为 26 的数组 s 来存放各个字母出现的次数。其中，s[0]存放字母 a（不区分大小写）的个数，s[1]存放字母 b 的个数，以此类推，s[25]存放字母 z 的个数。

现在来分析 str[i]中存放的内容，一般只有三种情况：大写字母、小写字母、非字母字符。假定 str[i]现在为大写字母，则该字母的数目一定存放在 s[str[i]–65]中。因为 str[i]–65 正好为存放该字母数目的元素的下标。同理，假定 str[i]现在为小写字母，则该字母的数目一定存放在 s[str[i]–97]中。因为 str[i]–97 正好为存放该字母数目的元素的下标。

所以，程序可改写如下：

```
#include <stdio.h>
void main()
{char str[500];
int i,s[26]={0};
for(i=0;i<500;i++) str[i]=getchar();
for(i=0;i<500;i++)
{
  if(str[i]>='A'&&str[i]<='Z') s[str[i]-65]++;
  if(str[i]>='a'&&str[i]<='z') s[str[i]-97]++;
}
for(i=0;i<26;i++)printf("\%5d",s[i]);
}
```

【例 5.5】 从键盘上输入多个工人的工资，对这些工资按照从小到大的顺序进行排序。

分析：排序问题是程序设计中的一类典型问题，它广泛应用于数据管理。排序的方法很多，如交换排序、选择排序、归并排序、堆排序等。

在此通过选择排序来解决该问题。所谓选择排序，就是每次从待排序列中选择出最大值，然后与待排序列的最后一个元素交换位置（或者每次从待排序列中选择出最小值，然后与待排序列的第一个元素交换位置）。例如，现在有 6 个数构成待排序列（12，37，56，17，35，9），从这 6 个数字中可以选出最大值 56，与待排序列的最后一个元素 9 交换位置。得到新的序列（12，37，9，17，35，56）。新的待排序列应该包含 5 个数（56 不包括在内），即（12，37，9，17，35）。从这 5 个数字中可以选出最大值 37，和待排序列的最后一个元素 35 交换位置。得到新的序列（12，35，9，17，37，56）。可以发现 37，56 已经有序，以此类推，可以得到最后的排序结果。若有 n 个数值需要排序，这样的比较需要 n–1 次。

现在写出第一轮排序的算法描述，其中数组 num 存放待排序序列。

```
i=n-1;                              /*最后一个元素的下标*/
k=0;                                /*最初默认的最大值下标*/
for(j=1;j<=i;j++)                   /*求最大值的下标*/
if(num[j]>num[k])  k=j;
if(k!=i)                            /*若最后一个元素不是最大值则交换*/
{
int temp;
temp=num[i];num[i]=num[k];num[k]=temp;
}
```

一轮排序只能排出一个数字，则 n 个数字需要进行 $n-1$ 轮排序才能完成。
完整的程序代码如下：

```c
#include <stdio.h>
void main()
{
float num[100];

int n,i,j,k;
printf("\n please input the number of workers:");
scanf("%d",&n);                     /*输入工人的人数*/
printf("\n please input the wages of workers:");
for(i=0;i<n;i++) scanf("%f",&num[i]);
for(i=n-1;i>=1;i--)
{
    k=0;                            /*最初默认的最大值下标*/
    for(j=1;j<=i;j++)               /*求最大值的下标*/
    if(num[j]>num[k])  k=j;
    if(k!=i)                        /*若最后一个元素不是最大值则交换*/
    {
        int temp;
        temp=num[i];num[i]=num[k];num[k]=temp;
    }
}
printf("\n display the results of sort\n");
for(i=0;i<n;i++) printf("%f",num[i]);
}
```

【例 5.6】 从键盘输入 10 个学生的成绩，形成查找表，然后再输入一个成绩，查看该成绩在查找表中是否存在，若存在，统计有几个学生具有该成绩。

分析：这是一个标准的查询问题，即查找某个数据是否存在。查询的方法很多，最常见的方法就是顺序比较法。所谓顺序比较，就是从查找表的第一个元素开始依次和待查找的数进行比较，直到结束为止。

程序如下：

```c
#include <stdio.h>
void main()
```

```
{
int score[10],i,n,s=0;                              /*s 存放找到的学生的人数*/
printf("\n input the score:");
for(i=0;i<10;i++) scanf("%d",&score[i]);            /*输入成绩,形成查找表*/
printf("\n input the score:");
scanf("%d",&n);
for(i=0;i<10;i++)
if(score[i]==n) s++;
if(s==0)
    printf("\n not found");
else
    printf("\n the %d students have the same score",s);
}
```

顺序比较法的优点是易于实现，而且对查找表中元素的顺序没有要求，缺点是效率低。

【例 5.7】 已知某数组存放了职工的编号（不会重复），且这些编号按照号码大小升序存放，输入一个职工的编号，查看该职工编号是否存在，若存在则显示其在数组中的位置。

分析：对这一问题，可以采用顺序比较法来解决，但顺序比较法最大的缺陷在于效率太低，当查找表中元素数目比较多时更明显。由于查找表中元素已经有序存放，可以采用折半查找法来解决该问题。折半查找法又称二分查找法，该方法要求数组中的数据已经排序。假设数组 a 中的数据已按升序排列，待查数为 x，折半查找的基本过程如下所述。

将 x 与数组的中间元素（a[mid]）进行比较，比较结果分三种情况：

① x==a[mid]，说明查找成功；

② x>a[mid]，说明若存在只能存在于数组的后半部分；

③ x<a[mid]，说明若存在只能存在于数组的前半部分。

以此类推，随着查找的进行，查找区间会越来越小，当查找区间没有数据时，查找以失败告终。

设数组 a 用于存放有序的查找表，a[low]～a[high]为查找区间。初始时，low=0，high=N–1，查找区间为 a[0]～a[N–1]。a[mid]为中间数，其中，mid=(low+high)/2。

当 x>a[mid]时，low=mid+1；表示要在后一半数组元素中继续查找。

当 x<a[mid]时，high=mid–1；表示要在前一半数组元素中继续查找。

程序如下：

```
#define N 10
#include <stdio.h>
void main()
{
int a[N]={12,23,45,53,58,62,68,70,80,98};
int x,low,high,mid;
printf("\n please input the code:");
scanf("%d",&x);
low=0;high=N-1;
while(low<=high)
{
  mid=(low+high)/2;
```

```
            if(x==a[mid])
            {printf("%d\n",mid);
            break;
            }
            else
              if(x>a[mid])
                low=mid+1;
              else
                high=mid-1;
        }
        if(low>high) printf("\n not found\n");
    }
```

显然，折半查找法比顺序比较法的效率要高得多。

折半查找法查找数字 13 的具体过程如图 5.2 所示。

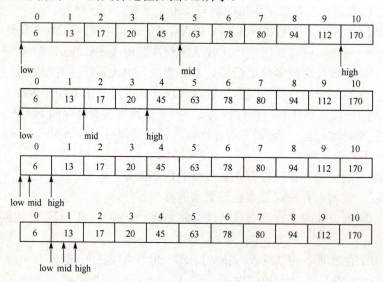

图 5.2　用折半查找法查找数字 13 的过程

5.2　二维数组的使用

5.2.1　二维数组概述

一维数组具有线性特征。在实际中，很多问题是二维的，具有行和列的特点。例如，对于一个 10 行 10 列的矩阵，该如何存储？

对于此问题，一种解决方法就是定义 10 个大小为 10 的一维数组。如果这样做，不但定义麻烦，而且不利于以后的处理。另外一种解决方法就是使用二维数组。

C 语言允许定义多维数组，其中最简单的就是二维数组。从用户的角度看，二维数组由若干行、列构成。实质上，二维数组最终也是在一维线性空间上实现的。二维以上的数组称为多维数组。

1. 二维数组的定义

二维数组定义的一般形式为:

类型 数组名[行数][列数];

例如,"float d[3][4];"相当于一次定义了 12 个 float 型变量。数组 d 是由 3 行 4 列构成(行号、列号均从 0 开始)的一个二维数组,该数组共有 12 个元素。依次表示为 d[0][0]、d[0][1]、d[0][2]、d[0][3]、d[1][0]、d[1][1]、d[1][2]、d[1][3]、d[2][0]、d[2][1]、d[2][2]和 d[2][3]。可以表示为 d[i][j],其中 i 为行号,j 为列号。它们在内存中存放的顺序如图5.3所示。

注意:

① C 语言中,数组下标无论是行号还是列号,均从 0 开始。

② C 语言中,二维数组存放采用行优先方式(有的语言采用列优先方式),即先存放第 0 行,然后再存放第 1 行,以此类推。而对于每行而言,也是先存放下标为 0 的元素,再存放下标为 1 的元素,以此类推。

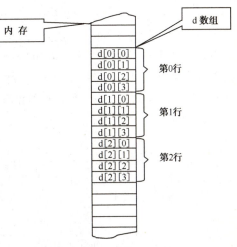

图 5.3 数组 d 的存放形式

2. 二维数组元素的初始化

行初始化方式有两种。例如:

```
int b[2][3]={{1,2,3},{4,5,6}};
```

该方法采用行初始化方式,每行用一对{}括起来。初始化后,数组 b 的 6 个元素将获得数值,如图5.4所示。

又如:

```
int b[2][3]={{1,2},{3}};
```

初始化后,数组 b 的 6 个元素将获得数值,如图5.5所示。

即:二维数组 b 中只有 b[0][0]、b[0][1]和 b[1][0]三个元素分别获得数值 1、2 和 3,而其余元素获得系统默认值 0。

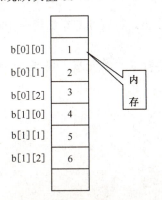 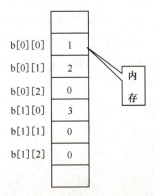

图 5.4 行初始化方式实例 1　　　图 5.5 行初始化方式实例 2

5.2.2 二维数组应用举例

【例 5.8】 从键盘输入一个 5 行 5 列的矩阵,求其最大元素、最小元素、矩阵主对角线元素的平均值,并显示该矩阵。

分析:5 行 5 列矩阵可以通过二维数组来存放。所谓矩阵主对角线元素,其实就是二维数组中具有相同行号和列号的元素。求最大元素、最小元素本质上是求出最大元素、最小元素的下标。由于在二维数组中,确定一个元素需要两个下标,所以确定最大元素、最小元素就需要四个下标,可定义一个大小为 4 的一维数组 b 来存放这些下标。其中,b[0]存放最大元素行标,b[1]存放最大元素列标,b[2]存放最小元素行标,b[3]存放最小元素列标。

程序如下:

```c
#include <stdio.h>
void main()
{
int a[5][5],i,j,b[4]={0},sum=0;
for(i=0;i<5;i++)                                          /*输入矩阵*/
    for(j=0;j<5;j++) scanf("%d",&a[i][j]);
/*求最大元素、最小元素的下标*/
for(i=0;i<5;i++)
  for(j=0;j<5;j++)
  {
    if(a[i][j]>a[b[0]][b[1]]) {b[0]=i;b[1]=j;}
    if(a[i][j]<a[b[2]][b[3]]) {b[2]=i;b[3]=j;}
    if(i==j) sum+=a[i][j];    /*主对角线元素累加*/
  }
printf("\n the max is %d",a[b[0]][b[1]]);
printf("\n the min is %d",a[b[2]][b[3]]);
printf("\n the average is %7.2f\n",sum/5.0);
for(i=0;i<5;i++)
{
  printf("\n");                                            /*换行*/
  for(j=0;j<5;j++) printf("%6d",a[i][j]);                  /*打印一行*/
}
}
```

【例 5.9】 现在有 10 个学生,每人 7 门课程的成绩。将其在二维数组 a 中保存,要求选出每个人的最高分并存在一维数组 b 中。

分析:本题的编程思路是在数组 a 的每一行中寻找最大的元素,找到之后把该值赋予数组 b 相应的元素即可。

程序如下:

```c
#include <stdio.h>
void main()
{
int a[10][7],b[10],i,j,m;
for(i=0;i<10;i++)
```

```
    for(j=0;j<7;j++) scanf("%d",&a[i][j]);
for(i=0;i<10;i++)
{
  m=a[i][0];
  for(j=1;j<7;j++)
     if(a[i][j]>m)m=a[i][j];
  b[i]=m;
}
printf("\n array b:\n");
for(i=0;i<10;i++)
     printf("%5d",b[i]);
}
```

程序中第 7 行的 for 语句中又嵌套了一个 for 语句,组成了双重循环。外循环控制逐行处理,并把每行的第 0 列元素赋予 m。进入内循环后,把 m 与后面各列元素比较,并把比 m 大者赋给 m。内循环结束时,m 即为该行最大的元素,然后把 m 值赋给 b[i]。等外循环全部完成时,数组 b 中已存入了数组 a 各行中的最大值。

【例 5.10】 编写程序,实现矩阵(3 行 3 列)的转置(即行列互换)。

分析:这个问题的关键在于进行对应元素的互换。由矩阵的对称性不难看出,在进行元素互换时,a[i][j]正好与 a[j][i]互换,如图 5.6 所示。因而只要让程序"走完"矩阵的左上角即可(用 for(i=0;i<2;i++)嵌套 for(j=i+1;j<3;j++)来完成左上角的"走动")。

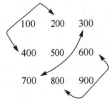

图 5.6 矩阵转置

程序如下:

```
#include <stdio.h>
void main()
{
int i,j,t;
int array[3][3]={{100,200,300},{400,500,600},{700,800,900}};
for(i=0;i<3;i++)
{printf("\n");
for(j=0;j<3;j++)
  printf("%7d",array[i][j]);
}
for(i=0;i<2;i++)
  for(j=i+1;j<3;j++)
  {t=array[i][j];array[i][j]=array[j][i];array[j][i]=t;}
printf("Converted array:\n");
for(i=0;i<3;i++)
  {printf("\n");
  for(j=0;j<3;j++)
  printf("%7d",array[i][j]);
  }
}
```

5.3 知识扩展

5.3.1 字符串的存储与处理

文字处理是计算机的基本功能之一。正是因为计算机具有文字处理功能,才使得计算机的应用迅速普及。通过计算机进行文字处理,需要解决以下问题:

① 文字如何在计算机中存储?存储方式既要保证可对文字方便地进行处理,又要符合人们的习惯。

② 如何对存储的文字进行处理?

在 C 语言中,通过字符串表示文字,通过字符数组来存放字符串。

1. 字符串与字符数组的概念

所谓"字符串",是指由若干个字符(可以是 0 个)所构成的字符序列。现实中的文字在计算机中基本都以字符串的方式表示。

所谓"字符数组",是指数组元素是 char 型的数组,字符数组也可以有一维、二维、三维或多维数组。其定义和使用方法与以前所讲的方法相同。

一维字符数组常用于存放一个字符串,多维字符数组常用于存放多个字符串。

注意:

① 系统在存放字符串时,会自动在字符串最后一个字符的后边加上字符串结束标志 '\0'(要占 1 字节的存储空间)。也就是说,系统判断一个字符数组中存放的是否是一个字符串,就看在该数组中能否找到结束标志 '\0'。

② 和其他数组一样,字符数组的越界判断要由用户自己完成。

2. 字符数组初始化

字符数组初始化主要有两种方法。

(1) 通过字符初始化

例如:

```
char s1[4]={'a','b','c','d'};
```

其中,s1 被定义为一个一维字符数组,它含有 4 个字符型变量元素。经初始化后,使 s1[0] 为 'a',s1[1] 为 'b',s1[2] 为 'c',s1[3] 为 'd',如图 5.7 所示。

又如:

```
char s2[5]={'a','b','c','d','\0'};
```

其中,s2 也被定义为一个一维字符数组,它含有 5 个字符型变量元素。经初始化后,s2[0] 为 'a',s2[1] 为 'b',s2[2] 为 'c',s2[3] 为 'd',s2[4] 为 '\0',如图 5.8 所示。因此,s2 数组是一个字符串数组,它存放着字符串常量 "abcd"。

(2) 通过字符串初始化

在将一个一维字符数组初始化为字符串时,可用下面的简捷方式:

```
char s2[5]="abcd";
```

或者

```
    char s2[5]={"abcd"};
```
这两者等价，此时，系统会自动在字符串的最后存放一个结束符'\0'。

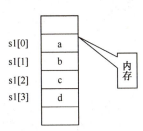

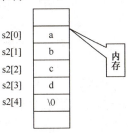

图 5.7　通过字符初始化 1　　　　　图 5.8　通过字符初始化 2

注意：使用该方法时，字符数组的大小应大于等于字符串中字符的个数加 1（因为还要存放字符串结束符'\0'）。

例如：
```
    char s3[5]="abcde";
```
此用法是错误的，因为字符串中字符的个数为 5，再加上一个字符串结束符'\0'，共需 6 个存储单元，而定义的字符数组 s3 只有 5 个存储单元，因而越界出错。但是，只要定义的字符数组大小大于等于字符串中字符的个数加 1，就可以正常初始化。

又如：
```
    char s4[10]="abcde";
```
则数组 s4[10]在内存中的存放形式如图 5.9 所示。

s4[0]	s4[1]	s4[2]	s4[3]	s4[4]	s4[5]	s4[6]	s4[7]	s4[8]	s4[9]
a	b	c	d	e	\0	\0	\0	\0	\0

图 5.9　数组在内存中的存放形式

注意：

① 在定义数组时，可以用省略第一维大小的方法来初始化一个数组的各个元素。数组的元素个数虽然没有指定，但它的大小可以由初始化时等号后面的数据的个数决定。例如：
```
    char s3[ ]="abcde";
```
虽然字符数组 s3 的元素个数没有指定，但它的大小由等号后面的字符串中字符的个数加 1 决定，即字符数组 s3 初始化后为 6 个元素。它等价于：
```
    char s3[6]="abcde";
```
② 二维字符数组的初始化可以用初始值表的方法，也可以用字符串常量的方法。例如：
```
    char s5[3][4]={{'a','b','c','\0'},{'1','2','3','\0'},{'m','n','l','\0'}};
```
或者
```
    char s5[3][4]={"abc","123","mnl"};
```
或者
```
    char s5[][4]={"abc","123","mnl"};
```
这三种方法都是等价的。

③ 在使用字符数组时，不能将一个字符串直接赋给一个字符数组名，只能对字符数组的元素逐个赋值。例如，以下用法是错误的。
```
    char s[10];s="abcde";
```

3. 字符串基本处理函数

在 C 语言中，系统提供了一些字符串基本处理函数。

(1) 字符串的输入

可以通过 scanf( )函数和 gets( )函数来完成字符串的输入。

① scanf( )函数

其输入字符串的格式为：

  scanf("%s",字符数组名);

② gets( )函数

其输入字符串的格式为：

  gets(字符数组名);

两者的区别：

scanf( )函数输入的字符串中不能含有空格（因为 scanf( )函数以按回车键和空格键作为字符串输入结束标志）；

gets( )函数则没有限制（仅以按回车键作为字符串输入结束标志）。

(2) 字符串的输出

可以通过 printf()函数和 puts()函数来完成字符串的输出。

① printf( )函数

其输出字符串的格式为：

  printf("%s",字符数组名);

② puts( )函数

其输出字符串的格式为：

  puts(字符数组名);

两者的区别：printf( )函数输出一个字符串后，光标不换行；采用 puts( )函数进行输出后，光标自动换行。

在使用 gets( )函数和 puts( )函数时，须包含头文件<stdio.h>。

(3) 字符串复制函数 strcpy( )

格式为：

  strcpy(字符数组名,"字符串");

其作用是将字符串复制到字符数组中且自动加'\0'。

(4) 字符串连接函数 strcat( )

格式为：

  strcat(字符数组名 1，字符数组名 2);

其作用是将第二个字符串的内容连接到第一个字符串内容的后边。

(5) 字符串比较函数 strcmp( )

格式为：

  strcmp(字符串 1,字符串 2);

其作用是比较两个字符串。若两个字符串相等，返回值为 0；若字符串 1 大于字符串 2，则返回值为一个正整数（为串中不同字符的 ASCII 码差值）；若字符串 1 小于字符串 2，则返回值为一个负整数。

(6) 字符串求长度函数 strlen( )

格式为：

strlen(字符串);

其作用是计算以'\0'结尾的字符串的长度，并且返回字符串的长度，结尾字符'\0'不计算在内。

注意：如果在程序中要使用这四个函数，需要包含头文件<string.h>。

4．字符数组应用举例

【例 5.11】 编写程序完成如下功能，从键盘输入一个字符串，求字符串中的字符个数（不能调用系统函数）。

分析：这是求文字长度的问题，对于字符串而言，求其字符个数其实就是求字符数组中结束标志'\0'以前的字符个数。可以采用从前向后逐个判断的方法。

程序如下：

```c
#include <stdio.h>
void main()
{
char str[100];
int i=0;
gets(str);   /*输入字符串*/
while(str[i]!='\0') i++;
printf("\n the length of string is %d",i);
}
```

【例 5.12】 编写程序，实现字符串的复制功能。

分析：字符串的复制是通过对字符逐个赋值来完成的。

程序如下：

```c
#include <stdio.h>
void main()
{
char str1[100],str2[100];
int i=0;
gets(str1);
while(str1[i]!='\0')     /*字符串1没有结束,则继续赋值*/
{
str2[i]=str1[i];i++;
}
str2[i]='\0';              /*加结束标志*/
puts(str2);
}
```

下面再给出另外一个功能等价的程序。

```c
#include <stdio.h>
void main()
{
char str1[100],str2[100];
```

```
    int i=0,j=0;
    gets(str1);
    while(str2[i++]=str1[j++]);
    puts(str2);
}
```

在该程序中,核心的语句是"while(str2[i++]=str1[j++]);",该语句能充分体现 C 语言简洁、高效的特点。

【例 5.13】 按字母顺序排序字符串。

分析:这是一个很常见的编程任务。要按字母顺序排序,我们能够使用 strcmp()。这里,采用字符串数组保存少量名称,之后在 C 语言中按字母顺序排序:

```
#include <stdio.h>
#include <string.h>
void main()
{char array[30][30],temp[30];
 int i,j
for(i=0;i<30;i++) gets(array[i]);
for(j=29;j>0;j--)
  for(i=0;i<j;i++)
  {
    if(strcmp(array[i],array[i+1])>0)
    {
    strcpy(temp,array[i]); strcpy(array[i],array[i+1]);strcpy(array[i+1],temp);
    }
}
//显示排序后的数组
for(i=0;i<30;i++)
  printf("%s\n",array[i]);
}
```

5.3.2 多维数的使用

有很多情况需要使用三维或多维数组。因为对于拥有 n 维自由度的给定问题,需要用 n 维数组来解决这个问题。例如,如果想使用笛卡儿坐标跟踪三维空间中移动粒子的轨迹,那么需要存储三个坐标轴上的坐标。

1. 多维数组的定义

下面以三维数组为例来说明多维数组的定义。

```
    int c[2][2][2];
```

定义数组 c 为一个三维数组,该数组共有 8 个元素。依次表示为 c[0][0][0]、c[0][0][1]、c[0][1][0]、c[0][1][1]、c[1][0][0]、c[1][0][1]、c[1][1][0] 和 c[1][1][1],它们在内存中也是顺序存放的,如图 5.10 所示。

2. 多维数组初始化

下面以三维数组为例来说明多维数组的初始化,例如:

```
int c[2][2][2]={{1,2},{3,4},{5,6},{7,8}};
```

初始化后，数组 c 的 8 个元素将获得初值，如图 5.11 所示。

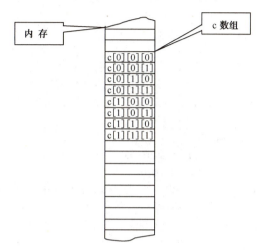

图 5.10 数组 c 的存放形式

也可采用如下初始化方式：

```
int c[2][2][2]={1,2,3,4,5,6,7,8};
```

该方法采用对应元素初始化方式，从下标为 0 的元素开始，依次赋值。
又如：

```
float a[2][3][2]={2,5,3,0,8,6,1};
```

初始化后，数组中的元素 a[0][0][0]、a[0][0][1]、a[0][1][0]、a[0][2][0]、a[0][2][1] 和 a[1][0][0] 将分别获得数值 2.0、5.0、3.0、8.0、6.0 和 1.0，而其余元素获得系统默认值 0.0，如图 5.12 所示。

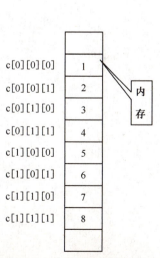

图 5.11 三维数组初始化 1

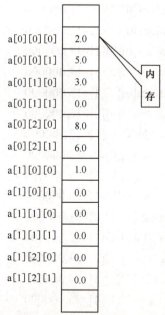

图 5.12 三维数组初始化 2

【例5.14】 三维数组的显示示例。

```c
#include <stdio.h>
void main()
{
int row,column,table;
float values[2][3][5]={{{1.0,2.0,3.0,4.0,5.0},{6.0,7.0,8.0,9.0,10.0},
                {11.0,12.0,13.0,14.0,15.0}},{{16.0,17.0,18.0,19.0,
                20.0},{21.0,22.0,23.0,24.0,25.0},{26.0,27.0,28.0,
                29.0,30.0}}};
for(row=0;row<2;row++)
  for(column=0;column<3;column++)
    for(table=0;table<5;table++)
      printf("values[%d][%d][%d]=%f\n",row,column,table,values[row][column][table]);
}
```

输出结果：

values[0][0][0]=1.000000
values[0][0][1]=2.000000
values[0][0][2]=3.000000
values[0][0][3]=4.000000
values[0][0][4]=5.000000
values[0][1][0]=6.000000
values[0][1][1]=7.000000
values[0][1][2]=8.000000
values[0][1][3]=9.000000
values[0][1][4]=10.000000
values[0][2][0]=11.000000
values[0][2][1]=12.000000
values[0][2][2]=13.000000
values[0][2][3]=14.000000
values[0][2][4]=15.000000
values[1][0][0]=16.000000
values[1][0][1]=17.000000
values[1][0][2]=18.000000
values[1][0][3]=19.000000
values[1][0][4]=20.000000
values[1][1][0]=21.000000
values[1][1][1]=22.000000
values[1][1][2]=23.000000
values[1][1][3]=24.000000
values[1][1][4]=25.000000
values[1][2][0]=26.000000

values[1][2][1]=27.000000
values[1][2][2]=28.000000
values[1][2][3]=29.000000
values[1][2][4]=30.000000

5.4 应用举例

【例 5.15】 把一个整数按大小顺序插入已排好序的数组中。

分析：为了把一个数按大小插入已排好序的数组中，应首先确定排序是从大到小还是从小到大进行的。设排序是从大到小进序的，则可把欲插入的数与数组中各数逐个比较，当找到第一个比插入数小的元素 i 时，该元素之前即为插入位置。然后从数组最后一个元素开始到该元素为止，逐个后移一个单元。最后把插入数赋予元素 i 即可。如果被插入数比所有的元素值都小则插入最后位置。

程序如下：

```
#include <stdio.h>
void main(void)
{
  int i,j,p,q,s,n,a[11]={127,3,6,28,54,68,87,105,162,18};
    for(i=0;i<10;i++)
    {
        p=i;q=a[i];
        for(j=i+1;j<10;j++)
            if(q<a[j]) {p=j;q=a[j];}
        if(p!=i)
            {s=a[i]; a[i]=a[p]; a[p]=s;}
    }
    printf("\n input number:\n");
    scanf("%d",&n);
    for(i=0;i<10;i++)
        if(n>a[i]){
            for(s=9;s>=i;s--) a[s+1]=a[s];
            break;
        }
    a[i]=n;
    for(i=0;i<=10;i++)
      printf("%d ",a[i]);
    printf("\n");
}
```

本程序首先对数组 a 中的 10 个数从大到小排序。然后输入要插入的整数 n。再用一个 for 语句把 n 和数组元素逐个比较，如果发现有 $n>a[i]$ 时，则由一个内循环把 i 以下各元素值顺次后移一个单元。后移应从后向前进行（从 a[9] 开始到 a[i] 为止）。后移结束跳出外循环。插入点为 i，把 n 赋予 a[i] 即可。如所有的元素均大于被插入数，则不需进行后移工作。此时 i=10，结果是把 n 赋于 a[10]。最后一个循环输出插入数后的数组各元素值。

【例 5.16】 去除字符串中的空格。

C 语言没有提供可删去字符串中空格的标准库函数,但是,编写这样的一个函数是很方便的。

分析:去除空格,其实就是将非空格字符再次保存的过程。

程序如下:

```
#include <stdio.h>
#include <string.h>
void main()
{
    char str[200];
    int i,j;
    gets(str);
    i=0;j=0;
    while(str[j]!='\0')
       {if(str[j]!=' ') str[i++]=str[j]; j++;}
    str[i]='\0';
    puts(str);
}
```

【例 5.17】 字符串右对齐。

C 语言没有提供可使字符串右对齐的标准库函数,但是,编写这样的一个函数是很方便的。

分析:字符串右对齐的过程就是将最后一个非空格字符和第一个字符所形成的子串元素依次后移,并将开始的对应字符变为空格的过程。

程序如下:

```
#include <stdio.h>
#include <string.h>
void main()
{
    char str[200];
    int i,j,k;
    gets(str);
    j=strlen(str);j--;
    i=j;
    while(str[i]==' ') i--;
    k=j-i;
    while(i>=0)  str[j--]=str[i--];
    for(i=0;i<k;i++)str[i]=' ';
    puts(str);
}
```

同理,字符串左对齐程序如下:

```
#include <stdio.h>
#include <string.h>
void main()
{
    char str[200];
    int i,j,k,t;
```

```
    gets(str);
    j=strlen(str); j--;
    i=0;
    while(str[i]==' ') i++;
    k=i;t=0;
    while(i<=j)
      str[t++]=str[i++];
    for(i=0;i<k;i++) str[j--]=' ';
    puts(str);
}
```

同理,字符串居中程序如下:

```
#include <stdio.h>
#include <string.h>
void main()
{
    char str[200];
    int len,rig,lef,sub_len,k,i,t,m,j;
    gets(str);
    len=strlen(str);
    lef=0;
    rig=len-1;
    while(str[lef]==' ') lef++;
    while(str[rig]==' ') rig--;
    sub_len=rig-lef+1;
    k=len-sub_len;
    m=k/2;
    if(lef>m)
    {
      for(i=0;i<sub_len;i++) str[m+i]=str[lef+i];
      for(i=0;i<lef-m;i++) str[m+sub_len+i]=' ';
    }
    else
    if(lef<m)
    {
      for(i=0;i<sub_len;i++) str[rig+m-lef-i]=str[rig-i];
      for(i=0;i<m-lef;i++) str[lef+i]=' ';
    }
    puts(str);
}
```

5.5 疑难辨析

【例 5.18】分析程序,说明程序中存在的错误。

```
main()
{   chars[10]={'a','b','c','d'};
```

```
    inti;
    s[0]=s[0]-32;
    s[4]=e;
    s[10]='m';
    for(i=0;i<10;i++)scanf("%c",s[i]);
    for(i=0;i<10;i++)printf("\n%c",s[i]);
}
```

分析：

① "s[4]=e;"语法错误，变量 e 不存在。e 若为字符常量，缺少一对单引号。

② "s[10]='m';"没有语法错误，但存在逻辑错误。定义 s[10]后，相当定义了 10 个变量，即 s[0]～s[9]。而 s[10]越界，C 语言的编译系统并不对越界进行判断，也就是说，在数组使用元素时，越界判断由使用者自己来完成。

③ "scanf("%c",s[i]);"没有语法错误，但存在逻辑错误。使用 scanf()函数进行输入时，参数必须是地址，即正确格式为 "scanf("%c",&s[i]);"。

【例 5.19】 理解数组下标。

数组的下标总是从 0 开始。对数组 a[MAX]（假定 MAX 是用户定义的符号常量）来说，它的第一个和最后一个元素分别是 a[0]和 a[MAX-1]。但在其他一些语言中，情况可能有所不同，例如，在 BASIC 和 MATLAB 中数组 a[MAX]的元素是从 a[1]到 a[MAX]，在 Pascal 语言中则两种方式都可行。

上述这种差别有时会引起混乱，在 C 语言中，当说"数组中的第一个元素"时，实际上是指"数组中下标为 0 的元素"。当说"数组中的最后一个元素"时，实际上是指"数组中下标为 MAX-1 的元素"。

【例 5.20】 如何判断数组结束。

在把数组作为参数传递给函数时，不可以通过 sizeof 运算符计算数组的大小。因为函数的数组参数相当于指向该数组第一个元素的指针。这意味着把数组传递给函数的效率非常高，也意味着程序员必须通过某种机制告诉函数数组参数的大小。

为了告诉函数数组参数的大小，人们通常采用以下两种方法：

（1）将数组和表示数组大小的值一起传递给函数

例如，memcpy()函数就是这样做的：

```
char source[MAX],dest[MAX];
memcpy(dest,source,MAX);
```

（2）引入某种规则来结束一个数组

例如，在 C 语言中字符串总是以 ASCII 字符 NUL('\0')结束，而一个指针数组总是以空指针结束。请看如下函数：

```
void printMany(char *strings[])
{
    int i;
    i=0;
    while(strings[i]!=NUL)
    {
        puts(strings[i]);
```

```
        ++i;
    }
}
```

同样，C 语言程序员经常用指针来代替数组下标，因此大多数 C 语言程序员通常会将上述函数编写得更隐蔽一些：

```
void printMany(char *strings[])
{
    while(*strings)
    {
    puts(*strings++);
    }
}
```

strings 是一个数组参数，相当于一个指针，因此可以对它进行自增运算，并且可以在调用 puts()函数时对 strings 进行自增运算。

【例 5.21】 理解串复制(strcpy)和内存复制(memcpy)函数。

（1）strcpy()函数

strcpy()函数只能复制字符串，strcpy()函数将源字符串的每个字节复制到目标字符串中，当碰到字符串末尾的 null 字符(\0)时，结束复制。

（2）memcpy()函数

memcpy()函数可以复制任意类型的数据。因为并不是所有的数据都以 null 字符结束，所以要为 memcpy()函数指定要复制的字节数。

在复制字符串时，通常都使用 strcpy()函数；在复制其他数据（例如结构体）时，通常都使用 memcpy()函数。

以下是一个使用 strcpy()函数和 memcpy()函数的例子：

```
#include <stdio.h>
#include <string.h>
typedef struct cust_str{
int id;
char last_name[20];
char first_name[15];
}CUSTREC;
void main( )
{
  char *src_string="This is the source string";
  char dest_string[50];
  CUSTREC src_cust;
  CUSTREC dest_cust;
  printf("dest_string is:%s\n",strcpy(dest_string,src_string));
  src_cust.id=1;
  strcpy(src_cust.last_name,"Strahan");
  strcpy(src_cust.first_name,"Troy");
  memcpy(&dest_cust,&src_cust,sizeof(CUSTREC));
  printf("%d(%s%s).",dest_cust.id,dest_cust.first_name,dest_cust.last_name);
}
```

习 题 5

一、选择题

1. 以下对 C 语言字符数组的描述，错误的是（　　）。
   A．字符数组可以存放字符串
   B．字符数组中的字符串可以整体输入、输出
   C．可以在赋值语句中通过赋值运算符"="对字符数组进行整体赋值
   D．不可以用关系运算符对字符数组中的字符串进行比较

2. 不能把字符串"Hello!"赋给数组 b 的语句是（　　）。
   A．char b[10]={"Hello!"};
   B．char b[10];b="Hello!";
   C．char b[10]={'H','e','l','l','o','!','\0'};
   D．char b[10]="Hello!";

3. 下面合法的数组定义是（　　）。
   A．int a[]="string"; B．int a[5]={0,1,2,3,4,5};
   C．char a="string"; D．char a[]={0,1,2,3,4,5};

4. 以下能对二维数组 a 进行正确初始化的语句是（　　）。
   A．int a[2][]={{1,0,1},{5,2,3}};
   B．int a[][3]={{1,2,3},{4,5,6}};
   C．int a[2][6]={{1,2,3},{4,5},{6}};
   D．int a[][3]={{1,0,1}{},{1,1}};

5. 若有说明 int a[3][4]={0};，则下面叙述正确的是（　　）。
   A．只有元素 a[0][0]可得到初值 0
   B．此说明语句不正确
   C．数组 a 中各元素都可得到初值，但其不一定为 0
   D．数组 a 中各元素都可得到初值 0

6. 在 C 语言中，引用数组元素时，其数组下标的数据类型允许是（　　）。
   A．整常量 B．整型表达式
   C．整型常量和整型表达式 D．任何类型的表达式

7. 以下对一维整型数组 a 的正确说明是（　　）。
   A．int a(10);
   B．int n=10,a[n];
   C．int n;
   　　scanf("%d",&n);
   　　int a[n];
   D．#define SIZE 10
   　　int a[SIZE];

8. 若有说明 int a[10];，则对 a 数组元素的正确引用是（　　）。
   A．a[10] B．a[3.5] C．a(5) D．a[10-10]

9. 以下对二维数组 a 的正确说明是（　　）。
   A．int a[3][]; B．float a(3,4);

C. double a[1][4]; D. float a(3)(4);

10. 若有说明 int a[3][4];，则对 a 数组元素的正确引用是（   ）。
    A．a[2][4]   B．a[1,3]   C．a[1+1][0]   D．a(2)(1)

11. 若有说明 int a[3][4];，则对 a 数组元素的非法引用是（   ）。
    A．a[0][2*1]   B．a[1][3]   C．a[4-2][0]   D．a[0][4]

12. 对 int a[10]={6,7,8,9,10};语句理解正确的是（   ）。
    A．将 5 个初值依次赋给 a[1]～a[5]
    B．将 5 个初值依次赋给 a[0]～a[4]
    C．将 5 个初值依次赋给 a[6]～a[10]
    D．因为数组长度与初值的个数不相同，所以此语句不正确

13. 定义如下变量和数组：
    int k;
    int a[3][3]={1,2,3,4,5,6,7,8,9};
则执行 for(k=0;k<3;k++)printf("%d",a[k][2-k]);语句的输出结果是（   ）。
    A．357   B．369   C．159   D．147

14. 判断字符串 a 和 b 是否相等，应当使用（   ）。
    A．if(a==b)   B．if(a=b)
    C．if(strcpy(a,b))   D．if(strcmp(a,b))

15. 判断字符串 s1 是否大于字符串 s2，应当使用（   ）。
    A．if(s1>s2)   B．if(strcmp(s1,s2))
    C．if(strcmp(s2,s1)>0)   D．if(strcmp(s1,s2)>0)

16. 下面程序段的功能是将字符串 s 中所有的字符 c 删除，请选择填空（   ）。

```
#include <stdio.h>
main()
{
char s[80];
int i,j;
gets(s);
for(i=j=0;s[i]!='\0';i++)
if(s[i]!='c');
s[j]='\0';
puts(s);
}
```

    A．s[j++]=s[i] B．s[++j]=s[i] C．s[j]=s[i];j++ D．s[j]=s[i]

17. 有两个字符数组 a、b，则以下正确的输入格式是（   ）。
    A．gets(a,b);   B．scanf("%s%s",a,b);
    C．scanf("%s%s",&a,&b);   D．gets("a"),gets("b");

18. 对两个数组 a 和 b 进行如下初始化，则以下叙述正确的是（   ）。

```
char a[]={'A','B','C','D','E','F'};
char b[]="ABCDEF";
```

A. a 与 b 数组完全相同　　　　　　B. a 与 b 数组长度相同
C. a 与 b 中都存放字符串　　　　　D. b 数组比 a 数组长度长

二、填空题

1. 下面程序的功能是将字符串 a 中下标值为偶数的元素由小到大排序，其他元素不变。请填空。

```
#include <stdio.h>
main()
{char a[]="labchmfye",t;
int i,j;
for(i=0;i<7;i+=2)
for(j=i+2;j<9;   ①   )
if(    ②    )
{t=a[i];a[i]=a[j];a[j]=t;j++;}
puts(a);printf("\n");
}
```

2. 下面程序以每行 4 个数据的形式输出 a 数组，请填空。

```
#define N 20
main()
{
int a[N],i;
for(i=0;i<N;i++) scanf("%d",    ①    );
for(i=0;i<N;i++)
{if(    ②    )    ③    
printf("%3d",a[i]);}
printf("\n");
}
```

3. 下面的程序可求出矩阵 a 的两条对角线上的元素之和，请填空。

```
main()
{
int a[3][3]={1,3,6,7,9,11,14,15,17},sum1=0,sum2=0,i,j;
for(i=0;i<3;i++)
for(j=0;j<3;j++)
if(i==j) sum1=sum1+a[i][j];
for(i=0;i<3;i++)
for(    ①    ;    ②    ;j--)
if((i+j)==2 )sum2=sum2+a[i][j];
printf("sum1=%d,sum2=%d\n",sum1,sum2);
}
```

4. 下面程序的功能是检查一个二维数组是否对称（即对所有 i、j 都有 a[i][j]=a[j][i]），请填空。

```
main()
{
int a[4][4]={1,2,3,4,2,2,5,6,3,5,3,7,4,6,7,4};
int i,j,found=0;
for(j=0;j<4;j++)
```

```
    for(   ①   ;i<4;i++)
    if(a[j][i]!=a[i][j])
    {   ②   ;break;}
    if(found)
      printf("no");
    else
      printf("yes");
    }
```

5. 下面的程序段功能是输出"computer",请填空。

```
    char c[]="It'sacomputer";
    for(i=0;   ①   ;i++)
    {   ②   ;printf("%c",c[j]);}
```

6. 下面程序的功能是在 3 个字符串中找出最小的,请填空。

```
    #include <stdio.h>
    #include <string.h>
    main()
    {
    char s[20],str[3][20];
    int i;
    for(i=0;i<3;i++) gets(str[i]);
    strcpy(s,   ①   );
    if(strcmp(str[2],s)<0) strcpy(s,str[2]);
    printf("%s\n",   ②   );
    }
```

7. 若有定义:

```
    int a[3][4]={{1,2},{0},{4,6,8,10}};
```

则初始化后,a[1][2]得到的初值是_____,a[2][1]得到的初值是_____。

8. 设数组 a 中的元素均为正整数,以下程序的功能是求数组 a 中偶数的个数和偶数的平均值,请填空。

```
    main()
    {
    int a[10]={1,2,3,4,5,6,7,8,9,10};
    int k,s,i;
    float ave;
    for(k=s=i=0;i<10;i++)
    {if(a[i]%2!=0)   ①   ;
    s+=   ②   ;
    k++;
    }
    if(k!=0)
    {
    ave=s/k;
    printf("%d,%f\n",k,ave);
    }
    }
```

9. 下面程序段的功能是输出两个字符串中对应字符相等的字符,请填空。

```
    ⋮
    char x[]="programming";
    char y[]="Fortran";
    int i=0;
    while(x[i]!='\0'&&y[i]!='\0')
    {if(x[i]==y[i])
    printf("%c",_____①_____);
    else
    i++;
    }
```

10. 下面程序段的运行结果是_____。

```
    char x[]="theteacher";int i=0;
    while(x[++i]!='\0')
    if(x[i-1]=='t')printf("%c",x[i]);
```

三、程序设计

1. 编写程序，统计学生每门课的平均成绩及所有课程的平均成绩。学生数由键盘输入，每个学生学 4 门功课，并把所有不及格的学生成绩打印出来。

2. 编写程序，将 1～10 顺序地赋给一个整型数组，然后从第一个元素开始间隔地输出该数组。

3. 有 n 个人围成一圈，顺序排号。从第一个人开始报数（从 1～3 报数），报到 3 的人退出圈子，求退出顺序。

4. 编写一程序，将数组 a 中的相同数据只保留一个，然后输出。

5. 求一个字符串的长度。

6. 输入一行文字，找出其中大写字母、小写字母、空格、数字及其他字符各有多少。

7. 输入一个字符串，内有数字和非数字字符（如 A123x4561bcd7960?302tab5876）。输出子字符串，将其中连续的数字作为一个整数，依次存放到一维数组 a 中（例如，123 放在 a[0]中，456 放在 a[1]中），统计共有多少个整数，并输出这些数。

8. 有一字符串，编写程序，将此字符串中从第 m 个字符开始的全部字符复制成另一个字符串。

9. 编写程序，完成字符串的替换功能。

10. 在三个数组中，存放 30 个整数，对这 30 个整数进行排序，排序结果存放在另外一个数组中。

11. 编写程序，求 100～300 中所有的素数，并将其存放到一个数组中。

12. 编写程序，判断一字符串是否是回文（例如，"abcdedcba" 是回文，而 "abcdedfa" 不是回文）。

13. 定义两个整型数组，分别输入 10 个整数，对它们进行升序排序，结果存入新数组中。

14. 从键盘输入一字符串（假定字符串只由 "*" 和字母构成），删除该字符串所有的前导和后继 "*"。例如，输入*********abcdef**dfkh*****，删除后结果为：abcdef**dfkh。

15. 从键盘输入两个 5×5 矩阵，求两矩阵之和（矩阵求和规则：c[i][j]=a[i][j]+b[i][j]）。

16. 从键盘输入一个十六进制数字字符串，将其转换为十进制数输出。

17. 编写程序完成如下功能：分别将字符串 a 和字符串 b 中的字符倒置。然后按交叉的顺序将两个字符数组合并存到字符数组 c 中，过长的部分直接连接在 c 的尾部。例如，若字符串 a 的内容为 "abcdefgh"，字符串 b 的内容为 "1990"，则结果为 "h0g9f9e1dcba"。

18. 输入一串字符（换行符结束），用循环语句将其中的大小写英文字母互换后输出。

19. 设有语句 int a[3][4];，先为数组输满数据，再将该数组周边的元素输出（元素输出次序不限）。

第6章 指针与链表

指针是C语言中广泛使用的一种数据类型。运用指针编程是C语言最主要的特色之一。指针变量可以指向各种数据结构，能很方便地使用数组和字符串，并能像汇编语言一样处理内存地址，从而编出精练且高效的程序。

6.1 指针

6.1.1 指针的使用

对象在内存中所占存储空间的起始地址称为指向该对象的指针。从本质上讲，指针就是地址。例如，定义变量如下：

```
int a,b;
float f;
```

系统根据存储对象的类型在内存中为变量分配存储空间。这样，每一个对象的存储空间都可以用一个地址码来表示。在VC环境中，为int型变量分配连续的4字节，为float型变量分配连续的4字节，并用连续存储单元中的第一个单元的地址（即首地址）来表示该数据的内存单元地址。变量在内存中的存储情况如图6.1所示。

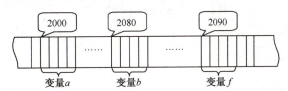

图6.1 变量在内存中的存储情况

其中，变量a的地址编码为2000，变量b的地址编码为2080，它们都占4字节的连续存储空间。变量f地址编码为2090，占4字节的连续存储空间。

1. 指针变量与指针常量

（1）指针变量

指针变量是指保存其他对象内存地址（指针）的变量。换句话说，指针变量和整型变量一样，均为变量，只不过整型变量中存放一个具体的整型数据，而指针变量中存放的是指针（一个指针变量在内存中占4字节，一般情况下存放用户自定义的变量的地址，或者用户自己申请的内存空间的首地址）。

C语言中引入的指针类型数据，实际上就是地址类型的数据。在程序中，既可以通过变量名来访问存储单元，又可以通过单元地址编码（指针）来访问存储单元。若a为变量b的首地址（可以将该地址存放在一个指针变量中），则称a为b的指针，b为a所指向的目标（对象）。

注意:

① 对于具有多个内存单元的数据,其地址为连续单元的首地址(第一个单元的地址编码)。

② 注意区分指针和指针变量的概念。指针是一个对象的地址,而指针变量是一个变量,在指针变量中存放另一个对象的地址(即指针)。

③ 指针就是变量的地址。同其他类型的数据一样,指针类型的数据也有指针常量、指针变量,以及各种各样的运算。

(2) 指针常量

同其他基本数据类型一样,指针类型的数据也有常量。在 C 语言中,常用的指针类型常量有数组名、函数名、字符串常量、强制转换成指针类型的无符号整数等。在这些指针常量中,用得最多的是数组名。

当定义一个数组后,系统将在内存中为该数组分配连续存储空间,为了便于对该数组进行操作,系统用数组名表示该数组在内存中的起始地址。由于数组所占空间一旦分配就不能移动、不能扩充,所以数组名为指针常量。

例如:

    int a[100],*p;

定义 a 和 p 都是指针类型的数据,但是 a 是指针常量,p 是指针变量。可以为指针变量 p 赋值,但不能为指针常量 a 赋值(给数组名 a 赋值)。因而表达式 a++、a=a-2 等所犯的错误如同 10++、5=10-2 等所犯的错误一样。

a 和 p 的另外一个区别在于:当它们被定义之后,a 指向一个能够存放 100 个 int 型数据的内存区域,而 p 在没有赋值之前没有明确的指向。除此之外,a 与 p 完全相同。数组名与指针关系示例如图 6.2 所示。

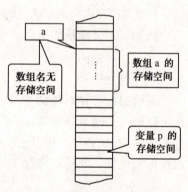

图 6.2 数组名与指针关系示例

2. 指针变量的定义

指针变量的定义形式为:

    类型 *指针变量名;

说明:

① 类型是指针所指对象的类型;

② 指针变量名须遵循标志符的命名规则;

③ *表示该变量为指针变量,以区别普通变量。

例如:

```
int *p;              /*p 是一个指向整型(int)变量的指针变量*/
char *s;             /*s 是一个指向字符型(char)变量的指针变量*/
long *lpointer;      /*lpointer 是一个指向长整型(long)变量的指针变量*/
int *p1,*p2,*p3;     /*p1、p2、p3 是指向整型(int)变量的指针变量*/
```

3. 指针变量的初始化

在定义指针变量的同时,可以对其进行初始化,以保证指针变量中的指针有明确的指向。

例如:

    int a,*p=&a;

将变量 a 的地址放到指针变量 p 中，a 现在就是 p 所指向的对象。

当把一个变量的地址作为初始值赋给指针变量时，变量必须在这个指针变量初始化之前定义过。一般可用取地址运算符（&）获取该变量的地址（如，&a）。

4．指针的两个基本运算

（1）取地址运算：&

&是一个单目运算符，用于获取存储单元的首地址，称其为取地址运算。其使用格式为：

&变量名

该语句表示获取变量的地址。例如：

```
int x;
char y;
double z;
```

则&x、&y、&z 都是正确的表达式，它们分别表示变量 x、y 和 z 的地址。而&(x+1)、&('a')、&(z*2)等都是错误的。

（2）引用目标运算：*

*是一个单目运算符，用于对某一指针所指目标进行访问，称其为引用目标运算。这种运算只能加在指针类型的数据上。其使用格式为：

*指针表达式

例如：

```
int *p,*q,x,y;
p=&x;  q=&y;
*p=10;*q=*p;
```

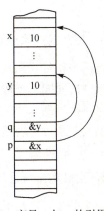

其中，语句*p=10;是将 10 赋给指针变量 p 所指的变量 x；而语句"*q=*p;"是将指针变量 p 所指的变量 x 的值赋给指针变量 q 所指的变量 y，如图6.3所示。

图 6.3 变量 p 与 q 的引用示例

注意：

① 为了运算正确，一个指针变量应指向同类型的变量。例如：

```
int a,*p;
float f;
p=&a;    /*指针变量 p 指向整型变量 a*/
p=&f;    /*逻辑错误，p 不能指向浮点型变量*/
```

② 表达式*p 表示引用 p 所指向的对象，该对象必须是确定的。因此引用一个指针变量之前，该指针必须已经指向一个变量。

③ 运算符&、*、++、--的优先级相同，按自右向左的方向结合。例如：

```
int a[10],*p=a;
```

则有如下的等价关系。

- p 等价于 a，等价于&a[0]，等价于&*p；
- *p 等价于 a[0]，等价于*a，等价于*&a[0]；
- (*p)++等价于 a[0]++；

● *p++等价于*(p++)。

④ 区别几个关键的概念,即指针变量和指针变量指向的变量、指针变量的值和指针变量所指向的变量的值。例如:

```
int a,*p;
p=&a;
*p=3;
```

其中,指针变量 p 所指向的变量是 a。指针变量 p 的值为变量 a 的地址,在本示例中为 2004,指针变量所指向的变量的值为 3,如图 6.4 所示。

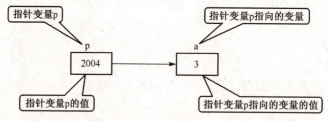

图 6.4　指针变量 p、指针变量 p 指向的变量示例

5. 指针的关系运算

当两个指针指向同一个数组时,两个指针可以比较大小。当这两个指针相等时,说明这两个指针指向同一个数组元素。

运算符包括<、>、<=、>=、==、!=等关系运算符。用比较运算符连接两个相关指针的表达式也是关系运算表达式,而且在 C 语言中都是整型表达式。关系成立时,表达式的计算结果为 1;否则为 0。

6. 指针的加减运算

一个指针可以加上或减去一个整数值,包括加 1 或减 1 运算。

由于 p±n 为指针表达式,所以其运算结果可以赋予与 p 指向相同目标类型的指针变量,在实际编程中最常用到的是指针的增量或减量运算,如 p++、p--、++p、--p 等。

C 编译程序在处理一个指针型数据加(减)一个整数 n 这种指针表达式时,并不是简单地将指针加(减)n,而是要将指针加上(减去)n 个目标数据元素所占据的内存单元数目。

例如,指向 char 类型目标的指针和指向 double 类型目标的指针,在程序中有同样的加(减)整数 n 表达式计算,而在编译程序实际处理时,表达式计算结果分别为加(减)整数 n*1 和加(减)整数 n*8。

注意:p-q 表示 p 与 q 之间数据元素(变量)的个数,而不是存储单元的字节数,它实际上等于 p、q 之间存储单元的字节数除以每个单元所占内存单元数。

7. 指针的安全

请看下面的例子:

```
char s='a';
int *ptr;
ptr=&s;
*ptr=1298;
```

例中，指针 ptr 是一个 int 型指针，它指向的类型是 int，ptr 的值就是变量 s 的首地址。s 占 1 字节，int 类型占 4 字节。最后一条语句不但改变了 s 所占的 1 字节，还把和 s 相邻的高地址方向的 3 字节也改变了。这 3 字节中原先存放的是什么内容只有编译程序知道，而写程序的人是不知道的。也许这 3 字节里存储了非常重要的数据，也许存储的是程序的一条代码，而由于不正确地使用指针，使这 3 字节的值被改变了，这可能会造成严重错误。

在用指针访问数组的时候，也要注意不要超出数组的最低界限和最高界限，否则也会造成类似的错误。

6.1.2 指针与一维数组

数组名与指针是完全相同的数据类型，它们之间的运算是通用的。它们之间的区别仅在于数组名是指针常量而已。

在使用数组时，通过下标引用来使用数组元素。实际上，通过下标访问元素的运算完全等价于指针的引用目标运算，通过下标访问元素的运算在编译时会自动转换为指针目标引用运算。

所以，以下等价关系成立：

① （指针表达式）[n]　等价于　*（指针表达式+n）；
② 数组名[n]　等价于　*（数组名+n）。

例如：

```
int a[10],*p=a,n=3;
```

则 p[n]、*(p+n)、a[n]、*(a+n) 等价。

6.2 链表

通过数组存储数量比较多的同类型或同结构的数据，称为静态内存分配。静态内存分配存在一定的缺陷：在大多数情况下会浪费大量的内存空间，在少数情况下，当定义的数组不够大时，可能引起下标越界错误，甚至导致严重后果。

解决静态内存分配不足的办法就是使用动态内存分配。所谓动态内存分配，指在程序执行的过程中动态地分配或回收存储空间的内存分配方法。动态内存分配不像静态内存分配方法那样需要预先分配存储空间，而是由系统根据程序的需要即时分配，且分配的大小就是程序要求的大小。动态内存分配具有以下特点：

① 不需要预先分配存储空间。
② 分配的空间可以根据程序的需要申请。

在 C 语言中，关于空间使用的基本规则是：谁申请，谁释放。数组所占空间是系统分配的，所以使用完成后，系统会自动释放该空间。若用户自己调用相关的函数进行了空间的分配，则最后用户必须调用相关的函数释放空间。

6.2.1 动态空间的申请

C 语言函数库中的 malloc() 函数可用于申请指定字节数的内存空间，其格式如下：

void *malloc(unsigned size);

调用 malloc() 函数时，通过参数 size 指定所需申请空间字节数，通过函数的返回值得到所申请空间的首地址。如果系统所剩余的连续内存不满足要求，函数返回 NULL 指针，表示申请失败。

malloc() 函数所返回的值是指向目标的地址，在实际编程过程中可以通过强制类型转换将该值转换成所要求的指针类型，然后将它赋予同类型的指针变量，以后就可以通过该指针变量按照所定义的类型实现对其所指向的目标元素的访问。

例如：

```
double *p;
…
p=(double*)malloc(10*sizeof(double));
```

其中，sizeof 运算符计算出每一个 double 型数据所占据的内存单元数，如果 p 得到的返回值为非 NULL 的指针，就得到能连续存放 10 个 double 型数据的内存空间，就可以通过指针表达式 p, p+1, …, p+9 按照 double 型数据对所申请到的空间中的每个数据元素进行访问。

【例 6.1】 一个动态分配的程序示例。

程序如下：

```
#include <stdio.h>
#include <stdlib.h>
#include <malloc.h>
void main()
{   int count,*array;
    if((array=(int*)malloc(10*sizeof(int)))==NULL)
    {   printf("不能成功分配存储空间。");
        exit(1);
    }
    for(count=0;count<10;count++) array[count]=count;
    for(count=0;count<10;count++) printf("%d",array[count]);
    free(array);
}
```

例中动态分配了 10 个整型存储区域，然后进行赋值并显示。

6.2.2 动态空间的释放

与 malloc() 函数配对使用的另一个函数是 free() 函数，其格式如下：

void free(char *p);

该函数用于释放由 malloc() 函数申请的内存空间，被释放的空间可以被 malloc() 函数在下一次申请时继续使用。

其参数 p 必须是先前调用 malloc 函数或 calloc 函数（另一个动态分配存储区域的函数）时返回的指针。

注意：这里重要的是指针的值，而不是用来申请动态内存的指针本身。

例如：

```
int *p1,*p2;
p1=(int *)malloc(10*sizeof(int));
```

第 6 章 指针与链表

```
p2=p1;
……
free(p2)            /*或者free(p1)*/
```

malloc()返回值赋给 p1，又把 p1 的值赋给 p2，所以此时 p1、p2 都可作为 free 函数的参数。

malloc()函数对存储区域进行分配；free()函数释放已经不用的内存区域。所以由这两个函数就可以实现对内存区域进行动态分配并进行简单的管理。

使用 malloc()函数和 free()函数时，必须包含头文件"malloc.h"。

6.2.3 链表的基本操作

1．链表的概念

所谓链表，就是用一组任意的存储单元存储元素的数据结构。链表又分为单链表、双向链表和循环链表等。

单链表中，数据结点是单向排列的，其结构如图6.5所示。

链表的基本构成单位是结点（Node），如图6.6所示，其结构类型分为两部分。

① data 域（或称为数据域）：用来存储本身数据；

② next 域（或称为指针域）：用来存储下一个结点地址或者说指向其直接后继的指针。

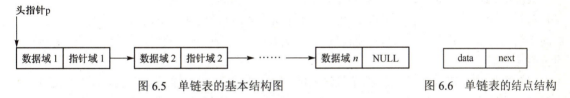

图 6.5　单链表的基本结构图　　　　图 6.6　单链表的结点结构

链表正是通过每个结点的指针域将 n 个结点链接在一起的。由于链表的每个结点只有一个指针域，故将这种链表称为单链表。

例如：

```
typedef struct node
{
char name[20];
struct node *link;
}stu;
```

这样就定义了一个单链表结点结构，其中 char name[20]是一个用来存储姓名的字符型数组，struct node *link 定义了一个用来存储其直接后继的指针。定义好链表的结点结构之后，在程序运行时，就可以申请一个结点，然后给数据域中存储适当的数据，如果有后继结点，则把指针域指向其直接后继；若没有，则置为 NULL。

单链表中每个结点的存储地址存放在其前趋结点的指针域中，而第一个结点无前趋，所以应设一个头指针 p，指向第一个结点。同时，由于表中最后一个结点没有直接后继，则让表中最后一个结点的指针域为"空"(NULL)。这样，整个链表的存取必须从头指针开始。

有时为了操作方便，还可以在单链表的第一个结点之前附设一个头结点，头结点的数据域可以存储一些关于表的附加信息（如长度等），也可以什么都不存；头结点的指针域存储指向第一个结点的指针（即第一个结点的存储位置），如图6.7所示。

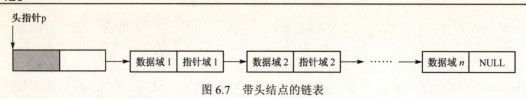

图 6.7 带头结点的链表

此时，带头结点单链表的头指针就不再指向表中第一个结点，而是指向头结点。如果表为空表，则头结点的指针域为"空"。

设 p 是单链表的头指针，它指向表中第一个结点（对于带头结点的单链表，则指向单链表的头结点），若 p==NULL（对于带头结点的单链表为 p–>next==NULL），则表示单链表为一个空表，其长度为 0；若不是空表，则可以通过头指针访问表中的结点，找到要访问的结点的数据信息。对于带头结点的单链表 p，若 q=p–>next，则 q 指向表中的第一个结点，即 q–>data 是数据域 1，而 q–>next–>data 是数据域 2，其他指针数据以此类推。

链表是数据的链式存储，在链表上的算法最终都可以归结为创建、查找、插入、删除等运算的组合，下面就介绍这些基本操作。

2．链表的创建

链表的创建有两种基本方法：头插法建表和尾插法建表。

头插法建表的思想是：从一个空表开始，读入一个数据，生成新结点，将读入的数据存放到新结点的数据域中，然后将新结点插入到当前链表的表头结点之后。重复上述过程，直至读入结束标志为止。头插法得到的单链表的逻辑顺序与输入的顺序相反，所以也称头插法建表为逆序建表法。

若希望生成的链表中结点的顺序与输入的顺序相同，可采用尾插法建表。尾插法建表的思想是将新结点插到当前链表的表尾上。为此需增加一个尾指针 r，使之始终指向当前链表的表尾。

【例 6.2】用尾插法建立带表头（若未说明，以下所指链表均带表头）的单链表，存储若干学生的信息。

程序如下：

```c
#include <stdio.h>
#include <stdlib.h>
#include <malloc.h>
#define N 10              /*N 为人数*/
typedef struct node
{   char name[20];
    struct node *link;
}stud;
stud *creat(int n)        /*建立单链表的函数，形参 n 为人数*/
{   stud *p,*h,*s;   /**h 保存表头结点的指针，*p 指向当前结点的前一个结点，*s 指向当
                        前结点*/
    int i;                /*计数器*/
    if((h=(stud *)malloc(sizeof(stud)))==NULL)    /*分配空间并检测*/
    {   printf("不能分配内存空间!");
        exit(0);
    }
```

```
            h->name[0]='\0';                /*把表头结点的数据域置空*/
            h->link=NULL;                   /*把表头结点的链域置空*/
            p=h;                            /*p 指向表头结点*/
            for(i=0;i<N;i++)
            {   if((s=(stud *)malloc(sizeof(stud)))==NULL)  /*分配新存储空间并检测*/
                {   printf("不能分配内存空间!");
                    exit(0);
                }
                p->link=s;  /*把 s 的地址赋给 p 所指向的结点的链域,这样就把 p 和 s 所指向的
                              结点连接起来了*/
                printf("请输入第%d 个人的姓名",i+1);
                scanf("%s",s->name);        /*在当前结点 s 的数据域中存储姓名*/
                s->link=NULL;
                p=s;
            }
            return(h);
        }
        main()
        {   int number;                     /*保存人数的变量*/
            stud *head;                     /*head 是保存单链表的表头结点地址的指针*/
            number=N;
            head=creat(number);             /*把所新建的单链表表头地址赋给 head*/
        }
```

这样就可以建立包含 N 个人姓名的单链表。编写动态内存分配的程序时应注意,应对分配是否成功进行检测。

3. 元素的查找和插入

单链表进行查找的思路为:对单链表的结点依次扫描,检测其数据域是否是所要查找的值,若有则返回该结点的指针,否则返回 Null。

因为在单链表的链域中包含了后继结点的存储地址,所以在链表操作时,只要知道该单链表的头指针,即可依次对每个结点的数据域进行检测。

单链表进行元素插入的思路为:假设在一个单链表中存在两个连续结点 p、q(其中 p 为 q 的直接前驱),若要在 p、q 之间插入一个新结点 s,那么必须先为 s 分配空间并赋值,然后使 s 的链域存储 q 的地址、p 的链域存储 s 的地址即可(即 s->link=q;p->link=s),这样就完成了插入操作,过程如图 6.8 所示。

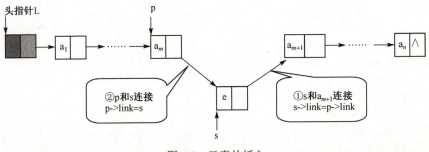

图 6.8 元素的插入

【例 6.3】 信息的查找和插入示例。

程序如下:

```c
#include <stdio.h>
#include <stdlib.h>
#include <malloc.h>
#include <string.h>
#define N 10
typedef struct node
{   char name[20];
    struct node *link;
}stud;
stud *search(stud *h,char *x)        /*查找函数*/
{   stud *p;
    char *y;
    p=h->link;
    while(p!=NULL)
    {   y=p->name;
        if(strcmp(y,x)==0) return(p);
        else
        p=p->link;
    }
    if(p==NULL) printf("没有查找到该数据!");
}
void insert(stud *p)                 /*插入函数,在指针 p 后插入*/
{   char stuname[20];
    stud *s;                         /*指针 s 是保存新结点地址的*/
    if((s=(stud *)malloc(sizeof(stud)))==NULL)
    {   printf("不能分配内存空间!");
        exit(0);
    }
    printf("请输入你要插入的人的姓名:");
    scanf("%s",stuname);
    strcpy(s->name,stuname);         /*把指针 stuname 所指向的数组元素复制给新结点的数据域*/
    s->link=p->link;                 /*把新结点的链域指向原来 p 结点的后继结点*/
    p->link=s;                       /*p 结点的链域指向新结点*/
}
void main()
{   int number;
    cha rfullname[20];                                /*保存输入的要查找的人的姓名*/
    stud *head,*searchpoint;
    number=N;
    head=creat(number);              /*函数定义见例 6.2*/
    printf("请输入你要查找的人的姓名:");
    scanf("%s",fullname);
    searchpoint=search(head,fullname);   /*查找并返回查找到的结点指针*/
    if(searchpoint!=NULL)
        insert(searchpoint);                          /*调用插入函数*/
```

```
        else
            insert(head);
}
```

5. 元素的删除

假如已经知道了要删除的结点 p 的位置，那么要删除 p 结点时只要令 p 结点的前驱结点的链域由存储 p 结点的地址改为存储 p 的后继结点的地址，并释放 p 结点即可，删除过程如图6.9所示。

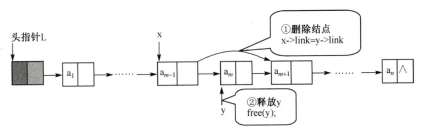

图 6.9　元素的删除

【例 6.4】　从链表中删除一个人的信息。

程序如下：

```
#include <stdio.h>
#include <stdlib.h>
#include <malloc.h>
#include <string.h>
#define N 10
typedef struct node
{   char name[20];
    struct node *link;
}stud;
stud *search2(stud *h,char *x)
{   stud *p,*s;
    char *y;
    p=h->link;
    s=h;
    while(p!=NULL)
    {   y=p->name;
        if(strcmp(y,x)==0) return(s);
        else
        {   p=p->link;
            s=s->link;
        }

    }
    if(p==NULL) printf("没有查找到该数据!");
}
void del(stud *x,stud *y)
{   stud *s;
```

```
            s=y;
            x->link=y->link;
            free(s);
    }
    main()
    {   int number;
        char fullname[20];
        stud *head,*searchpoint,*forepoint;
        number=N;
        head=creat(number);  /*函数定义见例6.2*/
        printf("请输入你要删除的人的姓名:");
        scanf("%s",fullname);
        searchpoint=search(head,fullname);  /*函数定义见例6.3*/
        forepoint=search2(head,fullname);
        del(forepoint,searchpoint);
    }
```

查找函数*search2(stud *h,char *x)，返回的是上一个查找函数的直接前驱结点的指针，h 为表头指针，x 为指向要查找的姓名的指针。其实此函数的算法与上面的查找算法是一样的，只是多了一个指针 s，并且 s 总是指向指针 p 所指向的结点的直接前驱，结果返回 s 即是要查找的结点的前一个结点。

6.3 知识扩展

6.3.1 指针与二维数组

不仅可以通过指针使用一维数组，同样也可以通过指针使用二维数组。

1. 理解二维数组

在 C 语言中，计算机以行为主序（即一行接一行）把数组存放在一维线性内存空间中，如图 6.10 所示。从图中可以看出，它同一维数组的存放形式一样，但二者引用数组元素地址的计算方法有所区别。

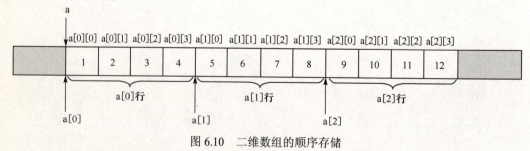

图 6.10 二维数组的顺序存储

① C 语言将二维数组理解为其构成元素是一维数组的一维数组。

C 语言将二维数组定义时的行、列下标分别用中括号（[]）分开。对于图 6.10 所示的数组 a 而言，a 中有 3 个元素：a[0]、a[1]、a[2]。而每个元素 a[i]（行数组）又由 4 个数据元素 a[i][0]、a[i][1]、a[i][2]、a[i][3]组成。

② 表达式 a+i 是行指针。

对于二维数组，数组名 a 是一个"指向行的指针"，它指向数组第 0 行。而且它仍然是数组的首地址，即元素 a[0][0]的地址。由于 a 是指向行的指针，表达式 a+i 中的偏移量 i 是以"行"为单位的，所以 a+i 就是第 i 行的地址。

因此，有如下等价关系：
- a 等价于&a[0]，&a[0][0]；
- a+i 等价于&a[i]。

也就是说，a+i 表示指向二维数组 a 中第 i 行的地址（指针）。

如下等价关系也成立：*(a+i)等价于 a[i]等价于&a[i][0]。

特别注意，*(a+i)中的"*"已不再是取(a+i)地址中的内容，而是表示数组 a 中的第 i 行的首地址。也可以把 a+i 看成行指针，而把*(a+i)看成列指针。

③ *(a+i)+j 是元素 a[i][j]的地址。

因为表达式 a[i]和*(a+i)表示第 i 行的首地址，因而表达式*(a+i)+j 就是第 i 行第 j 个元素的地址，即数组 a 中 a[i][j]元素的地址，所以有等价关系：*(a+i)+j 等价于 a[i]+j 等价于&a[i][j]。

如果在上述表达式前面再加一个"*"，即*(*(a+i)+j)、*(a[i]+j)、*&a[i][j]，则它们都表示数组 a 的元素 a[i][j]。实际上，当用户程序中用 a[i][j]格式来引用该元素时，C 语言对 a[i][j]的地址&a[i][j]计算过程是：先将其转换为*(a[i]+j)，再将其中的 a[i]转换为*(a+i)，最后得到*(*(a+i)+j)。系统最终通过转换后的式子*(*(a+i)+j)来计算地址并引用数组元素。

注意：

在一维数组和二维数组中，a+i 和*(a+i)的含义不同。在一维数组中，a+i 表示数组 a 的第 i 个元素的地址，而*(a+i)为数组 a 中第 i 个元素的值；

在二维数组中，a+i 和*(a+i)都表示地址，其中 a+i 表示数组 a 的第 i 行首地址，而*(a+i)表示 a 数组中第 i 行第 0 列元素的地址，即表示&a[i][0]。

④ 二维数组中元素偏移量的计算。

C 语言对二维数组元素地址的处理方法是，先计算行地址，再计算列地址。对于二维数组 a[n][m]中的任意一个元素 a[i][j]，相对于 a[0][0]的偏移量计算公式为：i*m+j。其中 m 为该二维数组的列数。从此公式可以看出，二维数组中第 1 个下标 i（行下标）加 1 表示指针跳过一行（即跳过 m 个元素），第 2 个下标 j（列下标）加 1 表示指针向后移动一个元素。

2. 通过指针访问二维数组

由于二维数组在计算机中是顺序存放的，所以只要定义一个与数组元素类型一致的指针变量，再将数组中某个元素的地址赋给这个指针变量，通过对该指针的移动和引用，就可以访问到数组中的每个元素。

【例 6.5】 输出二维数组中的元素值。

程序如下：

```
#include <stdio.h>
void main()
{
int a[2][6]={0,1,2,3,4,5,6,7,8,9,10,11};
int *p,i,j;
p=a;
```

```
     for(i=0;i<2;i++)
       for(j=0;j<3;j++)  printf("%d",*p++);
     }
```

6.3.2 指向一维数组的指针变量

指向对象是一维数组的指针变量可以用来指向一个二维数组的某一行,然后进一步通过它再访问数组中的元素。

指针定义形式如下:

类型标志符(*标志符)[所指数组元素个数];

注意,圆括号不能省略。

例如:

```
int (*p)[4];          /*表示变量 p 是指向有 4 个元素的一维整型数组的指针变量*/
char (*q)[20];        /*表示变量 q 是指向有 20 个元素的一维字符数组的指针变量*/
```

【例 6.6】输出二维数组任意一个元素的值。

程序如下:

```
#include <stdio.h>
void main()
{
int a[2][6]={0,1,2,3,4,5,6,7,8,9,10,11};
int (*p)[6],i,j;
p=a;
scanf("%d,%d",&i,&j);
printf("\na[%d][%d]=%d\n",i,j,*(*(p+i)+j));
}
```

若输入:1,2↙

则输出为:

    a[1][2]=8

在该程序中,p 是指向二维数组 a 第 0 行的指针变量,p+i 是指向第 i 行的指针,即 p 的变化是以"行"为单位的,这与前面介绍二维数组的行指针 a+i 一样。但它与二维数组名的区别是:p 是指针变量,而数组名是指针常量。

该程序也可写为:

```
main()
{
int a[2][6]={0,1,2,3,4,5,6,7,8,9,10,11};
int (*p)[6],i,j;
p=a;
scanf("%d,%d",&i,&j);
printf("\na[%d][%d]=%d\n",i,j,p[i][j]);
}
```

上述程序实现了指针变量 p 和二维数组 a 使用格式的统一。也就是说,如果 p 是指向二维数组 a 中第 i 行的指针变量,则*p 与 a[i]等价。

注意：由于 p 是指向由 m 个整数组成的一维数组的指针变量，因而 p 和*p 的值相同（因为第 i 行的地址和元素 a[i][0]的地址相等），但含义不同，即 p 指向行的方向，而*p 指向列的方向。

如果有如下定义：

```
int (*p)[4],a[3][4];
p=a;
```

则有如表 6.1 所示的表达式的等价关系成立。

表 6.1 表达式等价关系

等价关系	含义
p+i 等价 a+i 等价&a[i]	数组 a 中第 i 行的地址
*p 等价 a[0]等价&a[0][0]	数组 a 中第 0 行的首地址
*(p+i) 等价 a[i]等价&a[i][0]	数组 a 中第 i 行的首地址
*(p+i)+j 等价&a[i][j]	第 i 行第 j 列元素的地址
*p+i 等价&a[0][i]	第 0 行第 i 列元素的地址

假设有如下定义：

```
int a[3][4],*p,(*pa)[4];
p=a[0];pa=a;
```

注意区分下列表达式的含义：

① a、*a、**a、a[2]、a+2、*a+2;
② p、p++、p+2、*(p+2)、*p+2、p+1*4+2、*(p+2*4);
③ pa、pa++、pa+2、*pa、*pa+2、*(pa+2)、*(*pa+2)、*(*(pa+1)+2)。

说明：

在二维数组中，由数组名、指向元素的指针变量和指向行的指针变量所组成的表达式只有三种含义。

① 指向行的指针，如 a、a+2、pa、pa++、pa+2 等。
② 指向元素的指针，即元素的地址，如*a、a[2]、*a+2、p、p+1*4+2 等。
③ 数组的元素，如**a、*(p+2)、*(p+2*4)、*(*pa+2)、*(*(pa+1)+2)等。

6.3.3 指针数组

可以将多个指向同一数据类型的指针存储在一个数组中，用来存储指针型数据的数组称为指针数组。指针数组中的每个元素都是指向同一数据类型的指针。

指针数组的定义形式如下：

类型标志符 *数组名[整型常量表达式];

例如：

```
char *strings[10];
int *a[20];
```

其中，char *strings[10];语句定义了一个有 10 个元素的一维数组 strings，它的每一个元素为指向 char 型数据的指针变量，即可以给每一个元素赋一个字符型数据对象的地址。而语句 int *a[20];定义了一个有 20 个元素的数组 a，它的每一个元素为指向 int 型数据的指针变量。

在使用指针数组时,要注意数组元素的值和数组元素所指向的值。例如:

```
int *p[4],*pa,a=12,b=20;
pa=&a;
p[0]=pa;
p[1]=&b;
```

数组 p 的元素 p[0]的值为整型变量 a 的地址,元素 p[1]的值为变量 b 的地址,如图6.11所示。

【例 6.7】 用指针数组输出 n 个字符串。

```
#include <stdio.h>
void main()
{
char *ps[4]={"Unix","Linux","Windows","Dos"};
int i;
for(i=0;i<4;i++) puts(ps[i]);
}
```

运行结果为:

　　Unix

　　Linux

　　Windows

　　Dos

程序中,指针数组 ps 的元素分别指向 4 个字符串的首地址,如图6.12所示。

指针数组非常有用,因为这种数组中每一个元素实际上都是指向另一个数据的指针。因此,可以通过将不同长度的字符串首地址分别放入指针数组的每一个元素中,实现对这些字符串的处理。

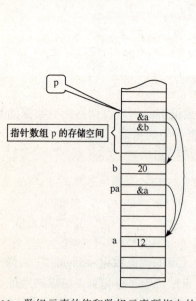

图 6.11　数组元素的值和数组元素所指向的值

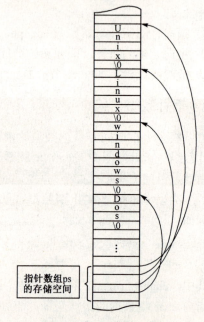

图 6.12　ps 的指向示例

6.3.4 指向指针的指针

指针数组的数组名是一个指针常量,它所指向的目标是指针型数据。也就是说,其目标是指向其他基本类型数据的指针,所以指针数组名是指向指针类型数据的指针,简称为指针的指针。

指针数组名是指针常量,它是在定义指针数组时产生的。那么,如何定义指向指针类型的指针变量呢?和一般的变量一样,对于一个指针变量,系统也为其在内存中分配相应的内存空间。因此,可以用一个特殊类型的指针指向一个指针变量(或指针数组中的元素)。这个特殊类型的指针就是指向指针类型数据的指针变量。

定义形式如下:

类型符 **变量名;

例如:

```
float **pp;
```

表示定义指向指针类型数据的指针变量 pp,它所指向的对象是"float *"类型(即指向实型数的指针变量)。

例如,有如下程序段:

```
float a=3.14;
float *p;
float **pp;        /*pp 是指向 float*类型数据的指针*/
p=&a;
pp=&p;             /*将 p 的地址赋给 pp*/
```

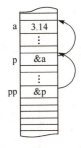

图 6.13 变量 p 与 pp 在内存中的分配示例

其变量在内存中的分配情况如图 6.13 所示。

例中给出了一个指向指针类型的指针变量 pp 它所指向的对象是 float *型(即指向 float 型的指针变量)。同时还定义了一个 float 型的指针变量 p,并将变量 a 的地址赋给它,然后将指针变量 p 的地址赋值给 pp 变量。

因此,指针 pp 的目标变量是 p(即*pp 为 p);而 p 的目标变量是 a(即*p 为 a)。所以,可以直接用**pp 的形式引用变量 a,而不能使用*pp 形式。

【例 6.8】 用指向指针的指针变量将一批顺序给定的字符串按反序输出。

程序如下:

```
#include <stdio.h>
void main()
{
    int i;
    char *name[5]={"Unix","Linux","Windows","Clanguage","Internet"};
    char **p;    /*定义指针变量 p,用来指向"char*"类型数据的指针*/
    for(i=4;i>=0;i--)
    {p=name+i;    /*由于 name+i 等价&name[i],所以 p 指向 name[i]*/
        printf("%s\n",*p);
    }
}
```

运行结果为：
```
Internet
Clanguage
Windows
Linux
Unix
```

注意：该程序用指向指针的指针变量来访问字符串，所以在 printf("%s\n",*p);语句中使用了*p 形式，请注意其与**p 的区别，**p 表示一个具体的字符对象，p 存放的是 name 数组元素的地址，而*p 是目标对象的地址。

当需要通过函数参数返回指针型的数据时，需要传入该指针型数据的地址，实际上就是指针的指针，在函数中要将返回的结果存入该指针所指向的目标，这是指针的指针类型数据的一个典型应用。另外，指针的指针类型数据也常用于处理字符串集合，处理时需要将每一个字符串的首地址存储在指针数组的每个元素中，然后就可以通过指针访问所有的字符串。

6.3.5 对指针的几点说明

有关指针的说明，很多是由指针、数组、函数说明组合而成的。但它们并不是可以任意组合的，如数组就不能由函数组成，即数组元素不能是一个函数；函数也不能返回一个数组或返回另一个函数。例如，inta[5]();是错误的。

与指针有关的常见说明和意义如表 6.2 所示。

表 6.2 与指针有关的常见说明和意义

指　　针	意　　义
int *p;	p 为指向整型量的指针变量
int *p[n];	p 为指针数组，由 n 个指向整型量的指针元素组成
int (*p)[n];	p 为指向整型一维数组的指针变量，一维数组的大小为 n
int *p();	p 为返回指针值的函数，该指针指向整型量
int (*p)();	p 为指向函数的指针，该函数返回整型量
int **p;	p 为一个指向另一指针的指针变量，该指针指向一个整型量

关于括号的说明。在解释组合说明符时，标志符右边的方括号和圆括号优先于标志符左边的"*"号，而方括号和圆括号以相同的优先级从左到右结合。但可以用圆括号改变约定的结合顺序。

阅读组合说明符的规则是"从里向外"。从标志符开始，先看它右边有无方括号"[]"或圆括号"()"，如果有则先做出解释，再看左边有无"*"号。在任何时候遇到了括号，则在继续之前必须用相同的规则处理括号内的内容。

例如：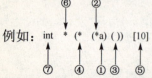

系统由内向外的阅读顺序为①、②、③、④、⑤、⑥、⑦，表示标志符 a 被说明为一个指针变量，它指向一个函数，该函数返回一个指针，该指针指向一个有 10 个元素的数组，其类型为指针型，它指向 int 型数据。

因此 a 是一个函数指针变量，该函数返回的一个指针又指向一个指针数组，该指针数组的元素指向整型量。

6.4 应用举例

【例 6.9】 用指针的方法实现将数组中的元素颠倒存放。
程序如下：

```
#include <stdio.h>
void main()
{
    int a[10],i,t,*p=a,*q=a;
    printf("\n");
    for(i=0;i<10;i++) scanf("%d",p++);
    for(p--;q<p;p--,q++)
    {int temp;
    temp=*p;*p=*q;*q=temp;
    }
    printf("\n");
    for(i=0;i<10;i++) printf("%d",a[i]);
}
```

【例 6.10】 用数组元素的偏移量访问数组。
程序如下：

```
#include <stdio.h>
void main()
{
    int a[3][4]={{1,2,3,4},{2,3,4,5},{3,4,5,6}};
    int i,j;
    for(i=0;i<3;i++)
        {for(j=0;j<4;j++)
        printf("a[%d][%d]=%-5d ",i,j,*(a[0]+i*4+j));
        printf("\n");
        }
}
```

运行结果为：

```
a[0][0]=1 a[0][1]=2 a[0][2]=3 a[0][3]=4
a[1][0]=2 a[1][1]=3 a[1][2]=4 a[1][3]=5
a[2][0]=3 a[2][1]=4 a[2][2]=5 a[2][3]=6
```

在该程序中，表达式 a[0]+i*4+j 表示第 i 行第 j 列元素的地址，因此*(a[0]+i*4+j)就是元素 a[i][j]。*(a[0]+i*4+j)不能写成*(a+i*4+j)，因为 a 所指对象是行，a+i*4+j 表示从 a 开始跳过 i*4+j 行所得到的地址。而 a[0]（即*(a+0)）所指的对象为元素，所以 a[0]+i*4+j 表示从 a[0]开始跳过 i*4+j 个元素所得到的地址（即 a[i][j]的地址）。

【例6.11】 用指针变量输出二维数组的元素。

[方法一]：

```
#include <stdio.h>
void main()
{
    int i,a[2][3]={1,2,3,4,5,6};
    int *p;
    for(p=&a[0][0],i=0;i<6;i++)
    {
        if(i%3==0)
        printf("\n");
        printf("%3d",*p++);
    }
}
```

程序中，利用数组元素在内存中存放的连续性，将二维数组看作是一个以 a[0] 为数组名的由 6 个元素组成的一维数组。该方法通过改变指针变量 p 的值（即 p++）实现按顺序对数组元素进行访问，如图6.14所示。

应注意此时的指针变量 p，如果还要用该指针变量 p 访问 a 数组中的元素，则应重新给指针变量 p 赋数组 a 地址值，然后才能通过 p 引用数组 a 中的元素。

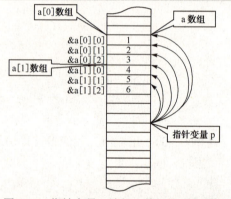

图 6.14 指针变量 p 访问 a 数组的元素示例

[方法二]：

```
#include <stdio.h>
void main()
{
    int a[2][3]={1,2,3,4,5,6};
    int *p,i,j;
    for(p=&a[0][0],i=0;i<2;i++)
    {
    printf("\n");
    for(j=0;j<3;j++)
        printf("%3d",*(p+i*3+j));
        }
}
```

在程序中，通过计算元素地址的偏移量实现对数组元素的访问，输出二维数组元素的值。p 所指的对象为元素，所以 p+i*3+j 为 a[i][j] 的地址。

[方法三]：

```
#include <stdio.h>
void main()
{
```

```
        int a[2][3]={1,2,3,4,5,6};
        int i,j;
        for(i=0;i<2;i++)
        {
        printf("\n");
        for(j=0;j<3;j++)
            printf("%3d",*(*(a+i)+j));
        }
}
```

在程序中,通过计算元素地址的偏移量实现对数组元素的访问,输出了二维数组元素的值。三个程序的运行结果相同,都为:

123

456

可以发现,虽然方法二和方法三都通过计算元素地址的偏移量实现对数组元素的访问。可是两者的使用方法不同:一个是*(p+i*3+j);另一个是*(*(a+i)+j)。无法实现指针使用格式的统一。原因主要在于指针 p 所指向的对象是一个整型元素,而指针 a 所指向的对象是一个一维数组。

为了实现指针使用格式的统一,需要定义一种指向对象是一维数组的指针变量。

【例 6.12】 创建两个链表,并完成两个链表的链接。

程序如下:

```
#include <stdio.h>
#include <malloc.h>
#include <stdlib.h>
typedef struct list
{int data;
struct list *next;
}*link;
link create_list(int array[],int num)
{link tmp1,tmp2,pointer;
int i;
pointer=(link)malloc(sizeof(lisf));
pointer->data=array[0];
tmp1=pointer;
for(i=1;i<num;i++)
    {tmp2=(link)malloc(sizeof(lisf));
    tmp2->next=NULL;
    tmp2->data=array[i];
    tmp1->next=tmp2;
    tmp1=tmp1->next;
    }
return pointer;
}
link concatenate(link pointer1,link pointer2)
{link tmp;
```

```
            tmp=pointer1;
            while(tmp->next) tmp=tmp->next;
            tmp->next=pointer2;
            return pointer1;
        }
        void disp_list(link pointer)
        {link tmp;
        printf("\n");
        tmp=pointer;
        while(tmp)
        {
        printf("%6d",tmp->data);
        tmp=tmp->next;
        }
        }
        void main()
            {int arr1[ ]={3,12,8,9,11};
            int arr2[ ]={12,34,56,78,75,67,52};
            link ptr1,ptr2;
            ptr1=create_list(arr1,5);
            ptr2=create_list(arr2,7);
            concatenate(ptr1,ptr2);
            disp_list(ptr1);
        }
```

【例 6.13】 编程实现词频统计,按字频由低到高输出统计结果。

问题分析:统计词频,先用二叉排序树的方法统计词频,然后用指针数组保存各个结点,并根据 count 进行排序(count 中存放的是一个词使用的次数)。根据单词出现次数排序,相同次数的根据单词字典顺序排序,整个二维有序。

二叉排序树(BinarySortTree)又称二叉查找树。它或者是一棵空树,或者是具有下列性质的二叉树:

① 若左子树不空,则左子树上所有结点的值均小于它的根结点的值。
② 若右子树不空,则右子树上所有结点的值均大于它的根结点的值。
③ 左、右子树也分别为二叉排序树。

二叉排序树是一种动态树表。其特点是:树的结构通常不是一次生成的,而是在查找过程中生成的,当树中不存在哪个关键字等于给定值的结点时再进行插入。新插入的结点一定是一个新添加的叶子结点,并且是查找不成功时查找路径上访问的最后一个结点的左孩子或右孩子结点。

二叉排序树的先序查找步骤:

若根结点的关键字值等于查找的关键字则成功;否则,若小于根结点的关键字值,递归查左子树。若大于根结点的关键字值,递归查右子树。若子树为空,查找不成功。

程序如下:

```
#include <stdio.h>
#include <stdlib.h>
```

```c
#include <string.h>
#define MAXLEN 30
#define WORDNUM 10
#define NODE_DISTINCT 1000
char *word[WORDNUM]={"abc","abc","cd","cd","fds","dsf","cd","av","abc","fds"};
typedef struct BitreeNode
{   int count;
    char word[MAXLEN];
    struct BitreeNode *lchlid,*rchild;
}*Bitree;
Bitree *list[NODE_DISTINCT];
int node_num=0;
void insert_BitreeNode(Bitree *T,Bitree InsertNode)
{   if((*T)==NULL) *T=InsertNode;
    else
        if(strcmp((*T)->word,InsertNode->word)==0)
        (*T)->count++;
        else
            if(strcmp((*T)->word,InsertNode->word)>0)
                insert_BitreeNode(&(*T)->lchlid,InsertNode);
            else
                insert_BitreeNode(&(*T)->rchild,InsertNode);
}
Bitree creat(char *word[])
{   Bitree root;
    int i;
    root=NULL;
    for(i=0;i<WORDNUM;i++)
    {   s=(Bitree)malloc(sizeof(BitreeNode));
        strcpy(s->word,word[i]);
        s->count=1;
        s->rchild=s->lchlid=NULL;
        insert_BitreeNode(&root,s);
    }
    return root;
}
void InorderTraverse(Bitree T)
{   if(T!=NULL)
    {   InorderTraverse(T->lchlid);
        printf("%s\t%d\n",T->word,T->count);
        InorderTraverse(T->rchild);
    }
}
void storenode(Bitree T)
{   if(T!=NULL)
    {storenode(T->lchlid);
        if(node_num<NODE_DISTINCT)
```

```
            list[node_num++]=T;
            storenode(T->rchild);
        }
    }
    void insert_sort()
    {   int i,j;
        for(i=1;i<node_num;i++)
        {   Bitreex=list[i];
            for(j=i-1;j>=0&&x->count>list[j]->count;j--)
            list[j+1]=list[j];
            list[j+1]=x;
        }
    }
    void main()
    {   Bitree T;
        int i;
        for(i=0;i<WORDNUM;i++)
            printf("%s\n",word[i]);
        T=creat(word);
        storenode(T);
        printf("afterstoreinthelist:\n");
        for(i=0;i<node_num;i++)
            printf("%s\t%d\n",list[i]->word,list[i]->count);
        insert_sort();
        printf("aftersortedthelistis:\n");
        for(i=0;i<node_num;i++)
            printf("%s\t%d\n",list[i]->word,list[i]->count);
    }
```

6.5 疑难辨析

【例6.14】 错误辨析：下面几种对指针变量初始化的做法是错误的。

① 情形一：

```
float *p=&b;
float b;
```

在定义指针变量 p 时，变量 b 还没有定义，故不能获得变量 b 的地址。

② 情形二：

```
char a;
float *p=&a;
```

编译不出错，但运行结果会出错。因为系统会认为指针变量 p 所指对象是 float 型的，每次会对连续的 4 字节进行处理，而不是 a 的 1 字节空间。

③ 情形三：

```
float *p=100;
```

编译不出错,其作用是将一个整型数据作为一个内存地址赋给一个指针变量,如果对该地址进行写操作,可能产生严重的错误。

④ 情形四:可以把一个指针变量初始化为一个空指针,不指向任何对象。其方法是用数值 0 来初始化指针变量,如 "int *p=0;"。

【例 6.15】 分析下面的程序,理解指针运算。

程序如下:

```
#include <stdio.h>
void main()
{
    int a[5]={1,2,3,4,5};
    int *p;
    p=&a[0];
    printf("%3d",*p);
    p=p+2;
    printf("%3d",*p);
    p--;
    printf("%3d",*p);
}
```

运行结果为:

132

可见,执行 p=p+2 后,p 所指向的位置由 a[0]变为 a[2],偏移量为 2 个 int 型存储单元,即向后移动了 8 字节。而执行 p--后,p 所指向的位置由 a[2]变为 a[1],偏移量为 1 个 int 型存储单元,即向前移动了 4 字节。

【例 6.16】 交换两个指针本身的值。

交换前,p 指向 a,q 指向 b;交换后,p 指向 b,q 指向 a。变量 a、b 的值并没有被修改,其交换过程如图 6.15 所示。

程序如下:

```
#include <stdio.h>
void main()
{
    int a,b;
    int *p,*q,*t;
    a=100;b=10;
    p=&a;q=&b;
    printf("*p=%d,*q=%d\n",*p,*q);
    t=q;q=p;p=t;
    printf("*p=%d,*q=%d\n",*p,*q);
}
```

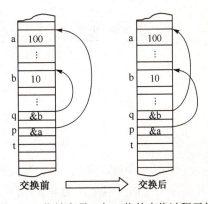

图 6.15 指针变量 p 与 q 值的交换过程示例

运行结果为:

*p=100,*q=10
*p=10,*q=100

【例 6.17】 判断下列程序的执行结果,仔细分析区别所在。

程序如下：

```c
#include <stdio.h>
void main()
{
    int x,y,*p,*q,t,*r;
    x=100;y=200;
    p=&x;q=&y;
    printf("x=%d y=%d *p=%d *q=%d\n",x,y,*p,*q);
    t=x;x=y;y=t;                              /*交换x、y的值*/
    printf("x=%d y=%d *p=%d *q=%d\n",x,y,*p,*q);
    x=100;y=200;
    p=&x;q=&y;
    t=*p;*p=*q;*q=t;                          /*交换p、q所指向的对象的值*/
    printf("x=%d y=%d *p=%d *q=%d\n",x,y,*p,*q);
    x=100;y=200;
    p=&x;q=&y;
    r=p;p=q;q=r;                              /*交换p、q本身的值*/
    printf("x=%d y=%d *p=%d *q=%d\n",x,y,*p,*q);
}
```

程序的执行结果为：

x=100 y=200 *p=100 *q=200
x=200 y=100 *p=200 *q=100
x=200 y=100 *p=200 *q=100
x=100 y=200 *p=200 *q=100

三次交换中，各变量的存储内容变化情况如图6.16所示。

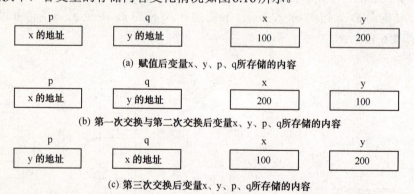

图6.16 变量p、q、x、y存储内容的变化情况

从图6.16中可以看出，第一次交换与第二次交换有相同的结果，都是对变量x、y的交换；而第三次交换则是对指针变量p、q的交换，x、y的值不变。

除了取地址与引用目标运算外，与指针相关的运算还有指针的关系运算、指针与整数的加减运算及指针的减法运算。

【例6.18】 通过三种方法输出数组的全部元素。

① 下标法。此方法简单、直观。

第 6 章 指针与链表

```
main()
{
    inta[10],i;
    for(i=0;i<10;i++)scanf("%d",&a[i]);
    printf("\n");
    for(i=0;i<10;i++)printf("%d",a[i]);
}
```

② 用数组名计算数组元素的地址。此方法不常用。

```
main()
{
    inta[10],i;
    for(i=0;i<10;i++)scanf("%d",a+i);
    printf("\n");
    for(i=0;i<10;i++)printf("%d",*(a+i));
}
```

③ 用指针访问各元素。此方法高效、常用。

```
main()
{
    inta[10],*p,i;
    for(p=a,i=0;i<10;i++)scanf("%d",p++);
    printf("\n");
    for(p=a,i=0;i<10;i++)printf("%d",*p++);
}
```

【例 6.19】 理解多层指针。

在说明一个指针时最多可以包含至少可以有 12 层。请看下例：

int i=0;

int *ip0l=&d;

int **ip02=&ip01;

int ***ip03=&ip02;

int ****ip04=&dp03;

int *****ip05=&ip04;

int ******ip06=&ip05;

int *******ip07=&ip06;

int ********ip08=&ip07;

int *********ip09=&ip08;

int **********ip10=&ip09;

int ***********ipll=&ip10;

int ************ip12=&ipll;

************ip12=1;

注意：ANSIC 标准要求所有的编译程序都必须能处理至少 12 层间接引用，而实际使用的编译程序可能支持更多的层数。

最多可以使用多少层指针而不会使程序变得难读，这与编程习惯有关，但层数不能太多。

一个包含两层间接引用的指针（即指向指针的指针）很常见，但超过两层后程序的可读性就明显变差，因此，除非需要，不要使用两层以上的指针。

【例 6.20】 理解空指针。

有时，在程序中需要使用这样一种指针，它并不指向任何对象，这种指针被称为空指针。空指针的值是 NULL，NULL 是在<stddef.h>中定义的一个宏，它的值和任何有效指针的值都不同。NULL 是一个纯粹的零，它可能会被强制转换成 void *或 char *类型。即 NULL 可能是 0，0L 或(void *)0 等。有些程序员，尤其是 C++程序员，更喜欢用 0 来代替 NULL。

注意：绝对不能间接引用一个空指针，否则，程序可能会得到毫无意义的结果，或者得到一个全部是零的值，或者会忽然停止运行。

空指针有以下三种用法：

（1）用空指针终止对递归数据结构的间接引用

最简单和最常见的递归数据结构是链表，链表中的每一个元素都包含一个值和一个指向链表中下一个元素的指针。请看下例：

```c
struct string_list
{
    char *str;
    struct string_list *next;
};
```

此外还有双向链表（每个元素还包含一个指向链表中前一个元素的指针）、键树和哈希表等。可以通过指向链表中第一个元素的指针开始引用一个链表，并通过每一个元素中指向下一个元素的指针不断地引用下一个元素；在链表的最后一个元素中，指向下一个元素的指针被赋值为 NULL，当碰到该空指针时，就可以终止对链表的引用了。请看下例：

```c
while(p!=NULL)
{
    visit(p->data);
    p=p->next;
}
```

（2）用空指针作函数调用失败时的返回值

许多 C 库函数的返回值是一个指针，在函数调用成功时，函数返回一个指向某一对象的指针；反之，则返回一个空指针。请看下例：

```c
if((array=(int*)malloc(10*sizeof(int)))==NULL)
{   printf("不能成功分配存储空间。");
    exit(1);
}
```

返回值为一指针的函数在调用成功时几乎总是返回一个有效指针（其值不等于零），在调用失败时则总是返回一个空指针（其值等于零）。

（3）用空指针作警戒值

警戒值是标志事物结尾的一个特定值。例如，main()函数的预定义参数 argv 是一个指针数组，它的最后一个元素(argv[argc])永远是一个空指针，因此，你可以用下述方法快速地引用 argv 中的每一个元素：

```
#include <stdio.h>
#include <assert.h>
int main(int argc,char **argv)
{
    int i;
    printf("program name=\"%s\"\n",argv[0]);
    for(i=1;argv[i]!=NULL;++i)
        printf("argv[%d]=\"%s\"\n",i,argv[f]);
    assert(i==argc);
    return 0;
}
```

【例 6.21】 理解 void 指针。

void 指针一般被称为通用指针或泛指针，它是 C 语言关于"纯粹地址（rawaddress）"的一种约定。void 指针指向某个对象，但该对象不属于任何类型。请看下例：

```
int *ip;
void *p;
```

在上例中，ip 指向一个整型值，而 p 指向的对象不属于任何类型。

在 C 语言中，任何时候都可以用其他类型的指针来代替 void 指针（在 C++中同样可以），或者用 void 指针来代替其他类型的指针（在 C++中需要进行强制转换），并且不需要进行强制转换。例如，可以把 char *类型的指针传递给需要 void 指针的函数。

当进行纯粹的内存操作时，或者传递一个指向未定类型的指针时，可以使用 void 指针。void 指针也经常用作函数指针。

有些 C 语言代码只进行纯粹的内存操作。在较早版本的 C 语言中，这一点是通过字符指针（char*）实现，但易产生混淆，因为人们不轻易判定一个字符指针究竟是指向一个字符串，还是指向一个字符数组，或者仅仅是指向内存中的某个地址。

例如，strcpy()函数将一个字符串复制到另一个字符串中，strncpy()函数将一个字符串中的部分内容复制到另一个字符串中：

```
char *strcpy(char *str1,const char *str2);
char *strncpy(char *str1,const char *str2, size_tn);
```

memcpy()函数将内存中的数据从一个位置复制到另一个位置：

```
void *memcpy(void *addr1,void *addr2,size_tn);
```

memcpy()函数使用了 void 指针，以说明该函数只进行纯粹的内存复制，包括 NULL 字符（零字节）在内的任何内容都将被复制。

【例 6.22】 理解指向函数的指针。

在使用指向函数的指针时，最难的一部分工作是说明该指针。例如，strcmp()函数的说明如下所示：

```
int strcmp(const char *, const char *);
```

假如想使指针 pf 指向 strcmp()函数，那么就要象说明 strcmp()函数那样来说明 pf，但此时要用*pf 代替 strcmp：

```
int (*pr)(const char *, const char *);
```

在说明了 pf 后，还要将<string.h>包含进来，并且要把 strcmp()函数的地址赋给 pf，即 pf=strcmp;

此后，就可以通过间接引用 pf 来调用 strcmp()函数：

```
if(pr(str1,str2)>0)
{
......
}
```

习 题 6

一、选择题

1. 已有定义 int k=2,*ptr1,*ptr2;且 ptr1 和 ptr2 均已指向变量 k，下面不能正确执行的赋值语句是（ ）。
   A. k=*ptr1+*ptr2; B. ptr2=k; C. ptr1=ptr2; D. k=*ptr1*(*ptr2);

2. 变量的指针是指该变量的（ ）。
   A. 值 B. 地址 C. 名 D. 一个标志

3. 如果有定义 int a=5;，则下面对①、②两个语句的正确解释是（ ）。
   ①int *p=&a;   ②*p=a;
   A. 语句①和②的含义相同，都表示给指针变量 p 赋值
   B. 语句①和②的执行结果，都是把变量 a 的地址值赋给指针变量 p
   C. ①在说明 p 的同时进行初始化，使 p 指向 a；②将变量 a 的值赋给指针变量 p
   D. ①在说明 p 的同时进行初始化，使 p 指向 a；②将变量 a 的值赋给*p

4. 若已定义 char s[10];则下面表达式中不表示 s[1]的地址的是（ ）。
   A. s+1 B. s++ C. &s[0]+1 D. &s[1]

5. 若有以下定义，则正确引用 a 数组元素的是（ ）。

   ```
   int a[5],*p=a;
   ```
   A. *&a[5] B. a+2 C. *(p+5) D. *(a+2)

6. 若有以下定义，则对 a 数组元素地址的正确引用是（ ）。

   ```
   int a[5],*p=a;
   ```
   A. p+5 B. *a+1 C. &a+1 D. &a[0]

7. 设有如下程序段，则输出结果为（ ）。

   ```
   char s[]="goodbay!";
   char *p=s;
   while(*p!='\0')p++;
   printf("%d",p-s);
   ```
   A. 3 B. 6 C. 8 D. 0

8. 执行以下程序后，y 的值是（ ）。

   ```
   #include <stdio.h>
   void main()
   ```

```
{
    int a[]={2,4,6,8,10};
    int y=1,x,*p;
    p=&a[1];
    for(x=0;x<3;x++)
    y+=*(p+x);
    printf("%d\n",y);
}
```

  A. 17   B. 18   C. 19   D. 20

9. 下面各语句行中，能正确进行字符串赋值操作的语句是（　　）。

  A. char st[4][5]={"ABCDE"};   B. char s[5]={'A','B','C','D','E'};

  C. char *s;s="ABCDE";   D. char *s;scanf("%s",s);

10. 下面程序段的输出结果是（　　）。

```
char str[]="ABCD",*p=str;
printf("%d\n",*(p+4));
```

  A. 68   B. 0   C. 字符'D'的地址 D. 不确定的值

11. 以下程序的功能是从键盘接收一个字符串，然后按照字符顺序从小到大进行排序，并删除重复的字符。请选择填空（　　）。

```
#include <stdio.h>
#include <string.h>
void main()
{
    char string[100],*p,*q,*r,c;
    gets(string);
    for(p=string;*p;p++)
    {for(q=r=p;*q;q++)
    if(_____①_____)r=q;
    if(_____②_____)
    {c=*r;*r=*p;*p=c;}
    }
    for(p=string;*p;p++)
    {
    for(q=_____③_____;*p==*q;q++)
    strcpy(p,q);
    }
    printf("result:%s\n",string);
}
```

  ①A. *r>*q B. *r>*p C. r>q D. r>p

  ②A. r==q B. r!=q C. p!=q D. r!=p

  ③A. p++ B. p C. p-1 D. p+1

12. 执行以下程序段后，m 的值是（　　）。

```
int a[2][3]={{1,2,3},{4,5,6}};
int m,*ptr;
```

```
ptr=&a[0][0];
m=(*ptr)*(*ptr+2)*(*ptr+4);
```

  A. 15   B. 48   C. 24   D. 无定值

13. 能够正确表示数组元素 x[1][2]的表达式是（   ）。

  A. *((*p+1)[2])   B. (*p+1)+2

  C. *(*(p+5))   D. *(*(p+1)+2)

14. 链表不具有的特点是（   ）。

  A. 不必事先估计存储空间   B. 可随机访问任一元素

  C. 插入、删除不需要移动元素   D. 所需空间与线性表长度成正比

15. 带头结点的单链表 head 为空的判定条件是（   ）。

  A. head=NULL   B. head->next=NULL

  C. head->next=head   D. head!=NULL

16. 有链表，如图 6.17 所示，指针 p、q、r 分别指向一个链表中的 3 个连续结点。

```
struct node
{   int data;
    struct node *next;
} *p, *q, *r;
```

现要将 q 和 r 所指结点的前后位置交换，同时要保持链表的连续，以下错误的程序段是（   ）。

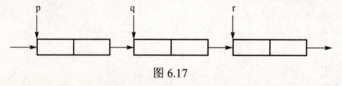

图 6.17

  A. r->next=q; q->next=r->next; p->next=r;

  B. q->next=r->next; p->next=r; r->next=q;

  C. p->next=r; q->next=r->next; r->next=q;

  D. q->next=r->next; r->next=q; p->next=r;

17. 若定义了以下函数：

```
void f(…)
{…
*p=(double *)malloc( 10*sizeof( double));
…
}
```

p 是该函数的形参，要求通过 p 把动态分配存储单元的地址传回主函数，则形参 p 的正确定义应是（   ）。

  A. double *p   B. float **p   C. double **p   D. float *p

18. 假定建立了以下链表结构，指针 p、q 分别指向如图 6.18 所示的结点，则以下可以将 q 所指结点从链表中删除并释放该结点的语句组是（   ）。

  A. free(q); p->next=q->next;

  B. (*p).next=(*q).next; free(q);

  C. q=(*q).next; (*p).next=q; free(q);

D. q=q->next; p->next=q; p=p->next; free(p);

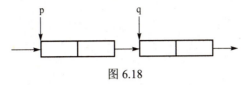

图 6.18

二、填空题

1. 下面程序段计算 a、b、k 变量的值为：_____。

   ```
   int a,b,k=4,m=6,*p1=&k,*p2=&m;
   a=p1==&m;
   b=(-*p1)/(*p2)+7;
   ```

2. 下面程序段结果为：_____。

   ```
   char *f="a=%d,b=%d\n";
   int a=1,b=10;
   a+=b;
   printf(f,a,b);
   ```

3. 下面程序段结果为：_____。

   ```
   char str[]="abcdefgh",*p=str;
   printf("%s%d\n",p+3,*(p+3));
   ```

4. 下面程序结果为：_____。

   ```
   main()
   {   char s[20]="Hello!",*sp=s;
       s[2]='\0';
       puts(sp);
   }
   ```

5. 设 sizeof(short)==2，下面程序结果为：_____。

   ```
   main()
   {
       short *p,*q;
       short ar[10]={0};
       p=q=ar;
       p++;
       printf("%5d",p-q);
       printf("%5d",(char*)p-(char*)q);
       printf("%5d",sizeof(ar)/sizeof(*ar));
   }
   ```

6. 下面程序结果为：_____。

   ```
   main()
   {
       short ar[11]={1,2,3,4,5,6,7,8,9,0,11};
   ```

```
        short *par=&ar[1];
        int i;
        for(i=0;i<10;i++)
        printf("\n%-5d%-5d%-5d",ar[i],par[i],*(ar+i));
}
```

7. 若有定义：int a[3][5],i,j;(且 0≤i<3,0≤j<5)，则 a 数组中任一元素可用五种形式引用。它们是：
   ①a[i][j]
   ②*(a[i]+j)
   ③*(*_____);
   ④(*(a+i))[j]
   ⑤*(_____+5*i+j)

8. 以下程序将数组 a 中的数据按逆序存放，请填空。

```
#define M 8
main()
{   int a[M],i,j,t;
    for(i=0;i<M;i++)scanf("%d",a+i);
    i=0;j=M-1;
    while(i<j)
    {
    t=*(a+i);_____;*(_____)=t;
    i++;j--;
    }
    for(i=0;i<M;i++)printf("%3d",*(a+i));
}
```

9. 以下程序段用于构成一个简单的单链表，请填空。

```
struct STRU
{   int x, y ;
    float rate;
    _____ p;
} a, b;
a.x=0; a.y=0; a.rate=0; a.p=&b;
b.x=0; b.y=0; b.rate=0; b.p=NULL;
```

10. 下面语句是使指针 p 指向一个 double 类型的动态存储单元，请填空。

    p=_____ malloc(sizeof(double));

11. 以下函数 creatlist 用于建立一个带头结点的单链表，新的结点总是插入在链表的末尾。链表的头指针作为函数值返回，链表最后一个结点的 next 域放入 NULL，作为链表结束标志。data 为字符型数据域，next 为指针域。读入"#"表示输入结束（"#"不存入链表）。请填空。

```
struct node
{   char data;
    struct node * next;
};
```

```
_____creatlist( )
{ struct node * h, * s, * r; char ch'
  h=(struct node *)malloc(sizeof(struct node));
  r=h;
  ch=getchar( );
  _____;
  { s=(struct node *)malloc(sizeof(struct node));
    s->data=_____ ;
    r->next=s;  r=s;
    ch=getchar( );  }
  r->next=_____ ;
  return h;
}
```

12. 下列函数 create 用于创建 n 个 student 类型结点的链表。请填空。

```
student *create(_____)
{ int i;
  student *h,*p1,*p2;
  p1=h=new student;   /*或p1=h=(student*) malloc(sizeof(student));*/
  scanf("%s%d",h->name,&h->cj);
  for(i=2;i<=n;i++)
  {  p2=new student;
     _____;
     p1->next=p2;_____;
  }
  p2->next=NULL;
     _____;
}
```

三、程序设计

1. 用指向指针的方法对 5 个字符串排序并输出。

2. 用指针实现一个 3*3 矩阵转置。

3. 通过指针数组 p 和一维数组 a 构成一个 3×2 的二维数组，并为 a 数组赋初值 2、4、6、8、…。要求先按行的顺序输出此二维数组，再按列的顺序输出。

4. 用指针实现，使一个一维数组首尾颠倒。

5. 有 n 个数，使其前面 $n-m$ 个数顺序向后移 m 个位置，最后 m 个数变成前面 m 个数。要求通过指针实现。

6. 有一个字符串，包含 n 个字符。通过指针，将此字符串中从第 m 个字符开始的全部字符复制到另一个字符串。

7. 设有数组 int a[100]，其中隐藏着若干 0，其余为非 0 整数，通过指针实现：将 a 中的 0 移至后面，非 0 整数移至数组前面并保持有序。

8. 输入 n 个整数，将其中最小的数与第一个数对换，把最大的数与最后的一个数对换。

第 7 章 模块化程序设计

C 程序的全部工作几乎都是由各式各样的函数完成的，所以也把 C 语言称为函数式语言。C 语言不仅提供了极为丰富的库函数，还允许用户自定义函数。可以说，函数提供了编制程序的手段，使程序易读写、易理解、易维护。

7.1 模块化程序设计概述

模块化程序设计也称为结构化程序设计，被称为软件发展中的第三个里程碑，其影响比前两个里程碑（子程序、高级语言）更为深远。

7.1.1 结构化程序设计的基本思想

荷兰学者 Dijkstra 提出了"结构化程序设计"的思想，它规定了一套方法，使程序具有合理的结构，以保证和验证程序的正确性。该方法规定程序设计者要按照一定的结构形式来设计和编写程序，其目的在于使程序具有良好的结构，易于设计、易于理解、易于调试和修改，从而提高设计和维护程序的效率。

1. 三种基本控制结构

在结构化程序设计中，任何程序均可由三种基本结构构成，这三种基本结构分别是顺序结构、选择结构和循环结构，如图 7.1 所示。

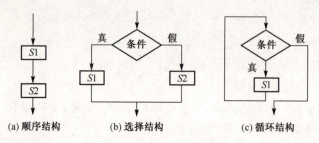

图 7.1 程序的三种基本结构

（1）顺序结构。从前向后顺序执行 $S1$ 语句和 $S2$ 语句，只有当 $S1$ 语句执行完后才执行 $S2$ 语句。

（2）选择结构。根据条件有选择地执行语句。当条件成立（为真）时执行 $S1$ 语句，当条件不成立（为假）时执行 $S2$ 语句。

（3）循环结构。有条件地反复执行 $S1$ 语句（也称为循环体），直到条件不成立时终止循环，控制转移到循环体外的后继语句。

以上三种基本结构可以派生出其他形式的结构。由这三种基本结构所构成的算法可以处理任何复杂的问题，结构化程序就是指由这三种基本结构所组成的程序。

2. 限制使用 GOTO 语句

从理论上讲，只用顺序结构、选择结构、循环结构这三种基本结构就能表达任何一个只有一个入口和一个出口的程序逻辑。为了实际使用的方便，往往允许增加多分支结构、REPEAT 型循环等结构。但大量采用 GOTO 语句实现控制路径，会使程序路径变得复杂而且混乱，增加出错的机会，降低程序的可靠性，因此要控制 GOTO 语句的使用。

3. 逐步求精的设计方法

在一个程序模块内，先从该模块功能描述出发，逐层细化，直到最后分解、细化成语句为止。

4. 自顶向下的设计、编码和调试

在一个系统的设计与实现时，采用自顶向下的方法进行设计、编码、测试。

7.1.2 函数简介

1. 函数的概念

函数是模块化程序设计的基础，是模块的具体实现形式。

函数是一个能完成特定功能的代码段。可以把函数看成一个"黑盒子"，只要输入数据就能得到结果，而函数内部究竟是如何工作的，外部程序是不知道的。外部程序所知道的仅限于给函数输入什么，以及函数输出什么。

C 语言鼓励和提倡人们把一个大问题划分成一个个子问题，而解决一个子问题则可对应地编写一个函数。因此，C 语言程序一般是由大量的小函数构成的，即"小函数构成大程序"。这样的好处在于让各部分相对独立且任务单一，因而这些相对独立的小模块可以作为一种固定规格的小"构件"，用于构成大程序。这种程序设计方法很好地反映了模块化程序设计思想。

C 语言程序的结构如图 7.2 所示。可见，C 语言程序是由一组函数组成的，而且，程序总是从 main() 函数处开始执行。main() 函数可以调用其他函数，其他函数之间也可以相互调用，且被调用次数不限，但其他函数不能调用 main() 函数。

在编写程序时，使用函数（不管是系统函数还是用户自定义函数）具有以下优点。

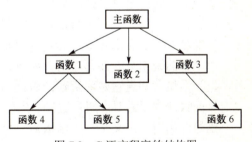

图 7.2　C 语言程序的结构图

① 实现程序的模块化。当需要处理的问题比较复杂时，把一个大问题划分成若干个独立的小问题。不同的小问题，可以分别采用不同的方法加以处理，做到逐步求精。

② 反映结构化程序设计思想。将函数视为一个个模块，模块之间联系相对减少，当修改一个模块时，对其他模块影响较小，最大限度地保证了程序的正确性。

③ 减轻编程、维护的工作量。把程序中常用的一些计算或操作编成通用的函数，以供随时调用，可以大大减轻程序员的编程工作量。

2. 函数的分类

在 C 语言中，可从不同的角度对函数分类。

（1）从函数定义的角度划分

从函数定义的角度，函数可分为库函数和用户自定义函数两种。

● 库函数

库函数由 C 语言系统提供，用户无需定义，也不必在程序中做类型说明，只需在程序前包含该函数原型的头文件即可在程序中直接调用它。例如，前面用到的 printf( )、scanf( )、getchar( )、putchar( )、gets( )、puts( )、strcat( )等函数均属此类。

● 用户自定义函数

用户自定义函数是由用户根据需要编写的函数。对于此类函数，不仅要在程序中定义函数本身，而且要在主调函数模块中对被调函数进行类型说明，然后才能使用。

（2）从数据传送的角度划分

从主调函数和被调函数之间数据传送的角度，函数又可分为无参函数和有参函数两种。

● 无参函数

函数定义、说明及调用中均不带参数的函数称为无参函数。主调函数和被调函数之间不进行参数传送。此类函数通常用来完成某个特定的功能，可以返回也可不返回函数值。

● 有参函数

有参函数也称为带参函数，在函数定义及函数说明时都有参数。这种在函数定义和说明时所带的参数称为形式参数（简称为"形参"）；调用有参函数时传递的参数称为实际参数（简称为"实参"）。函数调用时，主调函数将把实参的值传送给形参，供被调函数使用。

7.2 函数的使用

一般来说，函数的使用由三步完成：函数的定义、函数的说明和函数的调用。

函数定义：就是确定该函数完成什么功能及怎么运行。库函数已经由系统定义，而用户自定义函数必须由用户自己定义。

函数说明：用于说明函数是什么类型的函数。库函数的说明包含在相应的头文件中。例如，标准输入/输出函数的说明包含在"stdio.h"中，字符串处理函数的说明包含在"string.h"中。库函数的说明只需在程序的开始包含对应的头文件即可，只有这样，程序在编译、连接时，编译系统才知道它是库函数；否则，将认为是用户自己编写的函数而不进行连接。用户自定义函数则根据需要由用户通过一定的方式加以说明。

函数的调用：定义了一个函数后，只有调用该函数才能执行该函数的功能；否则，该函数在程序中只是一段静态的代码，永远不可能被执行。

7.2.1 自定义函数的定义

编写程序时遇到的问题往往是多种多样的，库函数常常无法满足要求，此时，用户需要自己编写函数，根据具体问题自行设计可以完成某种功能的函数。

用户自定义函数分为有参函数和无参函数。

1. 有参函数定义格式

有参函数的定义格式如下：

数据类型说明符函数名（带类型的形式参数列表）

    {
        数据定义语句序列
        执行语句序列
    }

例如，有如下函数定义，其功能是求 n! 的值。

```
int x(int n)
{
    int i;
    long k=1;
    if(n==0)
      return(1);
    else
      for(i=1;i<=n;i++) k*=i;
    return(k);
}
```

2．无参函数定义格式

无参函数的定义格式如下：

数据类型说明符函数名()
{
    数据定义语句序列
    执行语句序列
}

例如，有如下函数定义，其功能是求两个整数的平均值。

```
float ave()
{
    int a,b;
    scanf("%d,%d",&a,&b);
    return((a+b)/2.0);
}
```

有参函数比无参函数多了带类型的形式参数列表。在形参列表中的参数可以是各种类型的变量，各参数之间用逗号间隔。在进行函数调用时，主调函数通过实参向这些形参传值。

关于函数的定义有以下几点说明：

① 数据类型说明符规定了函数返回值的类型，即被调用函数返回给主调函数的值的类型，如果省略此项，C 语言默认函数返回值的类型为 int 型。

② 函数名应符合 C 语言对标志符的规定，并且在同一程序中是唯一的。函数名后面的括号（）不可省略，无参函数也不例外。

③ 形参列表中要列出所有形参，形参用于接收主调函数传送来的数据。当形参超过一个时，用逗号分隔。

④ 数据定义语句序列和执行语句序列构成函数体，形参接收的初始数据要靠函数体来处理，处理过程中需要的变量要由数据定义语句加以说明，而具体的执行步骤则由执行语句来完成。

⑤ 用户自定义函数可以有任意多个，这些函数的位置也没有限制，可以在 main 函数前，也可以在其后。

⑥ 在 C 语言中，所有的函数定义都是平行的。也就是说，在一个函数的函数体内，不能再定义另一个函数，即函数不能嵌套定义。但是函数之间允许相互调用，也允许嵌套调用。习惯上把调用者称为主调函数，把被调用者称为被调函数。函数还可以自己调用自己，称为递归调用。

3．函数的返回值

函数返回值就是从被调函数返回到主调函数的计算结果。一个函数可以有返回值，也可以没有返回值。

返回值的数据类型就是定义函数时所指定的函数类型。C 语言规定，对于不加类型说明符的函数，返回值一律按整型处理。当返回值是数值时，返回值的类型可以是 char 型、int 型、short 型、long 型、float 型及 double 型；当返回值为地址时，函数的返回值应为指针型。

（1）return 语句

函数返回值通过 return 语句实现。

return 语句的常用格式如下：

  return（表达式）；

  return 表达式；

  return;

其中，return（表达式）;与 return 表达式;等价。当程序执行完 return 语句时，就退出被调函数，返回到主调函数的断点处。若 return 后跟表达式，此时将该表达式的值带回到主调函数中去；若 return 不含表达式，则返回一个不确定的值。

在同一个函数内，可以根据需要在多处出现 return 语句，执行到哪个 return 语句，哪一个 return 语句就起作用。函数体内也可以没有 return 语句，没有 return 语句时，程序的流程就一直执行到函数末尾的"}"，然后返回到主调函数。

（2）无返回值

如果某个函数不需要给主调函数返回值，可以将该函数定义为 void 型。void 是 C 语言提供的一种"无类型"标志符，当函数返回值类型限定为 void 型时，函数将没有返回值。

（3）指针作为函数的返回值

指针类型的数据除了可以作为函数的形参外，还可以作为函数的返回值。返回指针类型数据的函数定义形式为

  类型标志符 *函数名（形式参数表）

  {

    函数体

    return 指针表达式

  }

其中，函数名前的"*"号表示函数返回指针类型的数据，类型标志符则表示函数返回的指针所指向目标的类型。在函数体中要用语句"return 指针表达式;"返回指针表达式的计算结果，指针表达式所指向目标的类型要同函数头中的类型标志符一致。

7.2.2 自定义函数的说明

C 语言规定：除主函数外，所有自定义函数都应遵循"先说明，后使用"的规则。

1. 函数说明的形式

ANSI 规定的说明形式如下：

函数类型 函数名（数据类型 形参1, 数据类型 形参2, ···, 数据类型 形参 n）；

C 语言允许函数说明以一条语句的形式独立出现。

2. 函数说明的位置

C 语言规定，除函数类型为 int 型或被调函数的定义出现在主调函数之前时可省略函数说明外，其他情况均要求对被调函数进行说明。

函数说明的位置可以视情况而定，既可以放在所有函数之外，又可以放在主调函数体内的说明部分。如果某函数说明放在所有函数之外，则在该函数说明位置后面的所有函数均可调用该函数。

7.2.3 函数调用

定义了一个函数后，只有调用该函数才能执行该函数的功能；否则，该函数在程序中只是一段静态的代码，永远不可能被执行。

1. 函数调用的一般形式

有参函数调用的一般形式：

函数名（实际参数表）；

无参函数调用的一般形式：

函数名()；

函数调用时传递的参数是实参，实参可以是常量，也可以是表达式。当实参数量超过一个时，用逗号分隔。实参的个数应与形参的个数一致，实参的类型也应与形参的类型匹配。

函数的调用过程如下：

① 为所有形参分配内存单元，再将主调函数的实参的值传递给对应的形参；

② 转去执行被调用函数，为函数体内的变量分配内存单元，执行函数体内的语句；

③ 遇到 return 语句时，返回到主调函数并带回返回值（无返回值的函数例外），释放形参及被调用函数中各变量所占用的内存单元，返回到主调函数继续执行。若程序中无 return 语句，则执行完被调用函数后返回到主调函数。

关于参数的几点说明：

① 形参只有当函数被调用时才临时分配存储单元；

② 实参一定要有确定的值，可以是表达式；

③ 实参和形参的类型应相同；

④ 参数的传递是通过调用来完成的，且传递方向是由实参向形参单向值传递。

2. 参数传递

（1）数值作为函数参数

把数值作为实参传递给形参，这是最常见的一种参数传递方式。该方式最大的特点是：对形参的改变不会影响到实参。

（2）地址作为函数参数

调用函数时，将地址作为实参传递给形参，形参和实参均为地址。也就是说，它们均指向相同的存储单元。在这种方式中，被调函数改变该存储单元中的数值，即使没有 return 语句，也能将其值"带回"到主调函数中。

采用地址传递方式的实参一般为变量地址、数组名或指针变量。同样，接收地址值的形参变量也只能是数组名和指针变量。

注意以下两点：

① 地址作为参数时，参数的传递仍是单向的。即对形参内容的改变不会影响实参。如果仅在函数中对形参的值进行了修改，而没有通过引用对象运算对形参所指对象进行修改，则实参所指对象的内容不会发生变化。

但是，如果在函数中通过引用对象运算对形参所指对象进行了修改，则可以改变实参所指对象的值，这是在使用地址作为参数时应该注意的一个问题。

② 当数组作为形式参数向被调函数传递时，只传递数组的起始地址，而不是将整个数组元素都复制到函数中去。即用数组名作为实参调用子函数，调用时将指向该数组第一个元素的指针传递给子函数。数组变量的类型在两个函数中必须相同。

7.2.4 函数使用举例

【例 7.1】 理解函数的定义。在某一系统中，经常要打印一个很规范的图形，如图 7.3 所示，编写函数在屏幕上显示该图形。

图 7.3 打印三角形

分析：由于图形规范，每次显示的图形元素大都相同，所以可以定义函数来实现该功能，在需要显示图形的时候，调用该函数即可。而且函数不需要从主调函数接收数据，所以将该函数定义为无参函数。

图 7.3 形由 7 行组成，第 1 行和第 7 行具有相同的格式，即行前空格和连续的*。第 2~6 行具有相同的格式，即行前空格紧跟一个*，接着再跟连续的空格，之后再跟一个*。有规律的问题可以通过循环来解决，现在问题的关键在于找出循环变量和显示内容之间的关系。

函数代码如下：

```c
#include <stdio.h>
void print_image(int n)
{
    int i,j;
    printf("\n");
    for(i=0;i<n-1;i++)printf(" ");printf("*");    /*显示第一行*/
    for(i=0;i<n-2;i++)                             /*显示第二行到第六行*/
    {printf("\n");
        for(j=0;j<n-2-i;j++)printf(" ");           /*显示行首空格*/
        printf("*");
        for(j=0;j<2*i+1;j++)printf(" ");           /*显示中间的空格*/
        printf("*");
    }
    printf("\n");
    for(i=0;i<2*n-1;i++)printf("*");               /*显示最后一行*/
}
```

在实际中，通常把不需要从主调函数接收数值就能完成其功能的函数定义为无参函数。

【例 7.2】 理解函数的定义、说明和调用。通过调用函数，判断某数是否为素数。

程序如下：

```
#include <stdio.h>
#include <math.h>
main()
{
   int x;
   int isprime(int n);                    /*函数说明*/
   printf("\n Enter a integer number:");
   scanf("%d",&x);                        /*从键盘输入一个整数*/
   if(isprime(x))                         /*调用函数*/
     printf("\n%d is prime",x);           /*函数返回1，输出是素数*/
   else
     printf("\n%d is not prime",x);       /*函数返回0，输出不是素数*/
}
int isprime(int n)                        /*函数定义*/
{
   int i;
   for(i=2;i<=sqrt(n);i++)
   if((n%i)==0)return(0);
   return(1);
}
```

isprime()函数根据形参值是否为素数决定返回值，函数体最后将处理的结果由 return 语句返回给主调函数。sqrt(n)函数的功能是求 n 的算术平方根，其函数说明在头文件"math.h"中。具体返回过程为：

"return0;"判断出 n 能被某个数整除，说明 n 不是素数，返回 0。

"return1;"判断出 n 不能被 2 到 sqrt(n)之间的任何一个数整除，说明 n 是素数，返回 1。

程序从 main()函数开始执行，当执行到调用 isprime()函数时，调用步骤如下：

① 根据函数名 isprime 找到被调函数，将实参 x 的值传递给对应的形参 n。

② 中断 main()函数的执行，转去执行被调函数 isprime()，由 return 语句将返回值 1（是素数）或 0（不是素数）带回到 main()函数，终止被调用函数执行。

③ 从主调函数的中断处 if(isprime(x))继续执行，根据 isprime(x)的值直接进行处理。

【例 7.3】 分析下面的程序，理解参数的传递。

```
#include <stdio.h>
voids wap1(int x,int y)
{  int temp;
   temp=x;x=y;y=temp;                /*完成形参内容的交换*/
}
void swap2(int *p,int *q)
{  int *temp;
   temp=p;p=q;q=temp;                /*完成形参（指针型）内容的交换*/
}
```

```
void swap3(int *p,int *q)
{   int temp;
    temp=*p;*p=*q;*q=temp;      /*完成指针所指对象内容的交换*/
}
main()
{   int a,b;
    scanf("%d,%d",&a,&b);
    printf("\na=%d,b=%d",a,b);
    swap1(a,b);
    printf("\na=%d,b=%d",a,b);
    swap2(&a,&b);
    printf("\na=%d,b=%d",a,b);
    swap3(&a,&b);
    printf("\na=%d,b=%d",a,b);
}
```

如果在输入过程中，给 a 输入 100，给 b 输入 200，则显示结果如下：

a=100,b=200 /*原始的输入数据*/

a=100,b=200 /*swap1(a,b);执行的结果*/

a=100,b=200 /*swap2(&a,&b);执行的结果*/

a=200,b=100 /*swap3(&a,&b);执行的结果*/

在三个函数调用中，swap1(a,b)中的实参为具体的数值，而 swap2(&a,&b)、swap3(&a,&b)中的实参为指针。两者的实参虽均为地址，却有不同的运算结果。

这说明：

把数值作为实参传递给形参，这是最常见的一种参数传递方式。该方式最大的特点是：对形参的改变不会影响到实参。

地址作为参数时，参数的传递仍是单向的。即对形参内容的改变不会影响实参。如果仅在函数中对形参的值进行了修改，而没有通过引用对象运算对形参所指对象进行修改，则实参所指对象的内容不会发生变化。但如果在函数中通过引用对象运算对形参所指对象进行了修改，则可以改变实参所指对象的值，这是在使用地址作为参数时应该注意的一个问题。

【例 7.4】 理解数组作参数。

（1）输入 n 个学生的成绩，通过函数求平均成绩。

程序如下：

```
#include <stdio.h>
float average(float b[],int n)          /*数组作形参*/
{
    int i;
    float sum;
    sum=b[0];
    for(i=1;i<n;sum+=b[i++]);           /*求累加和*/
    return(sum/n);
}
main()
{
```

```
    float a[80],aver;
    int i,n;
    scanf("%d",&n);
    printf("input n scores:\n");
    for(i=0;i<n;i++)
       scanf("%f",&a[i]);
    aver=average(a,n);              /*函数调用,a为实参*/
    printf("average score is %7.2f",aver);
}
```

与其等价的程序如下:

```
#include <stdio.h>
float average(float *b,int n)       /*指针做形参*/
{
    int i;
    float sum;
    sum=b[0];
    for(i=1;i<n;sum+=b[i++]);        /*求累加和*/
    return(sum/n);
}
main()
{
    float a[80],aver;
    int i,n;
    scanf("%d",&n);
    printf("inputn scores:\n");
    for(i=0;i<n;i++)scanf("%f",&a[i]);
    aver=average(a,n);               /*函数调用,a为实参*/
    printf("average score is %7.2f",aver);
}
```

可见,用数组名作为函数参数,不是进行值的传递,而是把实参数组的起始地址传递给形参数组。在函数调用后 a 和 b 指向同一内存单元,a 与 b 之间的关系如图7.4所示。

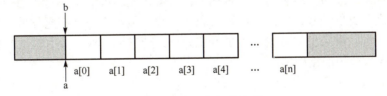

图 7.4　a 与 b 之间的关系

此时,a 与 b 指向同一内存单元。如果对形参 b 所指向的对象进行修改,则数组 a 的对应元素也发生变化。

(2) 输入若干工人的工资,编写函数实现排序。
程序如下:

```
#include <stdio.h>
void sort(float num[],int n)
```

```c
    {int i,j,k;
    for(i=n-1;i>=1;i--)
       {
       k=0;                            /*最初默认的最大值下标*/
       for(j=1;j<=i;j++)               /*求最大值的下标*/
          if(num[j]>num[k])  k=j;
       if(k!=i)                        /*若最后一个元素不是最大值则交换*/
           {float temp;
           temp=num[i];num[i]=num[k];num[k]=temp;
           }
       }
    }
main()
{
    float a[100];
    int i,m;
    printf("\n please input the number of worker:");
    scanf("%d",&m);                    /*输入工人的人数*/
    printf("\n please input the wage of worker:");
    for(i=0;i<m;i++)scanf("%f",&a[i]);
    sort(a,m);
    printf("\n display theresults of sort\n");
    for(i=0;i<m;i++)printf("%7.2f",a[i]);
}
```

注意：采用数组名作为函数参数时，应在主调函数中定义实参数组、在被调函数中定义形参数组，且实参数组与形参数组类型一致。实参数组和形参数组的大小可以不一致，C 语言编译程序对形参数组大小不做检查，只是将实参数组的首地址传递给形参数组。还有一点需要注意，数组元素做实参与数值做实参具有相同的作用。

7.3 复杂数据的描述

在信息处理中，经常会遇到对某一客观事物及其属性的描述，如对人的描述，包括的属性有姓名、性别、身份证号、年龄、住址、职务等数据项。人是具有整体概念的数据，包含的属性是一些不同数据类型的分量。为了方便处理，把它们组成一个有机的整体，并为其命名。这就是下面要介绍的结构体。

7.3.1 结构体

结构体是一种将一些不同的数据类型组织在一起而形成的数据类型。结构体属于一种构造类型，因此一个结构体可以有若干个数据项，每一个数据项的数据类型可以不同。结构体中的数据项又称为分量、成员或属性。

1. 结构体类型的定义

格式如下：

  struct<结构体名>

{　　成员 1;
　　　…
　　成员 *n*;
};

每个成员的定义格式如下:

<类型说明符>　<成员名>;

其中,struct 是关键字,结构体名与成员名的命名规则与标志符规定相同。

例如:

```
struct stu
{
    int num;
    char name[20];
    char sex;
    float score;
};/*定义了一个结构体类型,括号后必须有分号*/
```

该例定义了一个结构体类型。在这个结构体定义中,结构体名为 stu,该结构体由 4 个成员组成。第一个成员名为 num,整型变量;第二个成员名为 name,字符型数组;第三个成员名为 sex,字符型变量;第四个成员名为 score,实型变量。

但要注意,成员不仅有一个变量名,还应该有变量的类型。另外,结构体类型的定义可以在函数的内部,也可以在函数的外部。在内部定义的结构体,只在函数内部可见;在外部定义的结构体,从定义点到源文件尾之间的所有函数都可见。应注意:括号后的分号是不可缺少的。结构体定义之后,才可进行结构体变量的定义。凡定义为结构体 stu 的变量都由上述 4 个成员组成。由此可见,结构体是一种复杂的数据类型,是数目固定、类型不同的若干有序变量的集合。

2. 结构体变量的定义

结构体变量有三种定义方法:先定义结构体类型再定义结构体变量、定义结构体类型的同时定义结构体变量、直接定义结构体变量,下面给出后两种方式的定义形式。

(1) 定义结构体类型的同时定义结构体变量

定义的形式如下:

struct<结构体名>;

{　　成员 1;
　　　…
　　成员 *n*;
}<变量名列表>;

(2) 直接定义结构体变量

定义的形式如下:

struct

{　　成员 1;
　　　…

成员 n;
}<变量名列表>;

结构体变量的三种定义方法中，第一种方法是最常用的方法。在使用时应注意：先定义类型，后定义变量。变量需要分配必要的存储空间，而类型不需要分配存储空间。结构体类型中的成员名可以与程序中的变量名相同，二者代表不同的对象。成员既可以是一个基本类型（如 int、chah、float、double 等），又可以是一个构造类型（如数组、结构体等），因而结构体可以嵌套。即一个结构体类型的成员是另一种结构体类型的变量。

例如，在 stu 结构体中增加一个"出生日期"成员 birth，该成员需要包括年、月、日3个属性，因此可先定义一个 date 结构体类型，并用该类型定义 birth 成员。程序如下：

```
struct date
{    int year;
     int month;
     int day;
};
struct stu
{
     int num;
     cha rname[20];
     char sex;
     float score;
     struct date birth;
};
```

3. 结构体变量的使用

结构体类型是数据类型，而结构体变量是数据对象，因此在编写 C 语言程序时，只能对结构体变量进行操作，即可对结构体变量赋值、存取或运算，而不能对一个结构体类型赋值、存取或运算。

（1）结构体变量的初始化

在定义结构体变量的同时给其赋初值，即为结构体变量初始化。

例如：

```
……
struct stu boy1={2001,"Wangwei",'T',98};
struct stu boy2={2002,"Lidong",'F',88};
……
```

该例定义了两个结构体变量 boy1 和 boy2，并且让变量 boy1 描述了 Wangwei 同学，而变量 boy2 描述了 Lidong 同学。赋初值时应保证每个初值的类型与对应成员的类型一致，并且只能在定义结构体变量时使用该格式。

（2）结构体变量的使用

结构体变量的使用就像数组的使用，只能以分量的形式对结构体变量进行访问，如同用下标法引用一个数组的元素。当然，对结构体变量的成员引用不能通过下标法来实现，而要使用其成员名进行访问，结构体变量的赋值就是给各成员赋值。C 语言规定，可以对最低一级的成员进行引用。

对成员引用的一般格式为:
    <结构体变量名>.<成员名>
即引用结构体变量的各个成员时,要反映出成员所属的结构体变量。"."称为分量运算符,用来获得一个结构体变量的某个成员,它是所有运算符中优先级最高的。

4. 结构体数组

数组的元素也可以是结构体类型的,因此可以构成结构体数组。结构体数组中每一个元素都是具有相同结构体类型的下标结构体变量。在实际应用中,经常用结构体数组来表示具有相同数据结构的群体,如一个班的学生档案、一个车间职工的工资表等。

(1) 结构体数组的定义

一般格式如下:
    struct<结构体名>结构体数组名[大小];

其中,<结构体名>必须是已定义过的结构体类型,[大小]中的"大小"为结构体数组元素的个数。

例如:

```
struc tstu boy[5];/*注意";"不能省略*/
```

定义了一个结构体数组 boy,共有 5 个元素,boy[0]~boy[4]。每个数组元素都具有 struct stu 的结构体形式。对结构体数组可以进行初始化赋值,例如:

```
struct stu boy[5]={
{101,"Liping",'M',45},
{102,"Zhangping",'M',62.5},
{103,"Hefang",'F',92.5},
{104,"Chengling",'F',87},
{105,"Wangming",'M',58}/*这里没有","*/
};/*注意";"不能省略*/
```

结构体数组也可以初始化,即在定义一个结构体数组的同时给其赋值。

(2) 结构体数组的引用

结构体数组中的每一个元素相当于一个结构体变量。所以,对于结构体数组,通过其下标变量(元素)引用结构体成员。一般格式为:
    <结构体数组的元素>.<成员名>

例如:

```
strcpy(boy[0].name,"Liping");
boy[0].num=101;
```

5. 结构体类型数据的指针

一个结构体变量的指针就是该结构体变量所占据的内存段的起始地址。设一个指针变量,用来指向一个结构体变量,这样就可以用该指针变量引用结构体变量中的成员。

(1) 结构体变量的指针定义

结构体变量指针的定义格式如下:
    结构类型名　*指针变量名

例如：

```
struct stu boy1={2001,"Wangwei",'T',98};
struct stu boy2={2002,"Lidong",'F',88};
struct stu *pt1,*pt2;    /*定义结构体变量指针pt1和pt2*/
pt1=&boy1;               /*将结构体变量boy1的地址赋给pt1*/
pt2=&boy2;               /*将结构体变量boy2的地址赋给pt2*/
```

其中，定义了两个指针变量 pt1 和 pt2，分别指向结构体变量 boy1 和 boy2。注意，程序段里的语句 pt1=&boy1;中的&boy1 不能写成 boy1，因为 boy1 是结构体变量，故应使用取地址运算符&来获得该变量的地址值；也不能写成 pt1=&stu 或 pt1=stu，因为 stu 是结构体名。

（2）用指针引用结构体变量的成员

前面已介绍了引用结构体变量的各个成员时，可用"."运算符来获得一个结构体变量某个成员的方法。当一个结构体指针指向一个结构体变量时，就可以用该指针引用结构体变量的成员了。其引用格式为：

（*结构体指针表达式）.成员名

或

结构体指针变量→成员名

运算符"→"、"."和"*"的优先级：→的优先级与"()"、"[]"和句点"."相同，均优先于"*"运算符。

例如：(*pt1).num 等价于 pt1→num。

应该注意，(*pt1)两侧的括号不可少，因为成员符"."的优先级高于"*"。如果去掉括号，*pt1.num 则等效于*(pt1.num)，这样，意义就完全不同了。

7.3.2 结构体应用举例

【例 7.5】 给结构体变量赋值并输出其值。

程序如下：

```
#include <stdio.h>
struct stu
{
    int num;
    char *name;
    char sex;
    float score;
}boy1,boy2;
main()
{
    boy1.num=102;
    boy1.name="Zhangping";
    printf("input sex and score\n");
    scanf("%c%f",&boy1.sex,&boy1.score);
    boy2=boy1;
    printf("Number=%d\nName=%s\n",boy2.num,boy2.name);
    printf("Sex=%c\nScore=%f\n",boy2.sex,boy2.score);
}
```

程序中用赋值语句给 num 和 name 两个成员赋值，name 是一个字符串指针变量。用 scanf 函数动态地输入 sex 和 score 成员值，然后把 boy1 的所有成员的值整体赋予 boy2，最后分别输出 boy2 的各个成员值。

当两个结构体变量的类型相同时，可以互相赋值。

对于嵌套型结构体变量的引用，使用最内层的结构体成员参与运算（即只能对最低一级的成员进行引用）。使用时要注意成员的层次性，通过分量运算符"."来一层一层获得最低一级成员引用。

【例 7.6】 通过结构体数组元素引用结构体成员，计算学生的平均成绩和不及格的人数。

```c
#include <stdio.h>
struct stu
{
    int num;
    char *name;
    char sex;
    float score;
}boy[5]={
{101,"Liping",'M',45},
{102,"Zhangping",'M',62.5},
{103,"Hefang",'F',92.5},
{104,"Chengling",'F',87},
{105,"Wangming",'M',58}
};
main()
{
    inti,c=0;
    floatave,s=0;
    for(i=0;i<5;i++)
    {
    s+=boy[i].score;
    if(boy[i].score<60)c+=1;
    }
    printf("s=%f\n",s);
    ave=s/5;
    printf("average=%f\ncount=%d\n",ave,c);
}
```

在程序中定义了一个外部结构体数组 boy，共 5 个元素，并做了初始化赋值。在 main() 函数中用 for 语句逐个累加各元素的 score 成员值并存于 s 之中，如果 score 的值小于 60（不及格）则计数器 c 加 1，循环完毕后计算平均成绩，并输出全班总分、平均分及不及格人数。

【例 7.7】 用结构体指针建立一个通信录。

程序如下：

```c
#include <stdio.h>
#define NUM 3                    /*定义符号常量NUM*/
struct mem                       /*定义结构体类型*/
{
```

```
            char name[20];                          /*结构体成员——姓名*/
            char phone[10];                         /*结构体成员——电话*/
        };
        main()
        {
            struct mem man[NUM],*pt;                /*定义结构体数组*/
            int i;
            pt=man;
            for(i=0;i<NUM;i++,pt++)
            {
                printf("input name:\n");            /*提示输入姓名*/
                gets((*pt).name);      /*输入姓名 gets()函数从键盘得到一个字符串*/
                printf("input phone:\n");           /*提示输入电话*/
                gets((*pt).phone);                  /*输入电话*/
            }
            pt=man;
            printf("name\t\t\tphone\n\n");          /*输出提示*/
            for(i=0;i<NUM;i++,pt++)
            printf("%s\t\t\t%s\n",pt->name,pt->phone);  /*输出姓名和电话*/
        }
```

在用指针引用结构体成员时，*pt 两侧的括号不能省略，因为成员运算符"."的优先级高于"*"运算符。

例中：pt->name；等价于(*pt).name；
　　　pt->phone；等价于(*pt).phone；

7.4 知识扩展

7.4.1 共用体

在 C 语言中，允许不同的数据类型使用同一存储区域，即同一存储区域由不同类型的变量共享，这种数据类型就是共用体。"共用体"与"结构体"有相似之处，但两者有本质上的不同。在结构体中，各成员有各自的内存空间，一个结构体变量所占内存空间的总长度是各成员所占内存空间长度之和；而在"共用体"中，各成员共享一段内存空间，一个共用体变量的长度等于其各成员中最长的长度。应该说明的是，这里所谓的共享不是指把多个成员同时装入一个共用体变量内，而是指该共用体变量可被赋予任一成员值，但每次只能赋一种值，赋入的新值将覆盖旧值。

1. 共用体类型及共用体变量的定义

（1）共用体类型的定义
形式如下：
　　union 共用体名
　　{　　成员 1；
　　　　 成员 2；

......
　　　成员 *n*;
}变量名列表;

每个成员的定义格式:
　　类型说明符　成员名

共用体（或称为联合）的定义形式与结构体的定义形式相似，除关键字不同外（结构体用 struct、共用体用 union），其余部分完全一样。但它们在存储空间上是完全不同的。共用体的各个成员使用同一段内存，而结构体的各个成员都有各自的存储空间。

例如:

```
union data
{   int number;
    char c1[10];
    float f;
};
```

（2）共用体变量的定义

与结构体变量的定义一样，共用体变量的定义也有三种方法：①先定义共用体类型再定义变量；②在定义类型的同时定义变量；③直接定义共用体变量。由于定义形式与结构体的定义形式相似，除关键字不同外，其余部分完全一样，故这里不再介绍。

另外，共用体类型的变量可以是结构体类型的成员，同样，结构体类型的变量也可以是共用体类型的成员。可以定义共用体数组，其定义方法同结构体数组的定义方法相似。

例如:

```
union data w[20];
```

这里定义了一个共用体数组 w，它含有 20 个元素，每一个元素的类型都是 union data 类型。

2．共用体变量的引用

共用体成员的引用格式与结构体成员的引用格式一样，也是通过使用运算符"."和"–>"来引用共用体中的成员。

格式如下：
　　<共用体变量名>.<共用体成员名>
或
　　<指向共用体变量的指针>–><共用体成员名>

7.4.2　枚举类型

枚举类型是 ANSI C 新增加的数据类型。当一个变量只能取给定的几个值时，将这些值一一列举出来，就形成了枚举类型。

1．枚举类型的定义

枚举类型的定义形式为：
　　enum<枚举名>
　　{枚举常量 1，枚举常量 2，…，枚举常量 *n*};

其中，enum 是关键字，<枚举名>同标志符的规定，每一个枚举常量都是用标志符表示的整型常量。

该语句定义了一个名为"枚举名"的枚举类型，该枚举类型中含有 n 个枚举常量，每个枚举常量均有值。C 语言规定枚举常量的默认值依次等于 0、1、2、…、$n-1$。

例如，定义一个表示星期的枚举类型：

```
enum week_day{Sun,Mon,Tue,Wed,Thu,Fri,Sat};
```

其中，week_day 是枚举名，该枚举常量有 7 个。在默认的情况下，每个枚举常量所表示的整型数值依次为 0、1、2、3、4、5、6。

C 语言规定，在定义枚举类型时，可以给枚举常量赋初值，方法是在的枚举常量的后面加上"=整型常量"。例如，表示三原色的枚举类型：

```
enum color{red=3,yellow=5,blue=8};
```

则枚举常量 red 的值为 3，yellow 的值为 5，blue 的值为 8。

C 语言还规定，在给枚举常量赋初值时，如果给其中任何一个枚举常量赋了初值，则其后的枚举常量将按自然数的规则依次自动赋初值，如：

```
enum week_day{Sun,Mon,Tue=5,Wed,Thu,Fri,Sat};
```

则枚举常量赋初值如下：Sun 值为 0,Mon 值为 1,Tue 值为 5,Wed 值为 6,Thu 值为 7,Fri 值为 8,Sat 值为 9。

2．枚举型变量的定义

当枚举类型定义后，就可以用其定义枚举型变量、数组，定义方法有以下三种。
① 先定义枚举类型，再定义枚举型变量。
② 定义枚举类型的同时定义枚举型变量。
③ 直接定义枚举型变量。

3．枚举型变量的引用

枚举型变量的引用包括给其赋值等操作。
给枚举型变量赋值，格式为：

    枚举型变量=同一枚举类型的枚举常量

例如：

```
enum week_day{Sun,Mon,Tue=5,Wed,Thu,Fri,Sat};
enum week_day day1,day2;
day1=Tue;
day2=Sun;
```

而下面的赋值是错误的：

```
day1=BLACK;          /*因为 day1 枚举变量对应的枚举类型中没有枚举常量 BLACK*/
day2=3;              /*因为 day2 枚举变量对应的枚举类型中没有枚举常量 3*/
```

7.4.3 用 typedef 定义类型

C 语言中除了系统定义的标准类型（如 int、char、long、double 等）和用户自己定义的结构体和共用体等类型之外，还允许用户自己定义类型说明符，即允许用户为数据类型取"别名"。定义格式如下：

Typedef <已定义的类型名> <新的类型名>;

例如：
```
typedef int INTEGER;
typedef float REAL;
```

指定用 INTEGER 代表 int 类型、用 REAL 代表 float 类型，这里可以将 INTEGER 看作与 int 具有同样意义的类型说明符、将 REAL 看做与 float 具有同样意义的类型说明符。在具有上述 typedef 语句的程序中：

用 typedef 定义数组、指针、结构体等类型将带来很大的便利，不仅使程序书写简单，而且使意义更为明确，因而增强了程序的可读性。

例如，typedef char NAME[20];表示 NAME 是字符数组类型，数组长度为 20。可用 NAME 定义变量，如：

```
NAME a1,a2,s1,s2;
```

也可以给结构体类型取别名，例如，下面是定义别名为 DATE 的结构体：

```
typedef struct
{   int year;
    int month;
    int day;
}DATE;/*DATE 是新类型名，而不是结构体变量名*/
```

这样就可以用 DATE 定义如下结构体变量：

DATE birthday,*p;

7.4.4 变量的存储类别

一个 C 语言源程序经编译和连接后，生成可执行程序文件，要执行该程序，系统须为程序分配存储空间，并将程序装入所分配的存储空间内，才能执行该程序。一个程序在内存中占用的存储空间可分为三个部分：程序区、静态存储区和动态存储区。程序区是用来存放可执行程序的程序代码的；静态存储区用来存放静态变量；动态存储区是用于存放动态变量。

变量的定义格式为：

存储类别 类型 变量名表;

在该变量定义中用到了存储类别，事实上变量的存储类别是对变量作用域、存储空间、生存期的规定。在 C 语言中，变量的存储类别分为 4 种：自动（auto）、外部（extern）、静态（static）、寄存器（register）。这 4 种类别说明的变量分别称为自动变量、外部变量、静态变量、寄存器变量。

1. 自动变量

自动变量是最常见的一类变量，自动变量的说明必须在一个函数体的内部进行，函数的形参也是一种自动变量。自动变量的作用域是在所定义的函数中。函数中的局部变量，如果不声明为 static 存储类别，都动态地在动态存储区中分配存储空间。函数中的形参和在函数中定义的变量（包括在复合语句中定义的变量）都属此类，在调用该函数时系统会给它们分配存储空间，在函数调用结束时自动释放这些存储空间。如果一个函数被多次调用，或者复合语句被多次执行，变量的存储空间就分配多次、释放多次。这类局部变量称为自动变量。自动变量用关键字 auto 定义存储类别。

关键字 auto 可以省略，一般地说，在函数内不加说明的变量都属于自动变量，因此：

  auto int a;等价于 int a;

  auto float b;等价于 float b;

  auto char str[100];等价于 char str[100];

由于自动变量具有局部性，所以在两个函数中可以分别使用同名的变量而互不影响。

2. 外部变量

外部变量是在函数外定义的，即全局变量，形式如下：

  类型说明符 变量名；

所谓"外部"，是相对于函数"内部"而言的，C语言的外部变量就是定义在所有函数之外的全局变量。它可以被所有函数访问，在所有函数体的内部都是有效的，所以函数之间可以通过外部变量直接传递数据。它的作用域是从变量定义处开始的，到本程序文件的末尾。如果在该程序的其他文件中对这个外部变量进行了声明，则外部变量的作用域可以延伸到这个文件。

程序中的外部变量在编译阶段分配存储空间，在程序执行过程中不会被释放，所以，外部变量的存储空间是固定的，生存期是全程的。未被赋初值的外部整型变量，系统默认初值为 0；未赋初值的外部字符型变量，系统默认初值为空字符。

如果外部变量不在文件的开头定义，其有效的作用范围只限于从定义处到文件结束。如果在定义点之前的函数中引用该外部变量，则应该在引用之前用关键字 extern 对该变量进行外部变量声明，表示该变量是一个已经定义的外部变量。这些声明可以放在引用的函数体内，也可以放在函数的外面。如果在函数体内声明，外部变量在函数体内合法；如果在函数外声明，就可以从声明处起合法地使用该外部变量。

3. 静态变量

静态变量存放在内存中的静态存储区。编译系统为其分配固定的存储空间，重复使用时，变量的值保留。

静态变量定义的形式为：

  static 类型说明符变量名；

静态变量有两种：一种是静态全局变量；另一种是静态局部变量。静态变量的赋初值工作是在编译时完成的，在程序运行期间不再执行，即调用该函数时不再执行赋初值操作。未被赋初值的静态整型变量，系统默认初值为 0；未赋初值的静态字符型变量，系统默认初值为空字符。

（1）静态全局变量

静态全局变量的定义位置与外部变量一样，都在函数体的外面。相似的地方还有，它们都是公用的全局变量，但作用域仅仅是在定义它的那个文件中，其他文件即便采用 extern 声明，也是不可见的。这种定义方式可以使变量成为局部范围内的全局变量，这样就可以避免全局变量产生的副作用。简单地讲，静态全局变量仅仅作用于定义它的一个文件，而外部变量作用于整个程序。

（2）静态局部变量

定义在函数体中的静态变量就是静态局部变量。它的作用域同自动变量相同，但是它的生存期与全局变量相同，即在整个程序运行过程一直存在，也就是静态局部变量的值在该函数的两次调用之间是一直保存的，且对静态局部变量的初始化是在编译时完成的。

4．寄存器变量

前面介绍的几种类型的变量，都保存在内存中，在程序运行时，根据需要对内存中相应的存储单元进行操作，如果一个变量在程序中频繁使用，如循环控制变量，系统就必须多次访问内存中的该单元，访问内存速度的快慢将直接影响程序的执行效率。因此，在 C 语言中还可以定义另一种变量，它不保存在内存中，而是直接存储在 CPU 的寄存器中，这种变量称为寄存器变量。

寄存器变量的定义形式为：

register 类型说明符变量名；

注意：

① 不同类型的计算机，寄存器的数目是不一样的，通常为 2~3 个，对于在一个函数中定义的多于 2~3 个的寄存器变量，C 语言编译程序会自动将寄存器变量变为自动变量。

② 由于受硬件寄存器长度的限制，寄存器变量只能是 char 型、int 型或指针型。寄存器说明符只能用于说明函数中的变量和函数中的形参，因此不允许将外部变量或静态变量说明为"register"。

③ 由于寄存器变量不在内存中、没有地址，所以不能对它进行取地址运算。

7.4.5 变量的生存期

在讨论函数的形参变量时曾经提到，形参变量只在被调用期间才分配内存单元，调用结束立即释放。这一点表明形参变量只有在函数内才是有效的，离开该函数就不能再使用了。这种变量有效性的范围称变量的作用域。C 语言中所有的变量都有自己的作用域。变量定义的方式不同，其作用域也不同。C 语言中的变量，按作用域范围可分为两种：局部变量和全局变量。

变量的生存期是指从计算机为其分配存储空间到收回变量的存储空间为止（有时称为释放）这段时期。在生存期内，变量有对应的存储空间，变量可用；生存期外，变量没有对应的存储空间，变量不可用。计算机系统将变量的存储空间分为两个区域：静态存储区和动态存储区。存储空间分配在静态存储区的变量称为静态变量，存储空间分配在动态存储区的变量称为动态变量。

1．静态变量

变量存储在内存中的静态存储区，编译时就分配了存储空间，在整个程序运行期间，该变量占有固定的存储空间，变量的值始终存在，程序结束后，这部分空间才被释放。这类变量的生存期为整个程序。

2．动态变量

变量存储在内存中的动态存储区，在程序运行过程中，当变量所在函数被调用时，编译系统临时为该变量分配一段内存空间，变量有值，函数调用结束，变量值消失，变量所占的空间释放，这类变量的生存期为函数调用期间。

7.4.6 变量的作用域

变量的作用域就是变量的有效范围，也称可见性。变量的作用域由变量定义语句在程序中出现的位置决定，并据此划分为全局变量和局部变量。

1. 局部变量

在函数体内或复合语句内定义的变量称为局部变量。局部变量的作用域是定义该变量的函数体内或复合语句内。注意，函数的形参也属于局部变量。

在编译源程序时，系统不会为局部变量分配内存单元，在程序的运行中，当调用函数时，该函数中的局部变量才分配存储空间，调用结束，局部变量的存储空间被释放。

2. 全局变量

在所有函数之外定义的变量称为全局变量。全局变量的作用域是从定义变量处开始到程序结束这一段区域。系统在静态区为全局变量分配固定的内存空间，在程序运行的整个过程都占用固定空间。如果想在定义之前使用该全局变量，可以用 extern 加以说明，进而扩大全局变量的作用域。

使用全局变量与局部变量，应注意以下几点：
① 同一程序文件中的全局变量名不能同名；
② 不同函数内的局部变量可以重名，互不影响；
③ 全局变量与局部变量可以同名，在局部变量起作用的范围内，全局变量不起作用；
④ 全局变量的初始化只能有一次，即在对全局变量定义的时候，生存期是程序运行的全的过程。如果程序中没有对全局变量初始化，系统自动默认初始化。

为了更好地理解变量作用域和存储类别，对变量的存储类别和作用域进行了总结，如表 7.1 和表 7.2 所示。

表 7.1 从局部变量和全局变量分析

变量类别	子类别	作用域	生存期
局部变量	静态局部变量	只在本函数或复合语句中可见	全程（离开函数，变量值仍保留）
	自动变量		进入生存期开始
	寄存器变量		离开生存期结束
全局变量	静态变量	只能在程序的本文件中可见	全程
	非静态变量	允许在程序的其他文件中引用	全程

表 7.2 从静态存储变量和动态存储变量分析

变量类别	子类别	作用域	生存期
静态存储变量（静态区分配）	静态局部变量	只在本函数或复合语句中可见	全程
	静态全局变量	只在程序的本文件中可见	
	非静态全局变量（外部变量）	允许其他文件引用	
动态存储变量（动态区分配）	自动变量	只在本函数或复合语句中可见	进入生存期开始
	寄存器变量		离开生存期结束
	形式参数		

7.4.7 函数的递归调用

递归是一种常用的程序设计技术，C 语言中，允许函数递归调用。递归是在连续执行某一处理过程时，该过程中的某一步要用到它自身的上一步（或上几步）的结果。在一个程序中，若存在程序直接或间接调用自己的现象，就构成了递归。

如果函数 funA 在执行过程又调用函数 funA 自己，则称函数 funA 为直接递归。如果函数 funA 在执行过程中先调用函数 funB，函数 funB 在执行过程中又调用函数 funA，则称函数 funA 为间接递归。程序设计中常用的是直接递归。

一个函数在它的函数体内直接或间接调用其自身称为递归调用，这种函数称为递归函数。在递归调用中，执行递归函数将反复调用其自身，每调用一次就进入新的一层。例如，有函数 f 如下：

```
int f(int x)
{int y;
z=f(y);
return z;}
```

这个函数是一个递归函数。但是运行该函数时将无休止地调用其自身，这当然是不正确的。为了防止递归调用无终止地进行，必须在函数内有终止递归调用的手段。常用的办法是加条件判断，满足某种条件后就不再递归调用，然后逐层返回。

使用递归函数可以使程序简洁、紧凑。通常用递归函数解决的问题应该具备下面的条件：
① 可以递归定义为数学式；
② 有明确的结束递归的条件。

例如，下面的数学式子都可以用递归方法实现。
当 n 为自然数时，阶乘可以定义为：

$$n! = \begin{cases} 1 & 当(n=0) \\ n*(n-1) & 当(n>0) \end{cases}$$

从数学角度来说，令 $f(n)$ 为 $n!$，如果要计算出 $f(n)$ 的值，就必须先算出 $f(n-1)$，而要求 $f(n-1)$ 就必须先求出 $f(n-2)$。这样递推下去直到计算 $f(1)$ 时为止。由于已知 $f(1)$，就可逆向反推，计算出 $f(n)$。

勒让德多项式可以定义为：

$$P_n(x) = \begin{cases} 1 & (n=0) \\ x & (n=1) \\ ((2n-1)xP_{n-1}(x) - P_{n-2}(x))/n & (n>1) \end{cases}$$

斐波拉契级数可以定义为：

$$F(n) = \begin{cases} 1 & (n=0) \\ 1 & (n=1) \\ F(n-1) + F(n-2) & (n>1) \end{cases}$$

根据结束递归的条件和递归定义式就可以编写出递归函数。由于递归函数是自己反复调用自己，这种调用应该是有限次的，通常采用 if 语句加以控制。

7.4.8 函数指针

在 C 语言中，一个函数总是占用一段连续的内存空间，而函数名就是该函数所占内存区的首地址，该首地址就是一个指向函数的指针，简称函数指针。

利用函数指针实现多态是很多系统软件常用的方法。例如，在操作系统中为了能够支持不同硬件设备的统一管理，往往会定义一个内部的数据结构，这个结构中定义了具体的硬件操作函数的函数指针，针对不同的硬件设备，这些函数指针指向不同的操作函数。当上层软件需要访问某个设备时，操作系统将根据这个数据结构调用不同的操作函数，这就使得虽然底层的操作函数各不相同，但是上层的软件可以统一。

同指向数据的指针一样，指向函数的指针也有常量与变量之分，函数指针常量就是在程序中已定义的函数名，而函数指针变量则需要通过定义语句定义之后才能使用。

1. 函数指针变量定义

函数指针变量定义的格式如下：

  类型标志符（*标志符）（形参列表）；

类型标志符说明函数指针变量所指函数的返回值类型，标志符则为变量名。注意：定义函数指针变量时不能写为 int *fun();，因为这是一种函数说明的形式，表示 fun 是返回值为指针类型的函数。

定义一个函数指针后，并不意味着它马上就可以使用。和其他指针一样，使用函数指针前必须让它指向某个函数。

例如：

```
int(*fun)();
int max(),min();
…
fun=max;
…
fun=min;
```

该例中，第一条语句是对函数指针变量 fun 的定义，而第二条语句是对 max 和 min 两个函数的说明。fun 是函数指针变量，可以为它赋值，例如，在程序中将 max 和 min 分别赋给 fun；而 max、min 是两个函数指针常量，只能引用不能赋值（这里的引用即为函数调用）。

2. 函数指针变量的使用

通过函数指针变量调用函数的语法格式为：

  （*函数指针变量名）（实参列表）；

例如，上述函数指针变量定义介绍的例子中对 fun 变量所指函数的调用格式为：

```
(*fun)(a,b);
```

这里，假定 max、min 函数有两个形式参数，在实际应用中通过函数指针变量调用函数时，所传入的参数个数及类型要和它所指向的函数的参数个数及类型完全符合。

另外一点需要说明的是，将程序中已定义过的函数名作为常量传给某一函数指针变量时，该函数必须在这个赋值操作之前已经被定义过，否则就必须经过说明后方能执行该操作。

7.4.9 编译预处理

编译预处理是指对 C 语言源程序中的预处理命令进行的处理。即当对一个源程序文件进行编译时，系统首先自动引用预处理程序对源程序中的预处理命令按其功能修改源程序，使源程序中不再包含预处理命令。

C 语言预处理的执行过程如图 7.5 所示。

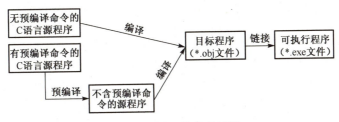

图 7.5 预处理的执行过程

预处理命令有以下两个特点：

① 预处理命令是一种特殊的命令，而不是语句，为了区别一般的语句，必须以"#"开头，结尾不加分号；

② 预处理命令可以放在源程序中的任何位置，其有效范围是从定义位置开始到文件结束。

C 语言提供的预处理命令有宏替换、文件包含和条件编译三类。

1. 宏替换

在 C 语言中，宏替换可以用来替换源程序中的字符串。宏替换有两类：简单的字符替换和带参数的宏替换。

宏与函数相比有一个明显的优势，即它比函数效率更高（并且更快），因为宏可以直接在源代码中展开，而调用函数还需要额外的开销。但是，宏一般比较小，无法处理大的、复杂的代码结构，而函数可以。此外，宏需要逐行展开，因此宏每出现一次，宏的代码就要复制一次，这样，程序就会变大，而使用函数不会使程序变大。

一般来说，应该用宏去替换小的、可重复的代码段，这样可以使程序运行速度更快；当任务比较复杂，需要多行代码才能实现时，或者要求程序越小越好时，就应该使用函数。

（1）简单字符替换

宏命令格式如下：

   #define 宏名 宏体

其中，宏名是用户按标志符规则定义的标识名，通常为大写，以区别 C 语言中的变量；宏体是任意的字符串。

在源程序进行编译之前，C 语言编译系统先调用预处理程序对该源程序中的宏定义进行检查，每发现一个宏名，就用相应的宏体（字符串）替换，只有在完成了这个过程之后，才将源程序交给编译程序进行编译。

使用宏替换应注意以下问题。

① 宏名的前后应有空格，以便准确辨认宏名。

② 宏替换仅仅是符号替换，不是赋值语句，其后不要加分号（;），替换时也不做语法检查。

例如，若定义了如下宏：

```
#define N 15;
```

同时程序里有语句：

```
Int a[N];
```

替换后语句变成：

```
Int a[15;];
```

显然出现错误。

③ 为了与程序中的其他标志符相区别，宏名通常用大写字母。

④ 双引号中出现的宏名不替换。

例如，有如下程序段：

```
#define PI 3.14159
printf("PI=%f",PI);
```

预处理后结果为：

```
printf("PI=%f",3.14159)
```

双引号中的 PI 没有进行替换。

⑤ 如果提前结束宏名的使用，程序中可以使用#undef预处理命令。

例如：

```
#include <stdio.h>
#define M 5          /*定义宏名M为5*/
main()
{    s=M*M;          /*此处宏引用是正确的*/
     ...
     #undef M
     s=M+M;          /*此处宏引用是错误的，M无定义*/
     ...
}
```

M 的作用范围是：从定义行#define M 5 开始，到#undef M 行处结束。

⑥ 使用宏定义可以嵌套，即后定义的宏体中可以使用先定义的宏名。

例如，有如下程序段：

```
#define PI 3.14159
#define S PI*r*r           /*此 PI 就是使用上面定义的宏*/
……
printf("S=%f\n",S);
```

预处理后的结果为：

```
printf("S=%f\n",3.14159*r*r);
```

⑦ 可用宏定义表示数据类型，使书写方便。

例如，有如下程序段：

```
#define STU structstu
```

在程序中可用 STU 作为变量说明符，如 STU body[5],*p;。

又如：

```
#define INTEGER int
```

在程序中即可用 INTEGER 作为整型变量说明符，如 INTEGER a,b;。

应注意用宏定义表示数据类型和用 typedef 定义数据类型说明符的区别。

宏定义只是简单的字符串代换，是在预处理中完成的，而 typedef 是在编译时处理的，它不是进行简单的代换，而是为类型说明符再定义一个新名。被新命名的标志符名具有与类型说明符相同的功能。

分析下面的例子：

```
#define PIN1 int*
Typedef int *PIN2;
```

从形式上看这两者相似，在实际应用中却不相同。

下面用 PIN1、PIN2 说明变量时就可以看出它们的区别：

PIN1a,b;在宏代换后变成 int *a,b;，表示 a 是整型指针变量，而 b 是整型变量。

而 PIN2a,b;表示 a 与 b 都是整型指针变量。因为 PIN2 是一个类型说明符。由这个例子可见，宏定义虽然也可表示数据类型，但毕竟是进行字符代换，在程序中要谨慎使用，避免出错。

⑧ 对"输出格式字符串"做宏定义，可以减轻书写上的负担。

（2）带参的宏替换

带参的宏替换的命令格式：

#define 宏名（形参表）宏体

其中，宏名是用户按标志符规则定义的标识名；形参表是用逗号分隔的若干个形式参数，每个参数为一个标志符。宏体是含有形参表中形参的一串字符。

其功能是，预处理程序进行宏替换时，先用实参替换"宏体"中的形参，然后用替换参数后的"宏体"替换程序中的"宏名（实参表）"。

例如：

```
#define M(x,y) x*y
c=M(2,3); /*使用带参宏名*/
```

替换过程：先用实参（2,3）替换宏体 x*y 中的 x 和 y，得到新宏体 2*3；再用 2*3 替换 M(2,3)，得到 c=2*3;语句。

2．文件包含

文件包含命令的功能是把指定的文件插入该命令行位置以取代该命令行，从而把指定的文件和当前的源程序文件连成一个新的源程序文件。

（1）文件包含命令格式

文件包含命令格式为：

#include "文件名"

或　　**#include <文件名>**

其作用是用指定文件的内容替换该命令行。

若用双引号把文件名括起来，系统首先在当前工作目录下查找指定的文件，如果找不到，再在系统指定的包含目录中查找；若用尖括号把文件名括起来，则系统直接在系统指定的包含目录中查找,而不在当前工作目录中查找。如果包含的文件是系统提供的,一般使用尖括号,否则要使用双引号。

(2) 使用包含命令应注意的问题

① #include 命令写在源程序的开头,所以一般把包含文件又称"头文件",头文件后缀名一般为"h"。C语言提供了许多标准库函数和与之相对应的头文件,当需要使用某个函数时,应把该函数所在的函数库所对应的头文件包含进来,然后才能调用该函数;否则会出错。对个别库函数,如 printf()、scanf()等,头文件的包含可省略。

② 可以使用#include 命令包含用户建立的文件。一个#include 命令只能包含一个文件。若有多个文件要包含,则需用多个 include 命令。

③ 被包含的文件必须是文本文件,不能是可执行程序文件或目标程序文件。

④ 文件包含也可以嵌套,例如,文件 file.c 中包含文件 file1.c,而文件 file1.c 中还可以包含文件 file2.c。即有如下文件包含:

文件名 File.c	文件名 File1.c	文件名 File2.c
(内容为) #include "file1.c" A	(内容为) #include "file2.c" B	(内容为) C

预处理之后的结果为:

文件名 File.c
(内容为) C B A

【例 7.8】 数学函数头文件应用。

程序如下:

```
#include<stdio.h>
#include<math.h>
main()
{   floatx,y;
    x=4.0;
    y=sqrt(x);
    printf("y=%f\n",y);
}
```

运行结果:

    y=2.000000

如果程序中没有#include<math.h>,就会出现错误,因为数学函数 sqrt()是在系统提供的 math.h 文件中定义的。

3. 条件编译

条件编译是指编译程序根据条件编译命令设定的条件有选择地对源程序进行部分编译。条件编译有三种命令形式,作用基本相同。

(1) #if 命令形式

#if 命令形式为:

#if 常量表达式 1
　　程序段 1
#elif 常量表达式 2
　　程序段 2
#else
　　程序段 3
#endif

当常量表达式 1 为真（非 0）时，编译程序段 1；否则当常量表达式 2 为真时，编译程序段 2；否则编译程序段 3。其中，#elif 和#else 可以省略，也可以用#elif 继续嵌套。

【例 7.9】 根据宏 R 的设定求圆或正方形的面积。

程序如下：

```
#include <stdio.h>
#define R 1            /*求圆的面积，若#defineR0 求正方形的面积*/
main()
{   floatc,r,s;
    printf("inputanumber:");
    scanf("%f",&c);
    #ifR
        r=3.14159*c*c;
        printf("areaofroundis:%f\n",r);
    #else
        s=c*c;
        printf("areaofsquareis:%f\n",s);
    #endif
}
```

（2）#ifdef 命令形式

#ifdef 命令形式为：

#ifdef 标志符
　　程序段 1
#else
　　程序段 2
#endif

如果标志符已被#define 命令定义过，则对程序段 1 进行编译；否则对程序段 2 进行编译。如果没有程序段 2（它为空），格式中的#else 就可以省略，即变为下列格式：

#ifdef 标志符
　　程序段
#endif

【例 7.10】 分析下面程序的结果。

```
#include <stdio.h>
#define NUM ok         /*定义宏 NUM*/
main()
{   struct stu
```

```
    {   int num;
        Char *name;
        Char sex;
        Float score;
    }*pt;
    pt=(structstu*)malloc(sizeof(structstu));
    pt->num=20501;
    pt->name="Wangwei";
    pt->sex='M';
    pt->score=99.5;
    #ifdef NUM              /*条件编译命令*/
    printf("Number=%d\nScore=%f\n",pt->num,pt->score);
    #else
    printf("Name=%s\nSex=%c\n",pt->name,pt->sex);
    #endif
    free(pt);
}
```

由程序可知，编译预处理根据有无宏"NUM"定义，判定输出的内容。若有#define NUM ok 定义，则输出的是学号与成绩；若没有，则输出的是姓名与性别。

(3) #ifndef 命令形式

#ifndef 命令形式为：

#ifndef 标志符

程序段 1

#else

程序段 2

#endif

如果标志符未被#define 命令定义，则对程序段 1 进行编译，否则对程序段 2 进行编译。这与第 2 种形式的功能正好相反，#else 可省略。

【例 7.11】 分析下列程序的运行结果。

```
#include <stdio.h>
#define FLAG
main()
{
    Char str[80]="NorthwestUniversity",s;
    int i=0;
    while((s=str[i])!='\0')
    {   i++;
        #ifndef FLAG
            if(s>='a'&&s<='z')s=s-32;
        #else
            if(s>='A'&&s<='Z')s=s+32;
        #endif
        printf("%c",s);
    }
}
```

该程序的运行结果为：
　　northwestuniversity
若无#define FLAG，则运行结果为：
　　NORTHWESTUNIVERSITY。

7.4.10　工程化程序设计

　　计算机软件（Software）在计算机系统中与硬件相互依存，是包括程序、数据及相关文档的完整集合。软件在开发、生产、维护和使用方面与计算机硬件相比存在明显的差异。随着计算机技术的发展，计算机软件开发和维护过程中所遇到的一系列严重问题，导致了软件开发和维护日益复杂，这种现象称为软件危机。

　　1968年北大西洋公约组织的计算机科学家在联邦德国召开国际会议，讨论软件危机问题，在这次会议上正式提出并使用了"软件工程"这个名词，从此诞生了"软件工程"学科。

　　软件工程是指导计算机软件开发和维护的工程学科，它涉及哲学、计算机科学、工程科学、管理科学、数学和应用领域知识。软件工程通过采用工程的概念、原理、技术和方法来开发与维护软件，把经过时间检验而证明正确的管理技术和当前能够得到的最好的技术方法结合起来。

　　软件工程的核心思想是把软件看做一个工程产品来处理，把需求计划、可行性研究、工程审核、质量监督等工程化概念引入软件生产中。软件工程包括3个要素：方法、工具和过程。方法是完成软件工程项目的技术手段；工具支持软件的开发、管理，文档的生成；过程支持软件开发的各个环节的控制和管理。通过三要素来达到工程项目的3个基本目标：进度、经费和质量。

　　同任何其他事物一样，一个软件产品或软件系统也要经历孕育、产生、成长、成熟、衰亡等阶段，一般称为软件生存周期（软件生命周期），即从软件的产生直到软件消亡的周期。可以把整个软件生存周期划分为若干阶段，使得每个阶段有明确的任务。通常，软件生存周期包括可行性分析、需求分析、系统设计（概要设计和详细设计）、编码、测试、维护等阶段，如图7.6所示。

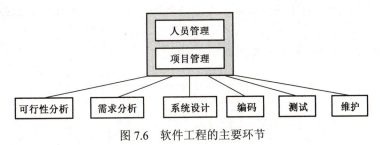

图7.6　软件工程的主要环节

1. 可行性分析

　　可行性分析决定"做还是不做"，是整个项目的第一步，其最根本的任务是对以后的行动方针提出建议。这一步涉及成本、人力资源、环境分析、预计回报等诸多因素。可行性分析不能以偏概全，必须为决策提供有价值的证据。

　　一般地，软件领域的可行性分析主要考虑4个要素：经济、技术、社会环境和人。

　　经济可行性分析主要包括：成本分析和收益分析。成本一般包括开发成本、维护成本。

收益包括短期收益和长远收益。技术可行性是指参与开发人员的技术水平与软、硬件资源能否满足开发要求。技术可行性分析可以简单地表述为：是否能做？能否做得好？是否做得快？社会环境的可行性至少包括两种因素：市场与政策，市场又分为未成熟的市场、成熟的市场和将要消亡的市场。软件开发是复杂的过程，需要各种人员的相互配合，最好是人尽其才。

经过可行性分析，如果问题没有可行的解，分析员应该建议停止开发，以避免时间、资源、人力和金钱的浪费；如果问题值得解，分析员应该推荐一个较好的解决方案，并且为工程制订一个初步的计划。

2. 需求分析

需求分析处于软件开发过程的初期，它对于整个软件开发过程及软件产品质量至关重要。在该阶段，开发人员要准确理解用户的要求，进行细致的调查分析，将用户非形式的需求陈述转化为完整的需求定义，再由需求定义转化到相应的形式功能规约（需求规格说明）。随着软件系统复杂性的提高及规模的扩大，需求分析在软件开发中的地位愈加突出，也愈加困难。

需求分析阶段要完成以下几个主要任务。

（1）问题识别

在功能需求上明确所要开发的软件必须具备的功能；在性能需求上明确所要开发的软件的技术性能指标；在环境需求上明确所要开发软件运行时所需要的软、硬件的要求；在用户界面需求上明确人机交互方式、输入/输出数据格式。

（2）分析与综合，导出软件的逻辑模型

分析人员对获取的需求，进行一致性的分析检查，然后在分析、综合中逐步细化软件功能，划分成各个子功能，以图文结合的形式建立起新系统的逻辑模型。

（3）编写文档

编写"需求规格说明书"，把双方共同的理解与分析结果用规范的方式描述出来，作为今后各项工作的基础。编写初步用户使用手册，着重反映被开发软件的用户功能界面和用户使用的具体要求，用户手册能强制分析人员从用户的角度考虑软件。编写确认测试计划，作为今后确认和验收的依据。修改完善软件开发计划，在需求分析阶段对所要开发的系统有了更进一步的了解，更准确地估计开发成本、进度及资源要求，对原计划中不太合适的部分进行必要的修正。

需求分析在系统开发过程中的作用如图7.7所示。

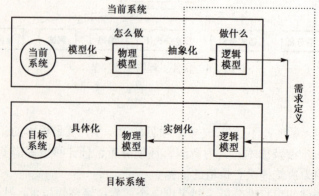

图7.7 需求分析在系统开发过程中的作用

可以看出，需求分析的核心就是借助当前系统的逻辑模型导出目标系统的逻辑模型，解决目标系统"做什么"的问题。

需求分析有多种方法，常见的有面向数据流的结构化分析（SA）方法和面向对象的分析（OOA）方法。下面以 SA 方法为例来说明需求分析。

具体来说，SA 就是用抽象模型的概念，按照软件内部数据传递、变换的关系，自顶向下逐层分解，直到找到满足功能要求的可实现的软件为止。

结构化分析方法使用的工具包括：数据流图、数据词典、判定表与判定树。

数据流图表达了数据处理过程中对数据加工的情况，图7.8所示为数据流图中的主要图形元素，图7.9 为描述银行取款过程的数据流图。

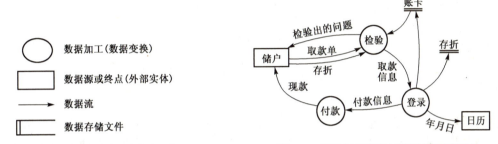

图 7.8　数据流图中的主要图形元素　　　图 7.9　描述银行取款过程的数据流图

数据流图，简称 DFD，是 SA 方法中用于表示系统逻辑模型的一种工具，它以图形的方式描绘数据在系统中的流动和处理过程，由于它只反映系统必须完成的逻辑功能，所以它是一种功能模型。数据字典（DataDictionary，DD）用来定义数据流图中的各个元素的具体含义，它以一种准确的、无二义性的说明方式为系统的分析、设计及维护提供了有关元素的一致的定义和详细的描述。它和数据流图共同构成了系统的逻辑模型，是需求规格说明书的主要组成部分。在数据词典中，需要对数据流图中每一个被命名的图形元素加以定义，其内容有名字、编号、描述、定义等。

判定树是用来表达加工逻辑的一种工具，它比判定表更直观。加工逻辑说明是结构化分析方法的一个组成部分，要对每一个加工进行说明。

3. 概要设计

在软件需求分析阶段，已经搞清楚了软件"做什么"的问题，并把这些需求通过规格说明书进行详细描述，这也是目标系统的逻辑模型。系统分析员审查软件计划、软件需求分析提供的文档，提出候选的最佳推荐方案供专家审定，审定后进行概要设计。

进入概要设计阶段，要把软件的逻辑模型变换为物理模型，即着手实现软件的需求，并将设计的结果反映在"设计规格说明书"中，所以概要设计是一个把软件需求转换为软件表示的过程，这种表示只是描述了软件总的体系结构，所以概要设计也称为结构设计。

概要设计的基本过程如下：

首先研究、分析和审查数据流图。然后从软件的需求规格说明中理清数据流加工的过程，对于发现的问题应及时解决。接下来根据数据流图决定问题的类型，数据处理问题可分为两种：变换型和事务型，针对两种不同的类型分别进行分析处理。最后由数据流图推导出系统的初始结构图，利用一些启发式原则来改进系统的初始结构图，直到得到符合要求的结构图为止。

4. 详细设计

详细设计也叫过程设计或软件算法设计,该阶段不进行程序编码,是编码的先导,为后编码做准备。在这一阶段,主要设计模块的内部实现细节,对用到的算法进行精确的表达,包括以下6项主要任务。

① 为每个模块进行详细的算法设计。用图形、表格、语言等工具将每个模块处理过程的详细算法描述出来。

② 为模块内的数据结构进行设计。对需求分析、概要设计确定的概念性的数据类型进行确切的定义。

③ 对数据结构进行物理设计。确定数据库的物理结构,物理结构主要指数据库的存储记录格式、存储记录安排和存储方法,这些都依赖于具体使用的数据库系统。

④ 其他设计。

⑤ 编写详细的设计说明书。

⑥ 评审。处理过程的算法和数据库的物理结构都要进行评审。

5. 编码

编码阶段的主要任务是使用选定的程序设计语言,把模块的过程性描述翻译为用该语言书写的源程序(源代码)。需注意应根据项目的应用领域选择适当的编程语言、编程的软/硬件环境,同时应该使程序具有良好的程序设计风格。

6. 软件测试

程序编写完成后需要进行测试,软件测试是保证软件质量的关键步骤,是对软件规格说明、设计和编码的最后复审,其工件量约占总工作量40%以上。软件测试的目的是尽可能发现并改正被测试软件中的错误,提高软件的可靠性。软件测试的基本流程如图7.10所示。

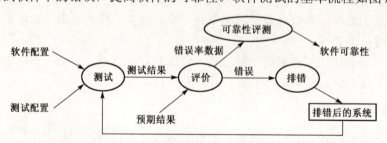

图7.10 软件测试的基本流程

一般来说,测试主要分为两个层次:第一个层次是开发过程中的软件测试;第二个层次是第三方测试,测试与软件开发各阶段的关系如图7.11所示。

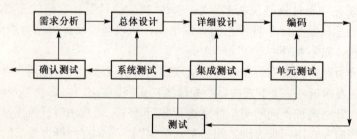

图7.11 测试与软件开发各阶段的关系

(1) 开发过程中的软件测试

开发过程中的软件测试是由软件产品开发方进行的测试，包括单元测试、集成测试、系统测试三个主要环节，其目的主要在于发现软件的缺陷并及时修改。

① 单元测试。单元测试针对编码过程中可能存在的各种错误，如用户输入验证过程中的边界值错误等。

② 集成测试。集成测试主要针对详细设计中可能存在的问题，尤其是检查各单元与其他程序之间的接口上可能存在的错误。

③ 系统测试。系统测试主要针对概要设计，检查系统作为一个整体是否有效地运行，如在产品设置中是否达到了预期的高性能。系统测试是保证软件质量的最后阶段。

(2) 第三方测试

经集成测试和系统测试后，已经按照设计要求把所有模块组装成一个完整的软件系统，接口错误也已经基本排除，接着就要进行第三方测试。第三方测试有别于开发人员或用户进行的测试，其目的是保证测试工作的客观性，主要包括确认测试和验收测试。

① 确认测试

确认测试又称有效性测试，是第三方测试机构根据软件开发商提供的用户手册，对软件进行的质量保证测试。确认测试的任务是验证软件的功能和性能及其他特性是否与用户的要求一致、是否符合国家相关标准法规、系统运行是否安全可靠等。

② 验收测试

验收测试是软件开发结束后，用户对软件产品投入实际应用以前进行的最后一次质量检验活动。它不只是检验软件某个方面的质量，而是要进行全面的质量检验，并且要决定软件是否合格，因此验收测试是一项严格的正式测试活动，需要根据事先制订的计划，进行软件配置评审、功能测试、性能测试等多方面检测。

从测试是否针对系统的内部结构和具体实现算法的角度来看，测试可分为黑盒测试和白盒测试。

● 黑盒测试

黑盒测试也称功能测试或数据驱动测试，它是在已知产品应具有功能的基础上，通过测试来检测每个功能是否都能正常使用。在测试时，把程序看做一个不能打开的黑盆子，在完全不考虑程序内部结构和内部特性的情况下，测试者在程序接口进行测试，它只检查程序功能是否符合需求规格说明书的规定，程序是否能适当地接收输入数据而产生正确的输出信息并保持外部信息（如数据库或文件）的完整性。

黑盒测试是穷举输入测试，不仅要测试所有合法的输入，还要对不合法的可能输入进行测试。黑盒测试主要有等价类划分、边值分析、因果图、错误推测等方法，主要用于软件确认测试。

● 白盒测试

白盒测试也称结构测试或逻辑驱动测试，是指知道产品内部工作过程，通过测试来检测产品内部动作是否按照规格说明书的规定正常进行，按照程序内部的结构测试程序，检验程序中的每条通路是否都能按预定要求正确工作。白盒测试是穷举路径测试。在使用这一方案时，测试者必须检查程序的内部结构，从检查程序的逻辑着手，得出测试数据。

白盒测试的主要方法有逻辑覆盖法、基本路径测试法等，主要用于软件验证。

7. 软件维护

软件维护是在软件已交付使用后，为了改正错误或满足用户新需求而修改软件的过程。要求进行维护的原因多种多样，归结起来有三种类型：

① 改正在特定使用条件下暴露出来的一些潜在程序错误或设计缺陷。

② 因在软件使用过程中数据环境发生变化（如一个事务处理代码发生改变）或处理环境发生变化（如安装了新的硬件或操作系统），需要修改软件以适应这种变化。

③ 用户和数据处理人员在使用时常提出增加新的功能及改善总体性能的要求，为满足这些要求，就需要修改软件，以把这些要求纳入到软件中。

对应于这三类问题需要进行三种维护：纠错性维护、适应性维护和完善性维护。

（1）纠错性维护

软件交付使用后，由于前期的测试不可能发现软件系统中所有潜在的错误，必然会有一部分隐藏的错误被带到运行阶段来。这些隐藏下来的错误在某些特定的使用环境下就会暴露出来。为了识别和纠正软件错误、改正软件性能上的缺陷、排除实施中的误使用，应当进行的诊断和改正错误的过程，就叫做纠错性维护。

（2）适应性维护

随着计算机技术的飞速发展，外部环境（新的硬、软件配置）或数据环境（数据库、数据格式、数据输入/输出方式、数据存储介质）可能发生变化，操作系统和编译系统也不断升级，为了使软件能适应新的环境而引起的程序修改和扩充活动称为适应性维护。

（3）完善性维护

在软件的使用过程中，用户往往会对软件提出新的功能与性能要求。为了满足这些要求，需要修改或再开发软件，以扩充软件功能、增强软件性能、改进加工效率、提高软件的可维护性。这种情况下进行的维护活动叫做完善性维护。

实践经验表明，在这三类维护活动中，各类维护活动所占比例的大致情况为：纠错性维护占 20% 左右，完善性维护占 50% 左右，适应性维护占 25% 左右，其他维护活动占 5% 左右。根据这些统计可以看出，软件维护不仅是改错，大部分维护工作是围绕软件完善性维护展开的。

7.5 应用举例

【例 7.12】 编写一个函数 change，要求它能将一个整数字符串转换成一个整数。如将 "2345" 转换为整数 2345。

分析：按要求，函数接收的初值是一个字符串，返回给调用函数的是一个整数。

字符 '2' 和数字 2 的关系：'2'-48 为 2。字符 '2' 的 ASCII 码值是 50。所以，只要从头到尾取出所有的数字字符就可以得到对应的单个数字：2、3、4、5。

现在要解决的问题是如何将其变为一个数字 2345。可以发现，存在如下关系：2*10+3 等于 23，23*10+4 等于 234，234*10+5 等于 2345。其关系可抽象为 $s=s*10+j$。s 初值为 0，j 分别取 2、3、4、5。

程序如下：

```
#include <stdio.h>
int change(char str[])               /*整数字符串转换成整数函数*/
```

```
{
    int i=0;
    int num=0;
    while(str[i])              /*str[i]和str[i]!='\0'功能等价*/
    {num=num*10+(str[i]-48);i++;}
    return(num);               /*返回转换结果*/
}
void main()
{
    char str[10];
    int number;
    printf("input a digit string:\n");
    scanf("%s",str);           /*输入一整数字符串*/
    number=change(str);        /*调用转换函数*/
    printf("%d",number);       /*输出转换结果*/
}
```

【例 7.13】 编写函数 fun，其功能是从字符串中删除指定的字符。同一字母的大、小写按不同字符处理。例如，若程序执行时，输入字符串为 "this is the c program"。从键盘上再输入字符 't'，则输出后变为 "his is he c program"。如果输入的字符在字符串中并不存在，则字符串照原样输出。

分析：让变量 i 控制流程在字符串中一个字符接一个字符地 "往后走"。在移动过程中，如果 s[i] 不是要删的字符，则将其按顺序放到新串中（新串依旧放在数组 s 中，只是用变量 k 控制新串的下标，由于要删除一些元素，因此新字符串的下标总是比原字符串下标 i 要小）。

程序如下：

```
#include <stdio.h>
int fun(char s[],char c)
{
    int i,k=0;
    for(i=0;s[i];i++)
    if(s[i]!=c)s[k++]=s[i];
    s[k]='\0';
}
void main()
{
    char str[100],ch;
    gets(str);
    scanf("%c",&ch);
    fun(str,ch);
    printf("str[]=%s\n",str);
}
```

【例 7.14】 设有一个教师与学生通用的表格，教师数据有姓名、年龄、职业、教研室四项；学生有姓名、年龄、职业、班级四项。编程输入人员数据，再以表格形式输出。

程序运行情况如下。

如提示：Input name,age,job and department

输入：wangwei 45 t computer↵
再提示：Input name,age,job and department
输入：liuhua 18 s 3↵
程序运行结果：
wangwei 45 t computer
liuhua 18 s 3
程序如下：

```c
#include <stdio.h>
struct
{
    char name[10];
    int age;
    char job;
    union
    {
    int class;
    char office[10];
    }depa;
}body[2];
main()
{
    int n,i;
    for(i=0;i<2;i++)
    {
        printf("Input name,age,job and department\n");
        scanf("%s%d%c",body[i].name,&body[i].age,&body[i].job);
        if(body[i].job=='s')
         scanf("%d",&body[i].depa.class);
        else
         scanf("%s",body[i].depa.office);
    }
    printf("name\t age job class/office\n");
    for(i=0;i<2;i++)
    {
        if(body[i].job=='s')
         printf("%s\t%3d%3c%d\n",body[i].name,body[i].age,body[i].job,
            body[i]. depa.class);
        else
         printf("%s\t%3d%3c%s\n",body[i].name,body[i].age,body[i].job,
            body[i].depa.office);
    }
}
```

在程序中用一个结构体数组 body 来存放人员数据，该结构体共有四个成员。其中成员项 depa 是一个共用体类型，这个共用体又由两个成员组成：一个为整型变量 class；另一个为字符型数组 office。在程序的第一个 for 语句中，先输入结构体的前三个成员 name、age 和 job，然后判别 job 成员项,如果为"s"则对共用体成员 depa.class 输入(对学生赋班级编号);否则对 depa.office 输入(对教师赋教研组名)。

在用 scanf 语句输入时要注意,凡为字符型数组类型的成员,无论是结构体成员还是共用体成员,在该项前不能再加"&"运算符。

【例 7.15】 口袋中有红、黄、蓝、白、黑 5 种颜色的球若干个。每次从口袋中任意取出 3 个球,问得到 3 种不同颜色球的可能取法,输出每种排列的情况。

分析:球的颜色只有 5 种,每一个球的颜色只能是这 5 种之一,因此可以用枚举类型变量来处理。

程序如下:

```
#include <stdio.h>
enum color{red,yellow,blue,white,black};    /*定义枚举类型color*/
void print(enum color x)                    /*输出球的颜色*/
{   switch(x)
    {case red: printf("\tred");break;
    case yellow: printf("\tyellow");break;
    case blue: printf("\tblue");break;
    case white: printf("\twhite");break;
    case black: printf("\tblack");
    }
}
void main()
{
    enum color i,j,k;
    in tn=0;
    for(i=red;i<=black;i++)
    for(j=red;j<=black;j++)
    if(i!=j)                                /*若前两个球的颜色不同*/
    {for(k=red;k<=black;k++)
    if((k!=i)&&(k!=j))                      /*3 个球的颜色都不同*/
    {   n+=1;                               /*使累计值 n 加 1*/
        printf("%d",n);
        print(i); print(j); print(k);
        printf("\n");
        }
        }
    printf("total:%d\n",n);
    }
```

【例 7.16】 理解递归程序。

(1)用递归方法求解 *n*!。

程序如下:

```
#include <stdio.h>
long fac(int n)
{   long f=0;
    if(n==0)
```

```
            f=1;
        else
            f=n*fac(n-1);
        return f;
    }
    void main()
    {   int n;
        long x;
        printf("input a integer number:");
        scanf("%d",&n);
        if(n<0)  printf("n<0,error!");
        else
        {x=fac(n);
        printf("%d!=%20ld",n,x);
        }
    }
```

在程序中，使用 fac 函数求 n 的阶乘，在 fac 函数中使用了 f=n*fac(n−1);的语句形式，该语句中调用了 fac()函数，这是典型的直接递归调用，fac()是递归函数。

在函数的递归调用过程中，并不是重新复制该函数，而是重新使用新的变量和参数。每次递归调用时都要保存旧的参数和变量，使用新的参数和变量，每次递归调用返回时，再恢复旧的参数和变量，并从函数中上次递归调用的地方继续执行。

注意，在编写递归函数时，必须使用 if 语句建立递归的结束条件，使程序能够在满足一定条件时结束递归，逐层返回。如果没有这样的 if 语句，在调用该函数进入递归过程后，就会无休止地执行下去而不会返回，这是编写递归程序时经常发生的错误。在例中，n==0 就是递归的结束条件。

（2）编写求斐波拉契级数前 20 项的函数。

程序如下：

```
#include <stdio.h>
long f(int n)
{
    if(n==0||n==1) return1;
    else
    return f(n-1)+f(n-2);
}
main()
{   int i;
    for(i=0;i<20;i++)
        printf("%ld",f(i));
    printf("\n");
}
```

【例 7.17】 输入两个数的四则运算式，通过函数指针求该运算式的值。
程序如下：

```
#include <stdio.h>
float add(float a,float b)
```

```
{return a+b;}
float minus(float a,float b)
{return a-b;}
float mult(float a,float b)
{return a*b;}
float div(float a,float b)
{return a/b;}
void main()
{
    float m,n,r;
    cha op;
    float (*p)(float,float);
    scanf("%f%c%f",&m,&op,&n);
    switch(op)
    {
    case '+': p=add;break;
    case '-': p=minus;break;
    case '*': p=mult;break;
    case '/': p=div;break;
    default: printf("Error Operation!");
    return;
    }
    r=(*p)(m,n);
    printf("%f",r);
}
```

【例 7.18】 编写一个函数，输入 n 为偶数时，调用函数求 $1/1+1/2+1/4+\cdots+1/n$；当输入 n 为奇数时，调用函数求 $1/1+1/3+\cdots+1/n$。要求利用函数指针。

程序如下：

```
#include <stdio.h>
main()
{
    float peven(),podd(),dcall();
    float sum;
    int n;
    scanf("%d",&n);
    if(n%2==0)
     printf("Even=");sum=dcall(peven,n);
    else
     printf("Odd=");sum=dcall(podd,n);
    }
    printf("%f",sum);
}
float peven(int n)
{
    float s=1;int i;
    for(i=2;i<=n;i+=2) s+=1/(float)i;
```

```
        return(s);
}
floatp odd(int n)
{
    float s=0;int i;
    for(i=1;i<=n;i+=2 )s+=1/(float)i;
    return(s);
}
floatd call(float (*fp)(),int n)
{
    float s;
    s=(*fp)(n);
    return(s);
}
```

在程序中，函数指针作为 dcall 的参数。

【例 7.19】 分析下列程序，理解宏。

(1) 无参宏的使用

```
#include <stdio.h>
#define P printf
#define D "%d\n"
#define F "%f\n"
void main( ){
    int a=5,c=8,e=11;
    float b=3.8,d=9.7,f=21.08;
    P(DF,a,b);
    P(DF,c,d);
    P(DF,e,f);
}
```

在程序中，P、D、F 是定义的三个宏，预处理程序首先将所有宏进行替换，例如，将"P(DF,a,b)"将替换成"printf("%d\n""%f\n",a,b")，预处理后，main 函数的替换结果为：

```
main(){
    int a=5,c=8,e=11;
    float b=3.8,d=9.7,f=21.08;
    printf("%d\n""%f\n",a,b");
    printf("%d\n""%f\n",c,d");
    printf("%d\n""%f\n",e,f");
}
```

由此例可以看到，通过运用宏 P、D、F，使得调用 printf 函数时的书写变得非常简单，避免了许多重复的编写工作。

(2) 有参宏的使用

程序如下：

```
#include <stdio.h>
#define M(x,y)  x>y?x:y
```

```
void main()
{   int a,b,c;
    a=5;b=6;
    c=3*M(a,b);
    printf("c=%d\n",c);
}
```

运行结果:

    c=5

其中宏替换结果为 c=3*5>6?5:6, 而不是 c=3*(5>6?5:6)。

这就说明宏替换是原样替换。在使用带参的宏替换时还需注意: 如果宏的实参使用表达式, 则在宏定义时, 对应的形参应加圆括号。所以, 正确的程序如下:

```
#include <stdio.h>
#define M(x,y)  (x)>(y)?(x):(y)
void main()
{   int a,b,c;
    a=5;b=6;
    c=3*M(a,b);
    printf("c=%d\n",c);
}
```

【例 7.20】 文件包含程序示例。

建立 myfile.c 和 myfile1.c 两个文件, 实现给变量 x、y 赋值, 并输出其结果。通过下面的文件包含过程, 理解文件包含的意义。

① 建立名为 myfile.c 的文件, 定义 N 和 M 的两个宏, 内容如下:

```
#define N 15
#define M 10
```

② 建立名为 myfile1.c 的文件, 把 myfile.c 文件包含进来, 并给 x、y 赋值, 输出结果, 内容如下:

```
#include "myfile.c"           /*包含myfile.c文件到本文件中*/
void main()
{   int x,y;
    x=N;y=M;
    printf("%d,%d",x,y);
}
```

系统进行文件包含命令编译预处理后, 源程序变成如下形式:

```
#define N 15
#define M 10
void main()
{   int x,y;
    x=N;y=M;
    printf("%d,%d",x,y);
}
```

系统对宏定义命令进行编译预处理后,源程序变成如下形式:

```
void main()
{   int x,y;
    x=15;y=10;
    printf("%d,%d",x,y);
}
```

在 VC 中实现程序文件包含的编译连接过程如下:

① 建立一个项目工作区。选择 File→New→Workspaces 菜单命令,弹出"新建(New)"对话框;在对话框中的 Workspace name 文本框内输入项目工作区名(如 wlc);再在 location 文本框内输入存放"项目工作区"的位置,最后按"确定(OK)"按钮。注:如果在已有的项目工作区内建立项目文件,则这一步可以省略。

② 建立一个项目文件。操作方法:选择 File→New→Project 命令,弹出"新建(New)"对话框;在对话框中选 Win32ConsoleApplication 项,之后在 project1 Location 文本框内输入项目文件名(如 lxc806),选中 Add to current workspace 项,最后按"确定(OK)"按钮。

③ 将 myfile1.c 源程序文件建立到新建的 lxc806 项目文件中。

④ 建立 myfile.c 文件并将其存放到 myfile1.c 文件所在的目录(文件夹)中。注意,此文件不能放到新建的 lxc806 项目文件中。

⑤ 编译和连接项目文件,生成可执行程序文件 lxc806.exe。

⑥ 执行可执行文件即可得到运行结果。

【例 7.21】 阅读并理解程序。该程序由两个源程序文件 file1.c 和 file2.c 组成。程序的功能是将 0 到 19 共 20 个十进制数变换成等值的十六进制数输出。程序文件 file1.c 的内容如下:

```
#include <stdio.h>
extern void conhex();
char hexbuf[10];
int x;
void main()
{   int i;
    for(i=0;i<20;i++)
    {   x=i;
        conhex();
        printf("%d:%s\n",x,hexbuf);
    }
}
```

程序文件 file2.c 的内容如下:

```
#include <stdio.h>
extern x;
extern hexbuf[];
void conhex()
{   sprintf(hexbuf,"%04x\n",x);
}
```

注意:sprintf()是标准函数,它在该程序中的具体功能是把 x 的值变换成 4 位十六进制数字字符串,并存入字符数组 hexbuf[]中。

7.6 疑难解析

【例 7.22】 分析程序的输出结果。
（1）理解变量的存储类别

```
main()
{    auto int y=0123;         /*函数 main 中的自动变量 y*/
     void f1(),f2(int);        /*函数声明*/
     f1();f2(y);               /*分别调用函数 f1 和 f2*/
     printf("y=%o\n",y);
}
void f1()
{    int y=321;                /*函数 f1 中的自动变量 y*/
     printf("y=%d\t",y);
}
void f2(y)
int y;                         /*函数 f2 中的形参 y 也是自动变量*/
{    printf("y=%d\t",++y);     /*y 加 1*/
}
```

（2）用 extern 声明外部变量，扩展外部变量的作用域。
程序如下：

```
int max(int x,int y)
{    int z;
     z=x>y?x:y;
     return(z);
}
main()
{    extern a,b;                /*声明外部变量 a,b 在主函数 main 中可见*/
     printf("%d\n",max(a,b));
}
     inta=13,b=-8;              /*定义外部变量 a,b*/
```

说明：
① 在本程序文件的最后一行定义了外部变量 a、b，由于外部变量定义在函数 main()之后，因此在 main()函数中不能引用外部变量 a、b。但现在 main()函数中用 extern 对 a 和 b 进行外部变量声明，就可以从声明处起，合法地使用外部变量 a 和 b。
② 一个 C 语言程序的函数处在几个文件中，在一个文件中定义的外部变量，如果要在其他文件中引用，也必须在这些引用的文件中用关键字 extern 对该变量进行"外部变量声明"。表示该变量是一个已经在其他文件中定义的外部变量。extern 用于声明变量是"外部的"，在程序中并不真正分配存储空间。这些声明可以放在引用的函数体内，也可以放在函数的外面。
（3）理解静态存储类别。

```
#include <stdio.h>
int st(int n)
```

```
    {static int m=5;        /*静态局部变量m*/
    n+=m--;
    return(n);
    }
    void main()
    {int j;
    for(j=1;j<3;j++)
    printf("%d\t",st(j));
    }
```

运行结果:
  66

静态局部变量 m 的初始化语句 static int m=5;是在编译时完成的,main( )函数调用时不再执行。第一次调用 st 函数时,执行语句 n+=m--后,n 值为 1+5(等于 6),而 m 值变为 5-1(等于 4);第二次调用 st 函数时,执行语句 n+=m--后,n 值为 2+4(等于 6),m 值为 4-1(等于 3)。

【例 7.23】 分析程序中每个变量的作用域,写出运行结果。
程序如下:

```
#include <stdio.h>
void f()
{   int x=3,y=5;              /*定义f函数中的局部变量x, y, x为外层局部变量*/
    {int x=2;                 /*定义复合语句中的局部变量x,它是内层局部变量*/
    printf("*x=%d\n",x);
    printf("*x+y=%d\n",x+y);  /*x是复合语句中的局部变量,值为2*/
    }
    printf("**x=%d\n",x);
}
void main()
{   int x=1;
    printf("1:x=%d\n",x);
    f();
    printf("2:x=%d\n",x);
}
```

程序的运行结果是:
1:x=1   /*输出主函数内的变量 x*/
*x=2   /*输出复合语句中的变量 x*/
*x+y=7 /*输出复合语句中的变量 x 和函数 f 中变量 y 的和*/
**x=3   /*输出 f 中的变量 x*/
2:x=1   /*输出主函数内的变量 x*/
注意:
① 主函数中定义的变量 x,作用域是主函数内部,在被调函数 f 中不可见;
② f 函数中定义的变量 x、y,作用域是 f 函数内部;
③ 复合语句中定义的变量 x,作用域是复合语句内部;在 f 函数中定义的变量 x 和 y,作用域也包含复合语句,这样在复合语句中就有两个 x,这是不允许的,C 语言规定,当外层变量名和内层局部变量名同名时,外层变量在内层失效。

【例 7.24】 通过程序示例分析一个函数可以有多少个参数?

一个函数的参数的数目没有明确的限制,但是参数过多显然是一种不可取的编程风格。参数的数目直接影响调用函数的速度,参数越多,调用函数就越慢。另一方面,参数的数目少,程序就显得精练简洁,并有助于检查和发现程序中的错误。因此,通常应该尽可能减少参数的数目。

假如一个函数不得不使用很多参数,你可以定义一个结构体来容纳这些参数,这是一种非常好的解决方法。本例中,函数 print_report()需要使用 10 个参数,然而在它的说明中并没有列出这些参数,而是通过一个 RPT_PARMS 结构得到这些参数。

```c
#include <stdio.h>
typedef struct
{
    int orientation;
    char rpt_name[25];
    char rpt_path[40];
    int destination;
    char output_file[25];
    int starting_page;
    int ending_page;
    char db_name[25];
    char db_path[40];
    int draft_quality;
}RPT_PARMS;
void main(void);
int print_report(RPT_PARMS *);
void main(void)
{
    RPT_PARMS rpt_parm;
    rpt_parm.orientation=ORIENT_LANDSCAPE;
    rpt_parm.rpt_name="QSALES.RPT";
    rpt_parm.rpt_path="Ci\REPORTS"
    rpt_parm.destination==DEST_FILE;
    rpt_parm.output_file="QSALES.TXT";
    rpt_parm.starting_page=1;
    rpt_pann.ending_page=RPT_END;
    rpt_pann.db_name="SALES.DB";
    rpt_parm.db_path="Ci\DATA";
    rpt_pann.draft_quality=TRUE;
    ret_code=print_report(&rpt_parm);
}
int print_report(RPT_PARMS *p)
{
int rc;
……
return rc;
}
```

本例唯一的不足是编译程序无法检查引用 print_report()函数时 RPT_PARMS 结构的 10 个成员是否符合要求。

【例 7.25】 阅读程序理解内部函数。

内部函数是用 static 说明的作用域只限于说明它的源文件的函数。作用域指的是函数或变量的可见性。假如一个函数或变量在说明它的源文件以外也是可见的，那么就称它具有全局或外部作用域；假如一个函数或变量只在说明它的源文件中是可见的，那么就称它具有局部或内部作用域。

内部函数只能在说明它的源文件中使用。假如你知道或希望一个函数不会在说明它的源文件以外被使用，你就应该将它说明为内部函数，这是一种好的编程习惯，因为这样可以避免与其他源文件中可能出现的同名函数发生冲突。

```
#include <stdio.h>
int open_customer_table(void); /*global function,callable for many module*/
static int open_customer_indexes(void); /*local function,used only in this module*/
int open_customer_table(void)
{
int ret_code;
……
if(ret_code==OK)
  ret_code=open_customer_indexes();
returnret_code;
}
static int open_customer_indexes(void)
{
intret_code;
……
returnret_code;
}
```

在例中，函数 open_customer_table()是一个外部函数，它可以被任何模块调用，而函数 open_customer_indexes()是一个内部函数，它不能被其他模块调用。之所以这样说明这两个函数，是因为函数 open_customer_indexes()只需被函数 open_customer_table()调用。

【例 7.26】 阅读程序理解数组作函数参数。

把数组作为参数时，有值传递和地址传递两种方式。

（1）值传递方式

在值传递方式中，在说明和定义函数时，要在数组参数的尾部加上一对方括号[]，调用函数时只需将数组的地址（即数组名）传递给函数。例如，在下例中数组 x[]是通过值传递方式传递给 byval_func()函数的：

```
#includ e<stdio.h>
void byval_func(int []);
void main(void);
void main(void)
{
```

```
    int x[10];
    int y;
    for(y=0;y<10;y++)
    x[y]=y;
    byval_func(x);
}
void byval_func(int x[])
{
    int y;
    for(y=0;y<10;y++)
    printf("%d\n",x[y]);
}
```

在本例中，定义了一个名为 x 的数组，并对它的 10 个元素赋了初值。函数 byval_func() 的说明如下：

  int byval_func(int []);

参数 int []告诉编译程序 byval_func()函数只有一个参数，即一个由 int 类型值组成的数组。在调用 byval_func()函数时，只需将数组的地址传递给该函数，即：

  byval_func(x);

在值传递方式中，数组 x 将被复制一份，复制所得的数组将被存放在栈中，然后由 byval_func()函数接收并打印出来。由于传递给 byal_func()函数的是初始数组的一份复本，因此在 byval_func()函数内部修改传递过来的数组对初始数组没有任何影响。

值传递方式的开销非常大，其原因主要有：

① 需要完整地复制初始数组并将这份复本存放到栈中，这将耗费相当可观的运行时间，因而值传递方式的效率比较低；

② 初始数组的复本需要占用额外的内存空间（栈中的内存）；

③ 编译程序需要专门产生一部分用来复制初始数组的代码，这将使程序变大。

（2）地址传递方式

地址传递方式克服了值传递方式的缺点。在地址传递方式中，传递给函数的是指向初始数组的指针，不用复制初始数组，因此程序变得精练和高效，并且也节省了栈中的内存空间。在地址传递方式中，只需在函数原型中将函数的参数说明为指向数组元素数据类型的一个指针。

```
#include <stdio.h>
void conat_func(const int *);
void main(void);
void main(void)
{
    int x[10];
    int y;
    for(y=0;y<10;y++)
    x[y]=y;
    conat_func(x);
}
void conat_func(conat int *p)
{
```

```
        int y;
        for(y=0;y<10;y++)
        printf(""%d\n",*(p+y));
}
```

在例中,同样定义了一个名为 x 的数组,并对它的 10 个元素赋了初始值。函数 const_func() 的说明如下:

  int const_func(const int *);

参数 const int·*告诉编译程序 const_func()函数只有一个参数,即指向一个 int 类型常量的指针。在调用 const_func()函数时,同样只需将数组的地址传递给该函数,即:

  const_func(x);

在地址传递方式中,没有复制初始数组并将其复本存放在栈中,const_func()函数只接收到指向一个 int 类型常量的指针,因此在编写程序时要保证传递给 const_func()函数的是指向一个由 int 类型值组成的数组的指针。const 修饰符的作用是防止 const_func()函数意外地修改初始数组中的某一个元素。

地址传递方式唯一的不足之处是必须由程序本身来保证将一个数组传递给函数作为参数。然而,地址传递方式速度快,效率高,因此,在对运行速度要求比较高时,应该采用这种方式。

【例 7.27】 正确地使用宏。

宏是一种预处理指令,它提供了一种机制,可以用来替换源代码中的字符串,宏是用"#define"语句定义的,下面是一个宏定义的例子:

```
#define VERSION_STAMP "1.02"
```

例中所定义的这种形式的宏通常被称为标识符。标识符 VERSION_STAMP 即代表字符串"1.02"。在编译预处理时,源代码中的每个 VERSION_STAMP 标识符都将被字符串"1.02"替换掉。

以下是另一个宏定义的例子:

```
#define CUBE(x) ((x)*(x)*(x))
```

例中定义了一个名为 CUBE 的宏,它有一个参数 x。

CUBE 宏有自己的宏体,即((x)*(x)*(x))——在编译预处理时,源代码中的每个 CUBE(x) 宏都将被((x)*(x)*(x))替换掉。

(1)使用宏有以下几点好处:

① 在输入源代码时,可省去许多输入操作。

② 宏只需定义一次,但可多次使用,所以使用宏能增强程序的易读性和可靠性。

③ 使用宏不需要额外的开销,因为宏所代表的代码只在宏出现的地方展开,因此不会引起程序中的跳转。

④ 宏的参数对类型不敏感,因此不必考虑将何种数据类型传递给宏。

注意:在宏名和括起参数的括号之间绝对不能有空格。此外,为了避免在翻译宏时产生歧义,宏体应该用括号括起来。

例如,下例中定义 CUBE 宏是不正确的:

```
#defne CUBE(x)  x*x*x
```

对传递给宏的参数也要小心,一种常见的错误就是将自增变量传递给宏。例如:

```
#include<stdio.h>
#include CUBE(x) (x*x*x)
void main(void)
{
    int x,y;
    x=5;
    y=CUBE(++x);
    printf('y is%d\n" y);
}
```

在例中，y 既不等于 125，也不等于 336(6*7*8)，而是等于 512。

因为变量 x 被作为参数传递给宏时进行了自增运算，所以例中的 CUBE 宏实际上是按以下形式展开的：

   y=((++x)*(++x)*(++x));

这样，每次引用 x 时，x 都要自增，由于 x 被引用了 3 次，而且又使用了自增运算符，因此，在展开宏的代码时，x 实际上为 8，将得到 8 的立方。

【例 7.28】 理解用#define 和 enum 说明常量的优点。

（1）用#define 说明常量的优点

用#define 指令说明常量，常量只需说明一次，就可多次在程序中使用，而且维护程序时只需修改#define 语句，不必一一修改常量的所有实例。

例如，在程序中要多次使用 PI(约 3.14159)，就可以说明一个常量：

```
#define PI 3.14159
```

假如想提高 PI 的精度，只需修改在#define 语句中定义的 PI 值，而不必在程序中到处修改。通常，最好将#define 语句放在一个头文件中，这样多个模块就可以使用同一个常量。

用#define 指令说明常量的另一个好处是占用的内存最少，因为以这种方式定义的常量将直接进入源代码，不需要再在内存中分配变量空间。

但是，这种方法也有缺点，即大多数调试程序无法检查用#define 说明的常量。

用#define 指令说明的常量可以用#undef 指令取消。假如原来定义的标识符（如 NULL）不符合要求，可以先取消原来的定义，然后重新按自己的要求定义一个标识符。

（2）用 enum 说明常量的优点

与用#define 说明常量（即说明标识符常量）相比，用 enum 说明常量（即说明枚举常量）有以下几点好处：

① 使程序更轻易维护，因为枚举常量是由编译程序自动生成的，而标识符常量必须由程序员手工赋值。例如，可以定义一组枚举常量，作为程序中可能发生的错误的错误号。

```
enum Error_Code
{
    OUT_OF_MEMORY,
    INSUFFICIENT_DISK_SPACE,
    LOGIC_ERROR,
    FILE_NOT_FOUND
};
```

在例中，OUT_OF_MEMORY 等枚举常量依次被编译程序自动赋值为 0，1，2 和 3。

同样，也可以用#define 指令说明类似的一组常量。

```
#define OUT_OF_MEMORY 0
#define INSUFFICIENT_DISK_SPACE 1
#define LOGIC_ERROR 2
#define FILE_NOT_FOUND 3
```

上述两例的结果是相同的。

假设要增加两个新的常量，例如 DRIVE_NOT_READY 和 CORRUPT_FILE。假如常量原来是用 enum 说明的，可以在原来的常量中的任意一个位置插入这两个常量，因为编译程序会自动赋给每一个枚举常量一个唯一的值；假如常量原来是用#define 说明的，就不得不手工为新的常量赋值。因此，用 enum 说明常量使程序更轻易维护，并且能防止给不同的常量赋予相同的值。

② 使程序更易读。

例如，有如下程序：

```
void copy_file(char *source_file_name, char *dest_file_name)
{
    ……
    Error_Code err;
    ……
    if(drive_ready()!=TRUE)
    err=DRIVE_NOT_READY;
    ……
}
```

在例中，赋予 err 的值只能是枚举类型 Error_Code 中的数值。因此，当另一个程序员想修改或增加上例的功能时，他只要检查一下 Error_Code 的定义，就能知道赋给 err 的有效值都有哪些。

注意：将变量定义为枚举类型后，并不能保证赋予该变量的值就是枚举类型中的有效值。因此，程序员自己必须保证程序能实现这一点。

③ 方便程序调试。

因为某些标识符调试程序能打印枚举常量的值，这一点在调试程序时是非常用的。因为假如程序在使用枚举常量的一行语句中停住了，就能马上检查出这个常量的值；反之，绝大多数调试程序无法打印标识符常量的值，因此不得不在头文件中手工检查该常量的值。

【例 7.29】 理解#include <file>和#include "file"的区别。

在 C 程序中包含文件有以下两种方法。

（1）#include <file>方式

这种方法指示预处理程序到预定义的默认路径下寻找文件。预定义的默认路径通常是在 INCLUDE 环境变量中指定的，例如：

```
INCLUDE=C:\COMPILER\INCLUDE; D:\SOURCE\HEADERS;
```

对于 INCLUDE 环境变量，假如用#include <file>语句包含文件，编译程序将首先到 C:\COMPILER\INCLUDE 目录下寻找文件；假如未找到，则到 D:\SOURCE\HEADERS 目录下继续寻找；假如还未找到，则到当前目录下继续寻找。

#include <file>语句一般用来包含标准头文件（例如 stdio.h 或 stdlib.h），因为这些头文件极少被修改，并且它们总是存放在编译程序的标准包含文件目录下。

（2）#include "file"方式

这种方法指示预处理程序先到当前目录下寻找文件，再到预定义的默认路径下寻找文件。

对于上例中的 INCLUDE 环境变量，假如用#include "file"语句包含文件，编译程序将首先到当前目录下寻找文件；假如未找到，则到 C:\COMPILER\INCLUDE 目录下继续寻找；假如还未找到，则到 D:\SOURCE\HEADERS 目录下继续寻找。

#include "file"语句一般用来包含非标准头文件，因为这些头文件一般存放在当前目录下，程序员可以经常修改它们，并且要求编译程序总是使用这些头文件的最新版本。

习　题　7

一、选择题

1. 以下函数调用语句中，含有的实参个数是（　　）。

```
func((x1,x2),x3,x4,x5);
```

　　A. 1　　　　　　B. 2　　　　　　C. 4　　　　　　D. 5

2. C 语言规定，程序中各函数之间（　　）。

　　A. 既允许直接递归调用又允许间接递归调用

　　B. 不允许直接递归调用也不允许间接递归调用

　　C. 允许直接递归调用但不允许间接递归调用

　　D. 不允许直接递归调用但允许间接递归调用

3. C 语言函数进行值传递时，正确的说法是（　　）。

　　A. 实参和与其对应的形参各占用独立的存储单元

　　B. 实参和与其对应的形参占用相同的存储单元

　　C. 只有当实参和与其对应的形参同名时才占用相同存储单元

　　D. 形参是虚拟的，不占用存储单元

4. C 语言规定，简单变量作实参时，它和对应参数之间的数据传递方式是（　　）。

　　A. 地址传递　　　　　　　　　　B. 单向值传递

　　C. 由用户指定传递方式　　　　　D. 由实参传递给形参，再由形参传回给实参

5. C 语言允许函数返回值类型的默认定义，此时该函数值的隐含类型是（　　）。

　　A. float 型　　　B. int 型　　　C. long 型　　　D. double 型

6. C 语言规定，函数返回值的类型由（　　）。

　　A. return 语句中的表达式类型决定

　　B. 调用该函数时的主调函数类型决定

　　C. 调用该函数时系统临时决定

　　D. 在定义该函数时所指定的函数类型决定

7. 以下符合 C 语言规定的描述是（　　）。

　　A. 函数的定义可以嵌套，但函数的调用不可以嵌套

　　B. 函数的定义不可以嵌套，但函数的调用可以嵌套

C. 函数的定义和函数的调用均不可以嵌套

D. 函数的定义和函数的调用均可以嵌套

8. 如果用数组名作为函数调用的实参，传递给形参的是（　　）。

　　A. 数组的首地址　　　　　　　　B. 数组第一个元素的值

　　C. 数组中全部元素的值　　　　　D. 数组元素的个数

9. 以下程序的功能是选出能被 3 整除且至少有一位是 5 的两位数，打印出所有这样的数及其个数。请选择填空（　　）。

```
sub(int k,int n)
{   int a1,a2;
    a2=[   ①   ]; a1=k-[   ②   ];
    if((k%3==0&&a2==5)||(k%3==0&&a1==5))
    {
    printf("%d,",k);n++;
    return n;
    }
    else
    return n-1;
}
main()
{   int n=0,k,m;
    for(k=10;k<=99;k++)
    {
    m=sub(k,n);
    if(m!=-1)n=m;
    }
    printf("\nn=%d",n);
}
```

①A. k*10　　　　B. k%10　　　　C. k/10　　　　D. k*10%10

②A. a2*10　　　B. a2　　　　　　C. a2/10　　　D. a2%10

10. 以下说法中正确的是（　　）。

　　A. main 函数必须书写在函数的开始部分

　　B. C 语言规定，程序总是从 main() 函数开始执行

　　C. C 语言规定，程序总是从第一个定义的函数开始执行

　　D. 在 C 语言程序中，要调用的函数必须在 main() 函数中定义

11. 以下程序的输出结果是（　　）。

```
fun(int a,int b,int c)
{c=a*b;}
main()
{
    int c;
    c=fun(2,3,c);
    printf("%d\n",c);
}
```

A. 0   B. 1   C. 6   D. 5

12. 以下程序的输出结果是（   ）。

```
double f(int n)
{   int i;double s;
    s=1.0;
    for(i=1;i<n;i++) s+=1.0/i;
    return s;
}
main()
{
    int i,m=3;float a=0.0;
    for(i=0;i<m;i++)  a+=f(i);
    printf("%f\n",a);
}
```

A. 5.500000   B. 3.000000   C. 4.000000   D. 8.25

13. 以下程序的输出结果是（   ）。

```
main()
{
    intx=1,y=3;
    printf("%d,",x++);
    {   intx=0;
        x=x+y*2;
        printf("%d,%d,",x,y);
    }
    printf("%d,%d",x,y);
}
```

A. 1,6,3,2,3   B. 1,6,3,1,3   C. 1,6,3,6,3   D. 1,7,3,2,3

14. 语句 "int (*ptr)();" 的含义是（   ）。

A. ptr 是指向一维数组的指针变量

B. ptr 是指向 int 型数据的指针变量

C. ptr 是指向函数的指针，该函数返回一个 int 型数据

D. ptr 是一个函数名，该函数的返回值是指向 int 型数据的指针

15. 若有函数 max(a,b)，并且已使函数指针变量 p 指向函数 max，当调用该函数时，正确的调用方法是（   ）。

A. (*p)max(a,b);   B. *pmax(a,b);   C. (*p)(a,b);   D. *p(a,b);

16. 定义一个结构体变量时，系统分配给它的内存是（   ）。

A. 结构体中第一个成员所需的内存量   B. 结构体中最后一个成员所需的内存量

C. 结构体成员中占内存量最大者所需的内存量   D. 结构体中各成员所需内存量的总和

17. 对 typedef 的叙述中错误的是（   ）。

A. 用 typedef 可以定义各种类型的别名，但不能用来定义变量的别名

B. 用 typedef 可以增加新类型

C. 用 typedef 只是将已存在的类型用一个新的标志符来代表

D. 使用 typedef 有利于程序的通用和移植

18. 根据下面的定义，能输出字符串 "Li" 的语句是（　　）。

```
struct person
 {char name[10]; int age;
 }class[10]={"Zhang",18, "Li",17, "Ma",18, "Huang",18};
```

A. printf("%s\n",class[2].name); B. printf("%s\n",class[2].name[0]);
C. printf("%s\n",class[1].name); D. printf("%s\n",class[1].name[0]);

19. 下面程序的运行结果是（　　）。

```
main( )
{struct cmplx
 {int x;int y;}cm[2]={1,2,3,4};
printf("%d\n",2*cm[0].x+cm[1].y/cm[0].y);}
```

A. 5 B. 2 C. 3 D. 4

20. 下面程序输出结果是（　　）。

```
#include <stdio.h>
struct stu
{   int num;
    char name[10];
    int age;};
void fun(struct stu *p)
{   printf("%s\n",(*p).name); }
main( )
{
    struct stu students[3]={ {9801,"Zhang",20},
    {9802,"Wang",19},
    {9803,"Zhao",18} };
    fun(students+2);}
```

A. Zhang B. Zhao C. Wang D. 18

21. 设有以下定义和语句，则下面对结构体成员的引用不正确的是（　　）。

```
struct student
{int num; int age;};
 struct student stu[3]={{1001,20},{1002,19},{1003,20}};
 main( )
{   struct student *p;
    p=stu;
    ……
}
```

A. (p++)→num B. p++→age C. (*p).num D. p=&stu.age

22. 以下对 C 语言中共用体类型数据的叙述正确的是（　　）。

A. 可以对共用体变量名直接赋值
B. 一个共用体变量中可以同时存放其所有成员

C. 一个共用体变量中不能同时存放其所有成员

D. 共用体类型定义中不能出现结构体类型的成员

23. 设有以下定义和语句，则下面对共用体变量a的引用正确的是（ ）。

```
union data
{int i;
 char c;
 float f;
 }a;
int n;
  ……
```

  A. a=5;   B. a={1,'x',5.0};   C. a.i=10;printf("%d\n",a.c);   D. n=a(5);

24. 以下程序的输出结果是（ ）。

```
main( )
{  int x=4,y=1,z;
   z=fun(x,y);
   printf("%d,",z);
   z=fun(x,y);
   printf("%d\n",z);
}
fun(int a,int b)
   {static int x,c=2;
   c+=x+1;
   x=a+b+c;
   return x;  }
```

  A. 8,8   B. 8,16   C. 8,17   D. 8,20

25. 以下程序的输出结果是（ ）。

```
#include <stdio.h>
#define  F(x)   2.84+x
#define  PR(y)  printf("%d",(int)(y))
#define  PR1(y)  PR(y);putchar('\n')
main( )
{    int a=2;
    PR1(F(5)*a);
}
```

  A. 11   B. 12   C. 13   D. 15

26. 在下列结论中，只有一个是正确的，它是（ ）。

  A. 递归函数中的形式参数是自动变量

  B. 递归函数中的形式参数是外部变量

  C. 递归函数中的形式参数是静态变量

  D. 递归函数中的形式参数可以根据需要自己定义存储类别

27. 下列结论中，只有一个是正确的，它是（ ）。

  A. 在递归函数中使用自动变量要十分小心，因为在递归过程中，不同层次的同名变量在赋值的时候一定会相互影响

B. 在递归函数中使用自动变量要十分小心，因为在递归过程中，不同层次的同名变量在赋值的时候可能会相互影响

C. 在递归函数中使用自动变量不必担心，因为在递归过程中，不同层次的同名变量在赋值的时候肯定不会相互影响

D. 在 C 语言中无法得出上述三个结论之一

28. 以下程序的输出结果是（   ）。

```
#include <stdio.h>
#define M(x,y,z)   x*y+z
main( )
{   int a=1,b=2,c=3;
    printf("%d\n",M(a+b,b+c,c+a));}
```

  A. 19   B. 17   C. 15   D. 12

29. 设有以下宏定义：

```
#define N 3
#define Y(n)  ((N+1)*n)
```

则执行语句 z=2*(N+Y(5+1));后，z 的值为（   ）。

  A. 出错   B. 42   C. 48   D. 54

二、填空题

1. 以下程序的输出结果是_____。

```
fun2(int x,int y)
{   int z;z=x*y%3;
    return z;
}
fun1(int x,int y)
{   int z;
    x+=x; y+=y;
    z=fun2(x,y);
    return z*z;
}
main()
{
    int x=11,y=19;
    printf("%d\n",fun1(x,y));
}
```

2. 下面的程序是求 x 的 y 次方，请填空。

```
double fun(double x,double y)
{   int a;
    double z=1;
    for(a=1;a<=____;a++)
        z=_____;
    return z;
}
```

3. 下面程序的输出结果是_____。

```
fun()
{int x=0;
x+=1;
printf("%d\n",x);
}
main()
{
    fun();
    fun();
}
```

4. 下面程序的输出结果是_____。

```
fun(int x)
{   int y;
    if(x==0||x==1) return(3);
    y=x;
    return y;
}
main()
{   printf("%d\n",fun(9));
}
```

5. 下面程序的输出结果是_____。

```
#include <stdio.h>
void fun(char a[],char b[],int n)
{   in c;
    for(c=0;c<n;c++)
    b[c]=(a[c]-'A'-3+26)%26+'A';
    b[n]='\0';
}
main()
{   char s1[5]="ABCD",s2[5];
    fun(s1,s2,5);
    puts(s2);
}
```

6. 下面程序的输出结果是_____。

```
fun(int n)
{   int m=1;
    do
    {m*=n%10; n/=10;}
    while(n);
    return m;
}
main()
```

```
        {
            int n=26;
            printf("%d\n",fun(n));
        }
```

7. 下面程序结果是_____。

```
    void fun()
    {static int x; /*说明静态局部变量*/
     x+=2;
     printf("%d",x);}
     main()
    {  int y;
       for(y=1;y<=4;y++)
       fun();
       printf("\n");
    }
```

8. 下面程序结果是_____。

```
    main()
    {   increment();
        increment();
        increment();
    }
        increment()
        {   int x=0;/*说明局部变量*/
            x=x+1;
            printf("%d\n",x);
        }
```

9. 凡是函数中没有指定存储类别的局部变量，其隐含的存储类别是_____。

10. 下面的函数 sum (int n)是计算 1~n 的累加和，请将函数补充完整。

```
    sum(int n)
    {   if(n<=0)
        printf("data error\n");
        if (n==1)_____;
        else _____ ;
    }
```

11. 以下程序的功能是计算学生的年龄。已知第一位最小的学生年龄为 10 岁，其余学生的年龄依次大 2 岁，求第 5 个学生的年龄，请将程序补充完整。

```
    #include <stdio.h>
    age(int n)
    {   int c;
        if(n==1)  c=10;
        else c=_____;
        return(c);
    }
```

```
main( )
{   int n=5;
    printf("age: %d\n",_____);}
```

12. 用递归算法实现将输入小于 32768 的整数按逆序输出。如输入 12345，则输出 54321，请将程序补充完整。

```
#include <stdio.h>
main( )
{   int n;
    printf("Input n : ");
    scanf("%d",_____);
    r(n);
    printf("\n");
}
r( int m )
{   printf("%d",_____);
    m=_____;
    if(_____)
        _____;
}
```

13. 下面函数用递归调用的方法，将 str 中存放的长度为 n 的字符串反转过来，如原来是"ABCDE"，反序为"EDCBA"，请将程序补充完整。

```
void invent(char *str,int n)
{   char t;
    t=*str; *str=*(str+n-1); *(str+n-1)=t;
    if(n>2) invent(_____, n-2);
    else_____;
}
```

14. 下列程序通过 main 函数的参数实现两个字符串的连接，请将程序补充完整。

```
#include <stdio.h>
char *cat(char *s1,char *s2);
main(int argc,char *argv[ ])
{   int i;
    for(i=1;i<argc;i++)
        cat(argv[i],argv[i+1]);
    printf("%s\n",argv[1]);  }
    _____ (char *s1,char *s2)
{char *temp;
    temp=s1;
    while (*s1)
        s1++;
    while (*s2)
    {_____;
    s1++;
    s2++;
```

```
        }
        *s1='\0';
        return temp;
    }
```

假设该程序名为 test.c，按下列方式运行该程序：

    c>test abcd cdef

则程序运行结果为_____。

15. 下面程序的输出结果是_____。

```
#include <stdio.h>
#define MAX_COUNT 4
void fun();
 main()
{  int count;
   for(count=1;count<=MAX_COUNT;count++)
   fun();
}
void fun()
{  static int i;
   i+=2;
   printf("%d",i);
}
```

16. 执行下列程序后，输出结果是_____。

```
#include <stdio.h>
#define SQR1(X)   X*X
#define SQR2(X)   (X)*(X)
void main()
{  int a=b=10,k=2,m=1;
   a/=SQR1(k+m)/SQR1(k+m);
   b/=SQR2(k+m)/SQR2(k+m);
   printf("%d,%d",a,b);
}
```

17. 以下程序中的宏 SWAP(type,a,b)实现将任意同类型的两个数进行交换。程序中调用它交换两个字符型和两个单精度型数据。请填空【1】、【2】、【3】。

```
#define SWAP(type,a,b)  {【1】;t=a;a=b;b=t;}
#include <stdio.h>
main()
{  char ch1='A',ch2='B';
   float f1=1.2,f2=2.3;
   SWAP(【2】,ch1,ch2);
   SWAP(【3】,f1,f2);
    printf("ch1=%c,ch2=%c\n",ch1,ch2);
    printf("f1=%f,f2=%f\n",f1,f2);
}
```

18. 有宏定义如下：

```
#define MIN(x,y) (x)>(y)?(x):(y)
#define T(x,y,r) x*r*y/4
```

则执行以下语句后，s1 的值为 【1】 ，s2 的值为 【2】 。

```
int a=1,b=3,c=5,s1,s2;
s1=MIN(a=b,b-a);
s2=T(a++,a*++b,a+b+c);
```

三、编程题

1. 编写函数，统计输入的字符串中大写字母的个数。

2. 编写函数，求 1!+2!+3!+4!+5!+⋯+n!，n 由键盘输入。

3. 编写函数，将 1～10 顺序赋给一个整型数组，然后从第一个元素开始间隔地输出该数组。

4. 编写函数，完成如下功能：有 n 个人围成一圈，顺序排号。从第一个人开始报数（从 1～3 报数），凡报到 3 的人退出圈子，问最后留下的是原来的第几号。

5. 编写一函数，求一个字符串的长度。要求在 main() 函数中完成输入字符串并输出其长度。

6. 有一字符串，包含 n 个字符。写一函数，将此字符串中从第 m 个字符开始的全部字符复制成另一个字符串。

7. 编一个函数 fun(char*s)，函数的功能是把字符串中的内容逆置。

8. 从键盘输入 20 个整数存于数组中，再从键盘输入另一整数 y。请编写一个函数 fun()，函数的功能是删除数组中所有值为 y 的元素。

9. 在主函数中输入 10 个字符串，用另一函数对它们排序，然后在主函数中输出这 10 个已排好序的字符串。

10. 编一函数 "void fun(int tt[][],int pp[])"，tt 指向一个 M 行 N 列的二维数组，求出二维数组中每列的最小元素，并依次放入 pp 所指的一维数组中，二维数组的元素值已在主函数中赋予。

11. 输入10个学生的有关数据（即学号、姓名、性别、年龄、成绩），分别统计其中的男女生人数，计算平均年龄和平均成绩，最后按成绩由高到低的顺序输出各项数据。

12. 定义一个结构体变量（包括年、月、日），计算该日在本年中是第几天？根据历法，如果年份能被 400 整除，或者不能被 100 整除但能被 4 整除，那么 2 月为闰月。

13. 编写宏定义 M(x)，判断 x 是否为数字，若是，得 1；否则，得 0。

14. 利用条件编译方法实现以下功能：输入一行电报文字，可以任选两个输出：

① 原文输出。

② 将原文变成密文后输出。方法是将字母变成其下一个字母（如将'a'变成'b'，将'b'变成'c'，⋯，将'z'变成'a'），其他字符不变。

利用#define 命令来控制是否译成密文。

第 8 章 数据文件的处理

在前面的程序中，对处理的数据主要是从键盘输入，处理完的结果（数据）也仅仅只能显示在一个窗口中，这些都是暂时性的输入与输出，当应用程序终止时，这些数据就会被释放掉。为了解决此类问题，就必须将数据以文件的形式保存在外存储器中，这就牵涉到对数据文件的操作。为了实现对存储在外部存储器中的大批量数据文件的处理操作，C 语言提供了许多易于对文件进行访问的标准函数，通过这些函数即可完成对数据文件中的数据进行存取访问。

8.1 文件的基本概念

所谓"文件"，一般指存储在外部介质上的有组织的数据集合。每个文件都有一个文件名，通过文件名来访问文件。

数据只有以一种永久性的方式存放起来才能在需要时被方便地访问。存储数据的目的是为了以后能够读取，所以系统允许用户为所分配的存储区域指定名字（文件名），并将数据写到这些区域中。这些存储在存储介质特定区域里的信息的集合就是文件。

8.1.1 C 语言支持的文件格式

在 C 语言中引入了流（stream）的概念。它将数据的输入/输出看作数据的流入和流出，这样，不管是存储器中的文件，还是物理设备（如打印机、显示器、键盘等），都可看成一种流的源和目的，而不管其具体的物理结构，即对它们的操作就是数据的流入和流出。流的引入有利于编程，涉及流的输入输出操作函数可用于各种对象，与具体的实体无关，具有通用性。

在 C 语言中流可分为两大类，即文本流（text stream）和二进制流（binary stream）。所谓文本流，是指在流中流动的数据是以字符形式出现的，二进制流是指流动的二进制数字序列，若流中有字符，则用 1 字节的二进制 ASCII 码表示；若是数字，则用 1 字节的二进制数表示。

在 C 语言中流是一种文件形式，它实际上表示一个文件或设备（从广义上讲，设备也是一种文件），因而称这种和流等同的文件为流式文件，流的输入/输出也称为文件的输入/输出。所以，根据数据的组织和操作形式，流式文件可分为文本文件和二进制文件。

1. 文本文件

文本文件也称为 ASCII 文件，在 1 字节的存储单元上存放一个字符（在外存上存放的是该字符的 ASCII 码，每个字符将占 1 字节）。

例如，字符串"ABC"存储在外存上占 3 个存储单元，存放形式为 010000010100001001000011。其中，01000001 为 A 的 ASCII 码，01000010 为 B 的 ASCII 码，01000011 为 C 的 ASCII 码。每个 ASCII 码占据 8 位，如图 8.1 所示。

图 8.1 "ABC" 的 ASCII 文件存放方式

又如，VC 系统的整数 257 在内存中占 4 字节（00000000000000000000000100000001），如果按 ASCII 形式输出，它将在外存上占 3 字节，用于存放每一位数字的 ASCII 码，如图 8.2 所示。

图 8.2　整数 257 的 ASCII 文件存放方式

2. 二进制文件

二进制文件中，把内存中的数据按其在内存中的存储格式在外存上原样保存。

例如，VC 系统的整数 257 在内存中占 4 字节（00000000000000000000000100000001），如图 8.3 所示，所以按二进制格式输出时，在外存上也只占 4 字节，如图 8.4 所示。

图 8.3　整数 257 在内存中的存储方式　　图 8.4　整数 257 的二进制文件存放方式

对字符而言，由于其外存存储格式和内存表示格式相同，所以，在外存上也存放每个字符的 ASCII 码，以 ABC 的存储为例，如图 8.5 所示。

```
01000001   01000010   01000011
```
　A 的 ASCII 码值　　B 的 ASCII 码值　　C 的 ASCII 码值

图 8.5　ABC 的二进制文件存放方式

3. 两种存储格式的区别

用 ASCII 码格式存储文件，1 字节代表一个字符，便于对字符进行逐个处理，也便于输出字符；但对于数值可能要占较多存储空间，如整数数值 27586，在内存中用 4 个字节，用 ASCII 码格式存储要用 5 个字节，而且要花费一些时间进行转换（二进制码与 ASCII 码间的转换）。

用二进制格式存储文件，可以节省外存空间和转换时间，但字节并不与字符对应，不能直接输出字符形式。

注意：① 在 C 语言中，一个文件是一个字节流或二进制流，它把数据看作是一连串不考虑记录界限的字符（字节）；② 在 C 语言中，对文件的存取是以字符（字节）为单位的，数据输入/输出的开始和结束仅受程序控制而不受物理符号（如回车换行符）控制。

8.1.2　文件操作的基本思路

进行文件操作的基本思路如下。

① 在文件进行读/写之前，首先使用库函数 fopen()打开该文件。fopen()的作用是建立文件和操作系统之间的连接，进行必要的通信（实现对文件的按名操作），并返回一个在以后可以用于文件读/写操作的指针。

② 文件被打开后，就可使用相关函数进行文件的读/写。

③ 当对文件的操作完成后，要使用库函数 fclose()关闭文件。关闭文件操作将释放不再需要的文件指针，并能保证信息被完整地存储。

8.2 文件的基本操作

存储在外存中的文件有多种类型,如文本、声音、图像等,C 语言不论其采用何种数据结构,都将其看作简单的顺序字节流数据文件,使用文本流方式对其进行处理。在打开一个文件后,就要对其进行读写操作,下面介绍有关的几个基本的操作。

8.2.1 文件指针

1. FILE 结构

C 语言提供的文件操作函数都涉及对 FILE 数据结构的使用,每当打开一个文件进行标准输入/输出时,系统就建立了一个 FILE 结构,并返回一个指向这个结构的指针。对于随后的所有操作,都以这个结构指针(下面称为文件指针,有时也称为文件流指针)为基础进行。

FILE 数据结构如下:

```
typedef struct
 { short          level;
   unsigned       flags;
   char           fd;
   unsigned char  hold;
   short          bsize;
   unsigned char  *buffer;
   unsigned char  *curp;
   unsigned       istemp;
   short          token;
 }FILE;
```

FILE 结构中的信息被广泛用于各种文件操作函数中,但是这些信息对程序设计者是隐蔽的,因为对文件的任何操作都是通过库函数来实现,所以程序设计者也无需掌握其中的细节。这里列出这个结构只是为了方便读者理解 C 语言是怎样维护一个文件的。不同的 C 语言编译系统可能定义了完全不同的结构,但其结构的名字可能仍然是 FILE。

2. 文件指针的定义

在文件的操作过程中,可以通过文件指针来使用文件。

文件指针变量的定义如下:

  FILE *文件指针;

例如:

  FILE *fp;

其中,fp 是一个指向 FILE 类型结构体的指针变量。可以使 fp 指向某一文件的结构体变量,从而通过该结构体变量中的文件信息访问该文件。也就是说,通过文件指针变量能够找到与它相关的文件。注意:"FILE"必须使用大写字母。

如果有 n 个文件,一般应设 n 个文件指针变量(指向 FILE 类型结构体的指针变量),使它们分别指向 n 个文件(确切地说,指向该文件的信息结构体),以实现对文件的访问。

8.2.2 文件的打开与关闭

文件的打开是为文件的使用做准备的，它为将要使用的文件创建相应的数据结构，并和相应的存储空间发生联系。文件的关闭则是将文件的一些相关信息进行保存，并释放占用的资源。

在文件操作完成时，如果没有执行正确的文件关闭操作，则可能造成文件相应信息的丢失，导致文件被损坏。因此，在使用文件时应正确地对文件进行打开和关闭操作。

1．文件的打开

在 ANSI C 规定的标准输入/输出函数库中，用 fopen( )函数来实现文件的打开操作。

fopen( )函数的一般形式为：

    fopen（文件名，使用文件方式）；

其中，"文件名"为将要打开的文件的名字，包含盘符、路径，缺省按文件访问的默认含义解释，而文件名应该为全名，即包括其文件名和类型（扩展）名。"使用文件方式"用于说明使用者对文件的操作方式。

在书写路径时注意路径分隔符"\"的正确表示为"\\"，勿使用双反斜线"//"和反斜线"/"。

例如：

```
FILE *fp1,*fp2,*fp3;
fp1=fopen("abc", "r");              /*以只读方式打开当前目录内的abc文件*/
fp2=fopen ("d:\\mydoc\\stu.dat","r");/*以只读方式打开d盘mydoc目录内的
                                      stu.dat文件*/
fp3=fopen("a1.txt","r");            /*以只读方式打开当前目录内的a1.txt文件*/
```

其中，fp1、fp2、fp3 为文件指针。可见，在打开一个文件时通知给编译系统三个信息：需要打开的文件名、文件的使用方式、文件指针。文件的常见使用方式如表 8.1 所示。

表 8.1　文件的常见使用方式

使 用 方 式		文件不存在	文件已经存在
"r"	只读	报告出现一个错误	打开、只读一个文本文件
"w"	只写	建立、打开、只写一个文本文件	打开该文本文件，并使文件内容为空，只写
"a"	追加	建立和打开一个文本文件，只进行追加	打开一个文本文件，并向末尾进行追加
"rb"	只读	报告出现一个错误	打开、只读一个二进制文件
"wb"	只写	建立、打开、只写一个二进制文件	打开该二进制文件，并使文件内容为空，只写
"ab"	追加	建立和打开一个二进制文件，只进行追加	打开一个二进制文件，只向末尾进行追加
"r+"	读/写	报告出现一个错误	打开、读和写一个文本文件
"w+"	读/写	建立、打开一个文本文件，读和写	打开一个文本文件，并使文件内容为空，读和写
"a+"	读/写	建立、打开一个文本文件、读和追加	打开一个文本文件、读和追加
"rb+"	读/写	报告出现一个错误	打开、读和写一个二进制文件
"wb+"	读/写	建立、打开一个二进制文件，读和写	打开一个二进制文件，并使文件内容为空，读和写
"ab+"	读/写	建立、打开一个二进制文件、读和追加	打开一个二进制文件、读和追加

说明：

① 用"r"方式打开的文件只能读而不能写，且该文件应该已经存在，不能打开一个并不存在的文件，否则出错。

② 用"w"方式打开的文件只能用于向该文件写数据，而不能从该文件读数据。如果不

存在该文件，系统会新建一个以指定名字为文件名的新文件，并打开它。如果文件存在，则在打开时将该文件删去，然后重新建立一个新文件。

③ 如果希望向文件末尾添加新的数据（不删除原有数据），则应该用"a"方式打开。但此时该文件必须已存在，否则将得到出错信息。打开时，文件位置指针移到文件末尾。

④ 用"r+"、"w+"、"a+"方式打开文件时既可以读又可以写。用"r+"方式时，该文件必须已经存在，以便能向计算机输入数据；否则出错。用"w+"方式打开一个文件时，可以向文件中写入数据，也可以从文件中读出数据。用"a+"方式打开的文件不被删去，位置指针移到文件末尾，可以添加也可以读。

⑤ 如果无法打开一个文件，fopen()函数将会带回一个出错信息。出错的原因可能是用"r"方式打开一个并不存在的文件、磁盘出故障、磁盘已满无法建立新文件等。此时 fopen()函数将带回一个空指针值 NULL（NULL 在"stdio.h"文件中已被定义为 0）。

常用下面的方法打开一个文件：

```
if((fp=fopen("file","r"))==NULL)
{   printf("cannot open this file\n");
    exit(0);  }
```

先检查打开是否出错，如果出错就在终端上输出"cannot open this file"。exit()函数的作用是关闭所有文件，终止调用过程。待程序员检查出错误并修改后再运行。exit()函数是 stdlib.h 文件中定义的一个函数，因此在调用此函数的程序开头要包含 stdlib.h 文件。

2. 文件的关闭

当一个文件使用结束时，应该关闭它，以防止其被误用而造成文件信息的破坏和丢失。从本质上讲，关闭就是让文件指针变量不再指向该文件，也就是使文件指针变量与文件的联系断开，此后不能再通过该指针对该文件进行读/写操作，除非再次打开，使该指针变量重新指向该文件。C 语言中使用 fclose()函数关闭文件。

fclose()函数的一般形式为：

fclose（文件指针）；

例如：

fclose(fp);

该语句的作用是保存 fp 指针关联的文件，然后断开它们之间的联系。

在程序终止之前关闭所有仍在使用的文件是应该遵守的基本规则，如果不关闭文件，将会造成数据丢失。因为标准 C 支持缓冲文件系统，如果数据未充满缓冲区而程序结束运行，系统会自动释放其文件缓冲区，从而导致缓冲区中的数据丢失。用 fclose()函数关闭文件，可以很好地解决和避免这个问题，它先把缓冲区中的数据输出到磁盘文件，然后才释放文件指针变量和缓冲区空间。

当然，fclose()函数也带回一个值：若成功地执行了关闭操作，其返回值为 0；若返回值为非 0，则表示关闭时有错误发生。

8.2.3 字节级的文件的读/写

所谓字节级的文件的读/写，是指文件的读/写是以字节为单位的。文件在打开之后，就可以进行信息的读取与保存了。常用的读/写函数有 fputc()函数和 fgetc()函数。

1. 文件位置指针

文件位置指针和文件指针是两个不同的概念。文件位置指针用于表示当前正在读/写的数据在文件中的位置。当一个文件被打开后，文件位置指针总是指向文件的开始，即指向第一个数据；当其指向文件末尾时，表示文件结束。

在进行文件读/写时，总是从文件位置指针处开始进行读/写，当读/写完成之后，文件位置指针会自动后移。

当然，用户也可以通过相应的库函数来移动文件位置指针。

2. fputc( )函数

fputc( )函数的一般形式为：

  int fputc(char ch , FILE *fp);

该函数的功能是将一个字符写到 fp 关联的文件中。其中，ch 是需要输出的字符，它可以是一个字符型数据，也可以是一个整数（对应的字符的 ASCII 码值）。fp 为文件指针变量，它是使用 fopen( )函数后所得到的函数返回值。

fputc( )函数也返回一个值：如果输出成功，则返回值就是输出的字符；如果输出失败，则返回一个 EOF。EOF 是在"stdio.h"文件中定义的合法整数。

【例 8.1】 从键盘读入字符并存入文件，直到用户输入一个"#"符为止。

分析：由于需要保存的是字符，所以需要创建一个文本文件。从键盘每输入一个字符，便将其写入文件，反复输入，直到输入"#"符为止。所输入的字符构成新文件的内容。

程序如下：

```
#include <stdio.h>
#include <stdlib.h>
void main()
{   char filename[20];
    FILE *fp;
    char ch;
    scanf("%s",filename);
    if((fp=fopen(filename, "w"))==NULL)
    {   printf("can't create the file\n");
        system("pause");
        exit(0);
    }
    while((ch=getchar())!='#')
        fputc(ch,fp);
    fclose(fp);
}
```

3. fgetc( )函数

fgetc( )函数的一般形式为：

  int fgetc(FILE *fp);

该函数的功能是从指定文件读入一个字符，该文件必须是以读或读/写方式打开的。

例如：

```
ch=fgetc(fp);
```

其中，fp 为文件指针变量，它和要读取的文件相关联。ch 为字符变量，fgetc( )函数会返回一个字符，赋给 ch（ch 也可以是整型变量，此时将 fgetc( )返回的字符的 ASCII 码值赋予 ch）。如果在执行 fgetc( )函数读字符时遇到文件结束符，则函数返回一个文件结束标志 EOF。

【例 8.2】 从一个磁盘文件顺序读入字符并在屏幕上显示出来。

程序如下：

```
#include <stdio.h>
#include <stdlib.h>
void main()
{   FILE *fp;
    char ch;
    if((fp=fopen("d:\\my.dat","r"))==NULL)
    {   printf("\n this file does not exit\n");
        system("pause");
        exit(1);
    }
    while((ch=fgetc(fp))!=EOF)
        putchar(ch);
    fclose(fp);
    system("pause");
}
```

注意：当读入的字符值等于 EOF 时，表示读入的已不是正常的字符，而是文件结束符。

8.2.4 字符串文件读/写

所谓字符串文件读/写，指文件的读/写单位是字符串。字符串文件读/写函数主要有 fgets( )函数和 fputs( )函数。

1. fgets 函数

fgets( )函数的一般形式为：

char *fgets(char *str, int n, FILE *fp);

其基本功能是从 fp 指定文件读字符并将其存储到 str 指向的对象中。其中，str 为指向存放字符串的存储空间的地址，n 为读取字符串的总长，fp 为所要操作的文件。

【例 8.3】 从某个已经存在的文件中读取一个含有 10 个字符的字符串。

程序如下：

```
#include <stdio.h>
#include <stdlib.h>
void main()
{   FILE *fp;
    char str[11];
    if((fp=fopen("d:\\inf.c","r"))==NULL)
    {   printf("Cannot open file");
        system("pause");
        exit(1);
    }
```

```
        fgets(str,11,fp);
        printf("%s",str);
        fclose(fp);
          system("pause");
}
```

本例定义了一个 11 字节的字符数组 str，在以读文本文件方式打开文件 inf.c 后，从中读出 10 个字符送入 str 数组，在数组最后一个单元内将自动加上'\0'，然后在屏幕上显示输出 str 数组。

注意：在读取字符时，当读取了 $n–1$ 个字符或遇到换行符时，函数将停止字符的读取。fgets( )保留换行符。当读完 $n–1$ 个字符后，在字符串 str 的最后加一个'\0'字符（字符串结束符），fgets( )函数返回 str 的首地址。

2．fputs 函数

fputs( )函数的一般形式为：

int fputs(chat *str, FILE *fp);

其基本功能是把一个字符串输出到 fp 所指向的文件。其中，第一个参数可以是字符串常量，也可以是字符数组名或字符型指针。若输出成功，函数返回最后写入的字符；若失败，返回 EOF。

这两个函数类似于 gets( )和 puts( )函数，只是 gets( )和 puts( )函数已指定标准输入流和标准输出流作为读/写对象。

8.2.5 文件结束判断函数

在二进制文件中，信息都是以数值方式存在的。EOF 的值可能就是所要处理的二进制文件中的信息，这就出现了需要读入有用数据却被处理为"文件结束"的情况。为了解决这个问题，ANSI C 提供了 feof( )函数，可以用它来判断文件是否结束。

feof(fp)用于测试 fp 所指向的文件的当前状态是否为"文件结束"。如果是，函数 feof(fp) 的值为 1（真），否则为 0（假）。

例 8.2 的程序代码可以修改为如下：

```
#include <stdio.h>
#include <stdlib.h>
void main( )
{   FILE  *fp;
    int ch;
    if((fp=fopen("d:\\my.dat","r"))==NULL)
    {       printf("\n this file does not exit\n");
            system("pause");
            exit(0);
    }
    while(!feof(fp))
    {       ch=fgetc(fp);
            putchar(ch);
    }
    fclose(fp);
    system("pause");
}
```

在文件的读/写过程中,当文件未结束时,feof(fp)的值为 0,循环继续;当文件结束时,feof(fp)的值为 1,退出循环。

【例 8.4】 编写一个程序,完成文件的复制功能。

程序如下:

```c
#include <stdio.h>
#include <stdlib.h>
void main()
{   char sou_file[20],targ_file[20];
    FILE *d_in, *d_out;
    scanf("%s",sou_file);
    scanf("%s",targ_file);
    if((d_in=fopen(sou_file, "rb"))==NULL)
    {   printf("Cannot open the source file \n");
        system("pause");
        exit(0);
    }
    if((d_out=fopen(targ_file, "wb"))==NULL)
     { printf("\n Cannot create the targefile \n");
        system("pause");
        exit(1);
    }
    while (!feof(d_in))
      fputc(fgetc(d_in),d_out);
    fclose(d_in);
    fclose(d_out);
}
```

【例 8.5】 有两个磁盘文件 x 和 y,各存放一行字母,要求把这两个文件中的信息合并(按字母顺序排列),结果输出到一个新文件 z 中。

分析:结果要求按字母顺序保存,可以先将两个文件中的内容读到一个字符数组中,然后对字符数组中的内容进行排序,最后将排序结果写入新文件即可。

程序如下:

```c
#include <stdio.h>
#include <stdlib.h>
void get_inf(FILE *fp,char str[],int *n)           /*读文件*/
{   while(!feof(fp)) str[(*n)++]=fgetc(fp);
  }
void sort_inf(char str[],int n)                    /*对内容进行排序*/
{  int i,j;
   char t;
   for(i=0;i<n-1;i++)
     for(j=i+1;j<n;j++)
        if(str[i]>str[j])
          {t=str[i];str[i]=str[j];str[j]=t;}
}
```

```
void main( )
{   FILE *fp;
    int i,len=0;                              /*len 存放字符串长度*/
    char str[160];
    if((fp=fopen("x","r"))==NULL)
    {  printf("file x cannot be opened\n");
       system("pause");
       exit(0);
    }
    get_inf(fp,str,&len);
    fclose(fp);
    if((fp=fopen("y","r"))==NULL)
    {  printf("file y cannot be opened\n");
       system("pause");
       exit(1);
    }
    get_inf(fp,str,&len);
    fclose(fp);
    sort_inf(str,len);
    if((fp=fopen("z","w"))==NULL)
    {  printf("file z cannot be created\n");
       system("pause");
       exit(2);
    }
    for(i=0;i<len;i++)
       fputc(str[i],fp);
    fclose(fp);
}
```

【**例 8.6**】 在计算机的 D 盘上存在文本文件 data.dat，该文件存放了全校学生的学号，编写程序，将 2010 级、2011 级、2012 级、2013 级学生的学号分别取出并存放到 D 盘根目录下的 data2010.dat、data2011.dat、data2012.dat、data2013.dat 中。

程序如下：

```
#include <stdio.h>
#include <stdlib.h>
#include <string.h>
void write_code(FILE *fp,char code[])         /*向文件中写一个学号*/
{int i=0;
 while(code[i]!='\0')
   fputc(code[i++],fp);
}
void get_code(FILE *fp,char code[])           /*从文件中读一个学号*/
{int i=0;
 for(i=0;i<11;i++)  code[i++]=fgetc(fp);
 code[i]= '\0';                               /*增加结束标志*/
}
void main( )
{
```

```c
    char code[12],grade[5];
    int i;
    FILE *fp,*targ_fp[4];
    if((fp=fopen("d:\\data.dat", "r"))==NULL)
      {
       printf("\n this file does not exit \n");
       system("pause");
       exit(1);
      }
    if((targ_fp[0]=fopen("d:\\data2010.dat","w"))==NULL)
      {
       printf("\n this file can not be created \n");
       system("pause");
       exit(2);
      }
    if((targ_fp[1]=fopen("d:\\data2011.dat","w"))==NULL)
      {
       printf("\n this file can not be created \n");
       system("pause");
       exit(3);
      }
    if((targ_fp[2]=fopen("d:\\data2012.dat","w"))==NULL)
      {
       printf("\n this file can not be created \n");
       system("pause");
       exit(4);
      }
    if((targ_fp[3]=fopen("d:\\data2013.dat","w"))==NULL)
      {
       printf("\n this file can not be created \n");
       system("pause");
       exit(5);
      }
    while(!feof(fp))
      {
       get_code(fp,code);
       write_code(targ_fp[strcmp(strcpy(grade,code,4),"2010")],code);
      }
    for(i=0;i<4;i++) fclose(targ_fp[i]);
    fclose(fp);
  }
```

8.3 知识扩展

8.3.1 数据的格式化读/写

　　fprintf()函数、fscanf()函数与 printf()函数、scanf()函数的作用相似，都是数据的格式化输入/输出函数。只有一点不同：fprintf()函数和 fscanf()函数的读/写对象是外存储器文件；而 printf()函数和 scanf()函数的读/写对象是标准输出流和标准输入流。

1. fprintf 函数

fprintf( )函数的一般形式为：

int fprintf(FILE *fp, char *format [,argument,…]);

其基本功能是按照指定的格式将输出列表中的内容写入指定的文件中。其中，fp 用于指明所要操作的文件，format（格式字符串）用于指明信息的写入格式，argument 用于指明所要写入的信息。格式字符串的含义和功能同 printf( )函数。fprintf( )函数返回输出的字节数，不包括空字符。

例如，fprintf(fp, " %d,%7.3f " ,i,f);。

2. fscanf 函数

fscanf( )函数的一般形式为：

int　fscanf(FILE *fp, char *format [,argument,…]);

其基本功能是从文件中读取数据，并将其按照格式字符串所指定的格式写入到地址参数 &arg1、…、&argn 所指定的地址中。其中，fp 用于指明所要操作的文件，format（格式字符串）用于指明信息的写入格式。格式字符串的含义和功能同 scanf( )函数。

fscanf( )返回成功扫描、转换、存储的输入字段数，被扫描但未被存储的字段不计算在内。如果该函数试图在文件末尾进行读操作，则返回 EOF；如果没有字段被存储，则返回 0。

例如：

fscanf(fp,"%d, %f",&i,&i);

若 fp 指明的文件上的当前读取位置有"3,4.5"，则将文件中的数据 3 送给变量 i，4.5 送给变量 j。

用 fprintf( )函数和 fscanf( )函数对文件进行读/写，使用方便、容易理解，但由于在输入时要将 ASCII 码转换为二进制形式，在输出时要将二进制形式转换成字符，花费时间比较多。因此，在内存和外存频繁交换数据的情况下，fprintf( )函数和 fscanf( )函数的效率较低。

【例 8.7】 从键盘输入 5 个学生数据，写入一个文件中，再从文件中读出这 5 个学生的数据并显示在屏幕上。

程序如下：

```
#include <stdio.h>
#include <stdlib.h>
struct stu
{   char name[10];
    int num;
    int age;
    char addr[15];
}s[5],*p;
void main( )
{   FILE *fp;
    int i;
    p=s;
    if((fp=fopen("stu_list","wb+"))==NULL)
    {   printf("Cannot create file!");
        system("pause");
```

```
      exit(0);
    }
  printf("\ninput data\n");
  for(i=0;i<5;i++,p++)
    scanf("%s%d%d%s",p->name,&p->num,&p->age,p->addr);
  p=s;
  for(i=0;i<5;i++,p++)
    fprintf(fp," %s %d %d %s\n",p->name,p->num,p->age,p->addr);
  rewind(fp);                    /*使文件位置指针重新返回文件的开头*/
  for(p=s,i=0;i<5;i++,p++)
    fscanf(fp," %s %d %d %s\n",p->name,&p->num,&p->age,p->addr);
  printf("\n\nname\tnumber age addr\n");
  for(p=s,i=0;i<5;i++,p++)
    printf("%s\t%5d %7d %s \n",p->name,p->num,p->age,p->addr);
  fclose(fp);
  system("pause");
}
```

fscanf()和 fprintf()函数每次只能读/写一个结构数组元素,因此采用循环语句来读/写全部数组元素。还要注意指针变量 p,由于循环改变了它的值,因此在程序中每次在循环完成后,要重新赋予它数组的首地址。

程序中只声明了一个文件指针变量,两次以不同方式打开同一文件,写入和读出格式化数据。注意,用什么格式写入文件,就一定用什么格式从文件读出,否则,读出的数据与格式控制符不一致,就造成读出的数据出错。

8.3.2 记录级的文件读/写

fgetc()函数和 fputc()函数可以用来读/写文件中的一个字符,但在现实的数据处理过程中,由于问题本身的复杂性和人们对处理的要求,使得在进行信息处理时往往需要将某些信息作为一个整体,即常常要求一次读入一组数据(如一个结构体变量的值)。对于此类问题,ANSI C 提供两个函数来读/写一个数据块:fread()函数和 fwrite()函数。

所谓"记录",从本质上讲是一个没有格式的数据块。记录有两种:一种是定长的;另一种是不定长的。

1. fread 函数

fread()函数的一般形式为:

  int fread(void *ptr,int size,int nitems,FILE *fp);

其基本功能是用于定长记录的读操作,从指定的输入流 fp 中读取 ntimes 项数据,每一项数据长度为 size 字节,将读取的数据存放到 ptr 所指定的内存区域中。

在函数参数中,ptr 是指向内存缓冲区的指针,对于 fread()来说,它是读入数据的存放地址;size 是一个记录的字节数(记录的大小);ntimes 是读/写的记录个数。

2. fwrite 函数

fwrite()函数的一般形式为:

  int fwrite(void *ptr,int size,int nitems,FILE *fp);

其基本功能是用于定长记录的写操作，向指定的输出流中写入数据，所写入的数据项的个数为 nitems，每个数据项长度为 size 字节。所写入的数据的存放首地址为 ptr。对于这两个函数而言，所读/写的字节总数为 nitems*size。参数中的 ptr 指向所要保存的数据的首地址。

当调用成功时，两函数返回实际读或写的数据项数，而非实际的字节数。在遇到文件结束或出错时，返回一短计数值。

【例 8.8】 改写文件 myfile.dat 中的第 1 个记录。

程序如下：

```c
#include <stdio.h>
#include <stdlib.h>
typedef struct my_struct
{ int part_code;
  int quantity;
  float price;
}part;
void main( )
{ FILE *fp;
  int n;
  part d_part={2000,30,38.75};
  if((fp=fopen("d:\\myfile.dat", "wb+"))!=NULL)
  { n=fwrite(&d_part,sizeof(part),1,fp);
    printf("the number of records written is %d",n);
    fclose(fp);
    }
  else
  { printf("fail to open the file…\n");
    }
  system("pause");
}
```

这个例子比较简单，但值得注意的是一个记录的字节数应该通过 sizeof 操作符求得，而不应该自己计算。因为在 C 语言中，记录一般都是通过结构实现的，而许多 C 语言编译系统具体实现一个结构时，为了边界对齐，往往添加一些数据。但各个 C 语言编译系统的添加方法和字节数往往不一致。

如果以二进制形式打开一个文件，用 fread( )和 fwrite( )函数就可以读/写任何类型和长度的数据信息。例如：

    fread(d_f,4,5,fp);

其中，d_f 是一个实型数组名，一个实形变量占 4 字节。这个函数从 fp 所指向的文件中读取 5 次（每次 4 字节）数据，并将其存储到数组 d_f 中。

    fread(d_str,15,4,fp1);

其中，d_str 是一个字符型数组名。这个函数从 fp1 所指向的文件读取 4 次（每次 15 字节）数据，并将其存储到数组 d_str 中。

有一个如下的结构体类型：

```c
typedef struct stu_type
```

```
{   char   name [8];
    int    code;
    char   birthday[10];
    char   addr[30];
}stu;
stu d_stu[60];
```

结构体数组 d_stu 由 60 个元素组成,每一个元素用于存放一名学生的信息(包括姓名、学号、出生日期、住址 4 部分内容)。

可以用以下语句将内存中的 60 名学生的数据存储到磁盘文件中。

```
for(i=0;i<60;i++)
{  fwrite(& d_stu[i],sizeof(struct stu_type ),1,fp);
   }
```

或

```
fwrite(d_stu,sizeof(struct stu_type),60,fp);
```

假设学生的数据已存放在磁盘文件中,可以用下面的语句读入 60 名学生的数据。

```
for(i=0;i<60;i++)
{  fread(&d_stu[i],sizeof(struct stu_type),1,fp);
   }
```

或

```
fread(d_stu,sizeof(struct stu_type),60,fp );
```

如果 fread()或 fwrite()调用成功,函数返回值为输入或输出数据项的完整个数。

8.3.3 文件位置指针的移动

在文件的读/写过程中,为了能够正确地完成输入与输出,系统需要有一个指示标志来指明当前正在读/写的位置,这一指示标志称为文件位置指针。也就是说,在文件的读/写过程中,系统设置了一个表示位置的文件位置指针,指向当前读/写的位置。

在顺序读/写一个文件时,假定每次读/写一个字符,则读/写完一个字符后,文件位置指针自动指向下一个字符的位置。

在实际的文件读/写过程中,往往需要根据自己的实际要求进行文件操作,也就是说,需要将文件位置指针移动到所需要的位置,可能向前移动,也可能向后移动,而且移动量由实际要求决定。

ANSI C 中提供了移动文件位置指针的函数,用于解决该问题。最常用的有 3 个:rewind( )函数、ftell( )函数和 fseek( )函数。

1. rewind 函数

rewind( )函数的一般形式为:

int rewind(FILE *stream);

其功能是,使文件位置指针重新返回文件的开头。如果指针移动成功,返回值为 0;如果移动失败,返回非 0 值。

2. ftell 函数

ftell( )函数的一般格式为：

long ftell(FILE*stream);

其功能是，用于读取文件位置指针的当前位置相对于文件起点的偏移量。

3. fseek 函数

对流式文件可以进行顺序读/写，也可以进行随机读/写。关键在于控制文件的文件位置指针，如果文件位置指针是按字节位置顺序移动的，就是顺序读/写；如果可以将位置指针根据需要移动到任意位置，就可以实现随机读/写，即读/写完上一个字符（字节）后，并不一定要读/写其后续的字符（字节），而是可以读/写文件中任意所需的字符（字节）。

用 fseek( )函数可以改变文件位置指针。该函数的一般形式为：

int fseek(FILE *stream,long offset,int origin);

其中，stream 为所要操作的文件的文件指针；offset 为从指定位置移动指针时的偏移量（所需移动的大小），它必须为长整型；origin 为指针移动的开始位置（起始点），"起始点"必须是 0、1、2 中的一个，0 代表"文件开始"，1 为"当前位置"，2 为"文件末尾"。位移量的表示方法和含义表如表 8.2 所示。

表 8.2 位移量的表示方法和含义表

符 号 常 量 名	数 字 表 示	具 体 含 义
SEEK_SET	0	文件开头
SEEK_CUR	1	文件当前位置
SEEK_END	2	文件末尾

"位移量"指以"起始点"为基点移动的字节数。ANSI C 和大多数 C 版本要求位移量是 long 型数据，这样当文件的长度大于 64 KB 时不至于出问题。

下面是 fseek 函数调用的几个例子：

fseek(fp,100L,0);将文件指针从文件头向后移动 100 字节。

fseek(fp,100L,1);将文件指针从当前位置向后移动 100 字节。

fseek(fp,–100L,2);将文件指针从文件末尾处向前移动 100 字节。

【例 8.9】 编写程序，求取文件指针位置及文件长度。

程序如下：

```
#include <stdio.h>
#include <stdlib.h>
void main( )
{ long d_len;
  FILE *d_fp;
  long d_length( );
  if((d_fp=fopen("d:\\my.dat", "r"))==NULL)
  {  printf ("\n open file error \n");
     system("pause");
     exit(0);
  }
  d_len=d_length(d_fp);
```

```
            printf("the length of  d:\\my.dat is %Ld bytes",d_len);
            system("pause");
        }
        long d_length(FILE *fp)
        {   long curpos,length;
            curpos=ftell(fp);              /*求取文件指针的相对于文件开始的相对位置*/
            printf("\n the begin of  d:\\my.dat is %Ld \n",curpos);
            fseek(fp,0L,SEEK_END);         /*文件指针指向文件末尾*/
            length=ftell(fp);
            printf("\n the end of  d:\\my.dat is %Ld \n", length);
            fseek(fp,curpos,SEEK_SET);     /*恢复文件指针的初始值*/
            return(length);
        }
```

应该说明的是，通过 fseek( )函数把文件指针移到超过文件末尾（超过原来的文件长度）的位置，并在新位置上进行写操作是合法的，这样做很容易扩充文件的长度。但有两点值得注意：

① 原来的文件末尾和新位置之间的区域未被初始化（未写入内容）；

② 即使可以越过文件末尾进行数据的写操作，但试图读过文件末尾时，还是会返回一个错误信息。

ftell( )函数用于读取文件指针当前位置相对于文件起点的偏移量。当一个文件以追加方式打开时，ftell( )函数返回的是由上一次输入/输出操作决定的当前文件的指针位置，它不一定是下一次写操作的位置，但写操作总是在文件末尾处进行。

在文本方式下，ftell( )函数还会带来另一个问题：因为在文件处理时需要进行<CR><LF>和<LF>之间的相互转换，故由 ftell( )函数返回的值可能不代表相对于文件起点的真正偏移量。然而，fseek( )也是这样处理这个转换关系的。因此，应配合使用 ftell( )和 fseek( )两函数，先记住文件指针的位置，以后再返回到这个位置，就不会出错了。

8.4 应用举例

【例 8.10】 从文件 in.dat 中读取一篇英文文章，以行为单位对字符按从大到小的顺序进行排序，排序后的结果输出到文件 out2.dat 中。

原始数据文件存放的格式是每行的宽度均小于 80 字符，含标点符号和空格。例如：

原文

  dAe,BfC.

  CCbbAA

结果

  fedCBA,

  bbCCAA

分析：为了使程序具有良好的结构化特性，编写函数 read_data( )实现从文件 in.dat 中读取一篇英文文章并存入字符串数组 cx 中；编写函数 sort_char( )实现以行为单位对字符按从大到小的顺序进行排序，排序后的结果仍按行重新存入字符串数组 cx 中；编写函数 write_data( )，实现把字符串数组 cx 中的内容输出到文件 out2.dat 中。

程序如下:

```c
#include <stdio.h>
#include <stdlib.h>
#include <string.h>
char cx[50][80];
int maxline=0;                              /*文章的总行数*/
int read_data(void);
void write_data(void);
void sort_char(void)                        /*对各行按字母大小排序*/
{int i,j,k,m,len;
 char ch;
 for(i=0;i<maxline;i++)
   {
     len=strlen(xx[i]);
      for(j=0;j<len-1;j++)
        { m=j;
          for(k=j+1;k<len;k++)
             if(cx[i][m]<cx[i][k]) m=k;
           ch=cx[i][m];cx[i][m]=cx[i][j]; cx[i][j]=ch;
        }
   }
}
int read_data(void)
{FILE *fp;
 int i=0;
 char *p;
 if((fp=fopen("in.dat","r"))==NULL)
   {   printf ("\n打开in.dat文件错误!\n");
       system("pause");
       return 1;
   }
 while(fgets(cx[i],80,fp)!=NULL)
 { p=strchr(cx[i],'\n');                    /*在一个串中查找给定字符的第一个匹配之处*/
    if(p) *p=0;
    i++;
   }
maxline=i;
fclose(fp);
return 0;
}
void write_data(void)
{FILE *fp;

 int i;
 if((fp=fopen("out.dat","w"))==NULL);
   {  printf ("\n打开out.dat文件错误! \n");
      system("pause");
```

```
        exit(0);
    }
    for(i=0;i<maxline;i++)
    {  printf("%s\n",cx[i]);
       fprintf(fp," %s\n",cx[i]);
     }
    fclose(fp);
}
void main( )
{ if(read_data( ))
   { printf("数据文件 in.dat 不能打开！\n");
      system("pause");
      exit(1);
   }
  sort_char( );
  write_data( );
}
```

【例 8.11】编写程序，其功能是从文件 bc1in.dat 中读出 50 行文字，对文字进行如下处理：把 s 字符串中的所有字母改写成该字母的下一个字母，字母 z 改写成字母 a。要求大写字母仍为大写字母，小写字母仍为小写字母，其他字符不改变。例如，s 字符串中原有的内容为"Mn.123Zxy"，则调用该函数后的结果为 "No.123Ayz"。处理完成后，将内容写到文件 bc1out.dat 中。

分析：为了使程序具有良好的结构化特性，编写函数 read_writedata( )完成文件的读/写，编写函数 chg(char*s)实现字符的转换。

程序如下：

```
#include <stdio.h>
#include <stdlib.h>
#define  N 81
void chg(char *s)
{  while(*s)
    if(*s=='z'||*s=='Z') {*s-=25; s++;}
    else
       if(*s>='a'&&*s<='y') {*s+=1;s++;}
       else
          if(*s>='A'&&*s<='Y') {*s+=1;s++;}
          else s++;
}
void read_writedata( )
{  int i ;
   char a[N] ;
   FILE *rf, *wf ;
   if((rf=fopen("bc1in.dat", "r"))==NULL)
     { printf ("\n打开 bc1in.dat 文件错误!\n");
        system("pause");
        exit(0);
     }
```

```
      if((wf=fopen("bc1out.dat","w"))==NULL)
        { printf ("\n写入bc1out.dat文件错误!\n");
          system("pause");
          exit(1);
        }
      for(i=0;i<50;i++)
        { fscanf(rf," %s",a) ;
          chg(a);
          fprintf(wf," %s\n",a) ;
        }
      fclose(rf);
      fclose(wf);
}
void main( )
{
    read_writedata( );
}
```

8.5 疑难辨析

在进行文件操作时，由于初学者对存储的文件看不到，只能在自己的脑海中抽象地想象其结构，因此，经常搞错或忽视有关文件的打开和关闭、文件指针的指向等内容，从而造成程序执行总是出错，且一时又找不出问题所在，下面就文件操作常见的错误举例分析。

【例 8.12】 编写一个程序：能对打开文件读出其前 100 个字节，并将每一个字节的值加 5，然后再将处理后的值写回到源文件前 100 一个字节中（覆盖原来字节中的内容），如果文件没有 100 个字节长，则对文件的全部字节进行处理即可。同时要求该程序能同时进行反向处理，使处理后的文件还能恢复原来的内容。

程序如下：

```
1) #include <stdio.h>
2) #include <stdlib.h>
3) void main(){
4)     FILE *fp;
5)     char filename[20],str[100];
6)     int i,flag=0;
7)     long length;                              /*length用于记录文件长度*/
8)     printf("! 输入 0 修改文件内容,1 恢复文件内容: ");
9)     scanf("%d", &flag);
10)    printf("请输入要处理的文件名：");
11)    gets(filename);   gets(filename);
12)    if ((fp=fopen(filename, "r+")) == NULL)   /*以 r+方式打开文件*/
13)    {
14)      printf("can't create the file\n");
15)      exit(0);
16)    }
17)    fseek(fp, 0L, SEEK_END);                  /*文件指针指向文件末尾*/
```

```
18)     length = ftell(fp);                    /*获得文件长度*/
19)     rewind(fp);                            /*将当前指针移动到文件开始*/
20)     if (length > 100) length = 100;        /*文件长度超过100个字节*/
21)     fgets(str, length, fp);    /*将文件前面的length字节读到str数组中*/
22)     for (i = 0; i < length-1; i++){
23)        if (flag) str[i] = str[i] - 5;
24)        else str[i] = str[i] + 5;
25)     }                                      /*对读出的内容进行修改处理*/
26)     rewind(fp);
27)     fputs(str, fp);                        /*将修改的数组内容写回文件中*/
28)     fclose(fp);
29)     system("pause");
30)  }
```

注意：该程序可以对任意类型的文件进行处理，使用不当会破坏处理的文件。

常见编程错误 1：键盘缓冲区未清空，造成读取错误的数据。

在使用 getchar()、gets()函数从键盘读字符串时，由于键盘缓冲区里往往还有前面输入的内容（包括回车符）没有清空，这样它就会将前面的内容读到，所以，当调用该类函数时，要特别注意先清空键盘缓冲区的内容，这样才能正确读到用户输入的一个字符（串）。本程序第 11 行中的第一个 "gets(filename);" 函数调用，其作用就是清空键盘缓冲区里前面留下的内容，而第二个 "gets(filename);" 函数调用才是获取用户输入的一个文件名。

常见编程错误 2：在程序中引用文件没有打开，造成在不存在的文件中进行操作。

在使用 fopen()函数打开文件时，可能由于文件不存在或指定路径错等原因，使文件没有被打开，此时如果进行对文件的读写操作就是错误的，所以，在打开文件时不要忘记要先判断是否打开了文件。例如本程序第 12 行用一个 "if" 语句来判断是否打开了文件，如果打开则可对打开的文件执行操作，否则用 "exit(0);" 退出程序的执行。

常见编程错误 3：文件打开模式使用不当，使程序不能完成其任务，甚至导致破坏性的错误。

C 语言提供多种打开文件模式，如 "w" 模式是用于写入的，如果文件不存在，fopen 创建该文件，如果存在，则将抛弃源文件的内容，且没有任何警告。例如本程序第 12 行中使用更新模式 "r+" 打开文件，如果用 "r" 模式，则不能写入修改后的内容，用 "w 或 w+" 模式，则将删除文件原内容。

常见编程错误 4：使用错误的文件指针来引用文件，造成读取的数据错误或写错文件。

C 语言程序是通过文件指针来读取文件中内容，当同时打开多个文件进行操作时，应使用多个文件指针分别对应的对文件进行操作，否则就会产生引用对象错误。例 8.11 程序中同时打开了两个文件 bc1in.dat 和 bc1out.dat，用 rf 文件指针引用 bc1in.dat 文件，用 wf 文件指针引用 bc1out.dat 文件，如果将程序的 "fprintf(wf," %s\n",a);" 语句中的 "wf" 改为 "rf"，则会将处理的数据写入 bc1in.dat 文件，而不是 bc1out.dat 文件，但 bc1in.dat 文件是以 "r" 模式打开，因此也不能写入。

常见编程错误 5：文件位置指针使用不当，造成读写数据错误。

在文件中读写数据时，每读或写一个数据时，文件位置指针都会向后移动一个位置，因此要特别注意文件位置指针当前的位置是否是要读写的位置。例如本程序第 17、19 和 26 行都是移动文件位置指针到需要的位置，以保证后面在正确的位置读写数据。

常见编程错误 6：没有关闭已经不使用的文件，造成占用资源不能释放。

此错误不会对本程序产生问题，但关闭文件可以释放资源，以供其他可能正在等待的用户或程序使用。

习 题 8

一、选择题

1. 以"w"方式打开文本文件"D:\aa.dat"，若该文件已存在，则（ ）。
   A．新写入数据被追加到文件末尾   B．文件被清空，从文件头开始存放新写入数据
   C．显示出错信息   D．新写入数据被插入到文件首部
2. 从外存储器文件中读字符的 fgetc( )函数，其函数原型（头）正确的是（ ）。
   A．FILE* fgetc(char)   B．int fgetc(FILE *,char)
   C．int fgetc(FILE *)   D．int fgetc(char,FILE *)
3. 对于文件操作方式"rb+"，准确的说法是（ ）。
   A．可读/写文本文件   B．只读二进制文件
   C．只读文本文件   D．可读/写二进制文件
4. VC 系统中数据 –324 在二进制文件和文本文件中所占的字节数分别是（ ）。
   A．2，2   B．2，4   C．4，3   D．4，4
5. 为了向文本文件尾部增加数据，打开文件的方式应采用（ ）。
   A．"a"   B．"r+"   C．"w"   D．"w+"
6. 将 VC 系统中的整数 10 002 存到文件中，以 ASCII 码和二进制格式存储，所占用的字节数分别是（ ）。
   A．4 和 5   B．2 和 5   C．5 和 2   D．5 和 5
7. 在文件使用方式中，字符串"rb"表示（ ）。
   A．打开一个已存在的二进制文件，只能读取数据   B．打开一个文本文件，只能写入数据
   C．打开一个已存在的文本文件，只能读取数据   D．打开一个二进制文件，只能写入数据
8. 以下与函数 fseek(fp,0L,SEEK_SET)有相同作用的是（ ）。
   A．feof(fp)   B．ftell(fp)   C．fgetc(fp)   D．rewind(fp)
9. 下面程序运行后的输出结果是（ ）。

```
#include <stdio.h>
void main( )
{ FILE *fp; int i, k, n;
  fp=fopen("data.dat", "w+");
  for(i=1; i<6; i++)
  { fprintf(fp," %d ",i);
    if(i%3==0) fprintf(fp,"\n");
  }
  rewind(fp);
  fscanf(fp, "%d%d", &k, &n); printf("%d %d\n", k, n);
  fclose(fp);
}
```

   A．0 0   B．1 2 3 4 5   C．1 4   D．1 2

二、填空题

1. 下面程序把从键盘读入的文本（以@为文本结束标志）输出到一个名为"bi.dat"的新文件中，请填空。

```
#include <stdio.h>
#include <stting.h>
#include <stdlib.h>
void main( )
{ FILE *fp;
  char ch;
  if( (fp=fopen (_____) )= = NULL)exit(0);
  while( (ch=getchar( )) !='@')_____;
  fclose(fp);
}
```

2. 以下程序的功能是从键盘上输入一个字符串，把该字符串中的小写字母转换为大写字母，输出到文件"test.txt"中，然后从该文件读出字符串并显示，请填空。

```
#include <stdio.h>
#include <stting.h>
#include <stdlib.h>
void main( )
{ FILE *fp;
  char str[100]; int i=0;
  if((fp=fopen("test.txt",_____))==NULL)
      { printf("can't open this file.\n");exit(0);}
  printf("input astring:\n");
  gest(str);
  while (str[i])
  {  if(str[i]='a'&&str[i]<='z')
       str[i]=_____;
     fputc(str[i],fp);
     i++;
  }
  fclose(fp);
  fp=fopen("test.txt",_____);
  i=0;
  while(!feof(fp)) str[i++]=fgetc(fp);
  str[i]='\0';
  printf("%s\n",str);
  fclose(fp);
}
```

3. 使文件内部指针 P 重新指向文件头的语句是_____。

4. 判断文本文件是否结束时所使用的符号常量 EOF 的值是_____。

5. 下面程序是建立一个文件，文件名和内容由键盘输入，请填空。

```
#include <stdio.h>
#include <stting.h>
```

```
   #include <stdlib.h>
   void main( )
   { char ch, fname[20];
     _____;
     scanf("%s",fname);
     if ((fp=fopen (_____,"w"))==NULL)  exit (0);
     ch=getchar ( );
     while (ch!='*')
     {   fputc (ch,fp);
         putchar (ch);
         ch=getchar ( );
     }
     fclose ( _____ );
   }
```

输入文件名：filec.c ✓

输入一个字符串：Program C* ✓

6．以下程序段的功能是：在打开文件后，先利用 fseek 函数将文件位置指针定位在文件末尾，然后调用 ftell 函数返回当前文件位置指针的具体位置，从而确定文件长度，请填空。

```
   FILE *myf; ling f1;
   myf=_____("test.t","rb");
   fseek(myf,0,SEEK_END); f1=ftel(myf);
   fclose(myf);
   printf("%d\n",f1);
```

三、编程题

1．编写程序，比较两个文件，并显示它们第一个不相同的行。

2．从键盘输入一个字符串，将其存入文件中。

3．编写程序，对文件内容进行简单加密。加密规则：任意字母用其后面的第 2 个字母替换。

4．编写程序，对文件内容进行解密。解密规则：任意字母用其前面的第 2 个字母替换。

5．从两个文本文件中读出全部内容，按字母顺序排序，排序结果存入新文件。

6．把文本文件 "x1.dat" 中的内容复制到文本文件 "x2.dat" 中，要求仅复制 "x1.dat" 中的英文字符。

7．从键盘输入 20 个学生的信息（包括姓名、学号和 4 门课的成绩），存入 stu.dat 文件中。

8．编写程序，向文件 stu.dat 中增加一个新学生的信息。

9．读取文件 stu.dat 中的所有信息，并按照总分由高到低的规则进行排序，将排好序的信息写入文件 stu2.dat 中。

10．对文件 stu.dat 完成如下操作：输入某一个学生的姓名，在文件中查找该学生是否存在，若存在，显示该学生的全部信息。

11．对文件 stu.dat 完成如下操作：输入某一个学生的姓名，在文件中查找该学生是否存在，若存在，在文件中删除该学生的全部信息。

附录 A Visual C++集成环境使用指南

Visual C++是一个功能强大的可视化软件开发工具,已成为专业程序员进行软件开发的首选工具。其中,Visual C++ 6.0(简称 VC 6.0)不仅是一个 C++编译器,还是一个基于 Windows 操作系统的可视化集成开发环境(Integrated Development Environment, IDE)。VC 6.0 由许多组件组成,包括编辑器、调试器及程序向导 AppWizard、类向导 Class Wizard 等开发工具。这些组件通过一个名为 Developer Studio 的组件集成为和谐的开发环境。

一、VC 6.0 的安装和启动

现在常用的 VC 6.0 版本虽然已有公司推出汉化版,但只是把菜单汉化了,并不是真正的中文版 VC 6.0,而且汉化的用词不准确,因此许多人都使用英文版。如果计算机中未安装 VC 6.0,则应先安装。VC 是 Microsoft Visual Studio 的一部分,因此需要找到 Visual Studio 的光盘,执行其中的 setup.exe,并按照屏幕上的提示进行安装。

安装成功后,在 Windows 的"开始"菜单中的"程序"子菜单中会出现 Microsoft Visual Studio 子菜单。在需要使用 VC 时,只需从计算机上选择"开始"→"程序"→Microsoft Visual Studio→VisualC++ 6.0 即可。运行成功后,出现 VC 6.0 的主窗口,如图 A.1 所示。

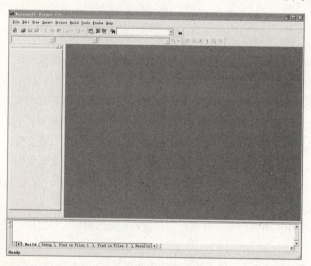

图 A.1 VC 6.0 主窗口

主窗口顶部的菜单栏包括 9 个菜单项:File(文件)、Edit(编辑)、Insert(插入)、Project(项目)、Build(构建)、Tools(工具)、Window(窗口)、Help(帮助)。主窗口的左侧是项目工作区窗口,右侧是程序编辑窗口,下面是调试信息窗口。

工作区窗口显示所设定的工作区的信息,程序编辑窗口用来输入和编辑源程序,调试信息窗口用来显示程序出错信息和结果有无错误或警告。

二、VC 6.0 基本编程环境

下面介绍如何在 VC 6.0 环境中编译运行 C 语言程序。在这里主要介绍比较简单的情况：单文件程序，即程序只由一个源程序文件组成。

1. 新建文件

新建一个 C 语言源程序，其编译运行的步骤如下。

在 VC 主窗口的菜单栏中单击 File（文件），在其下拉菜单中选择 New（新建）命令，如图 A.2 所示。

弹出"新建"对话框，打开此对话框的 File 选项卡，选择 C++ Source File（C++源文件）选项，如图 A.3 所示。

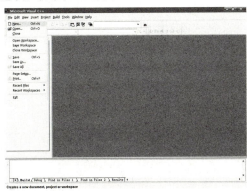 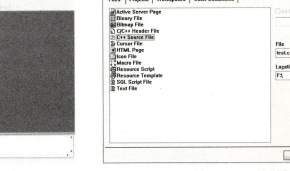

图 A.2 新建　　　　　　　　　　　图 A.3 File 选项卡

图 A.3 中，Location 文本框用于指明文件的存储路径，若要使用默认路径，则不必更改 Location 文本框；若要更改文件的存储位置，则需要在对话框右半部分的 Location 文本框中输入文件的存储路径，也可以单击右边的省略号（…）按钮来选择存储的目标文件夹。

File 文本框用于指明源文件的文件名，如 test.c。

注意：如果不写后缀，系统会默认指定为.cpp，表示要建立的是 C++源程序；若要建立 C 语言源程序，必须加上后缀.c。

在图 A.3 中单击 OK 按钮后，进入程序编辑状态，如图 A.4 所示，现在就可以输入程序代码了。

2. 程序的编辑

输入的程序代码如下：

```
#include "stdio.h"
void main( )
{
    printf("This is my first C program!\n")
}
```

在输入过程中，故意设计了一个错误（printf( )函数后面丢失了"；"），如图 A.5 所示。

3. 程序的编译和调试

输入完毕后，就可以编译和调试程序，单击主菜单栏中的 Build（编译），在下拉菜单中选择 Compile（编译）命令，如图 A.6 所示。

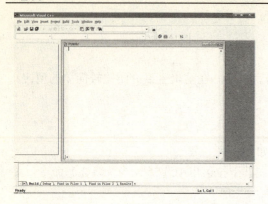
图 A.4　程序编辑状态

图 A.5　编辑程序

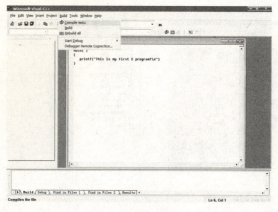
图 A.6　编译源文件

单击 Compile 命令后，弹出创建默认工作区对话框，如图 A.7 所示。单击"是（Y）"按钮，同意建立一个默认的项目工作区。

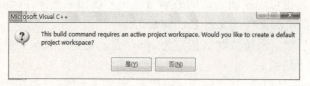
图 A.7　建立默认的项目工作区

Windows 应用程序一般由很多相关联的文件共同组成，包括程序源文件、头文件、资源文件等，VC 通过引入工程文件，使组成应用程序的所有文件形成一个有机的整体。

在 VC 6.0 开发环境中，工程又置于工作区的管理下，所以工作区又称为工程工作区，一个工作区可以管理多个工程，甚至是不同类型的工程。同一个工作区中的工程之间相互独立，但共用一个工作区的设置环境。VC 6.0 的集成环境中专门设置了一个工作区窗口，用来显示当前工作区的内容。在新建一个工程时，可以选择是为该工程新建一个工作区还是加入当前工作区。

如果事先已经建立了工作区，就不会弹出对话框，单击"是（Y）"按钮，表示同意由系统建立默认的项目工作区。若屏幕继续出现"将改动保存到……"，则单击"是（Y）"按钮。

系统开始编译，屏幕下面的调试信息窗口指出源程序有无错误。

本例显示 1error(s)，0 warning(s)，如图 A.8 所示。

现在开始改正程序中的错误。编译系统能检查程序中的语法错误。语法错误分为两类：一类是致命错误，用 error 表示，如果程序有这类错误，就通不过编译，无法形成目标程序；另一类是轻微错误，用 warning 表示，这类错误不影响生成目标程序和可执行程序，但有可能影响运行的结果，因此也应当改正。

错误修改后，选择 compile 项重新编译，结果如图 A.9 所示。此时，编译成功，并产生一个 test.obj 文件。

图 A.8　编译结果　　　　　　　　　　　图 A.9　正确编译结果

得到目标程序后，还需要对程序进行连接，选择主菜单 Build→Build test.exe，成功完成连接后，生成可执行文件 test.exe。

编译和连接既可分步完成，又可一次性完成，如果选择菜单 Build→Build 就可以一次完成编译和连接。

4．运行程序

得到了可执行文件 test.exe 后，就可以直接执行 test.exe。选择 Build→!Execute test.exe。程序执行后，屏幕切换到输出结果的窗口，显示出运行结果，如图 A.10 所示。

在图 A.10 中，第 2 行 Press any key to continue 并非程序所指定的输出，而是 VC 6.0 在输出完运行结果后系统自动加上的一行信息，通知用户"按任何键以便继续"。当按下任意键后，输出窗口消失，回到 VC 6.0 主窗口，此时可以继续对源程序进行修改补充或进行其他的操作。

5．工作区的关闭

选择 File（文件）→Close Workspace（关闭工作区），弹出提示对话框如图 A.11 所示。

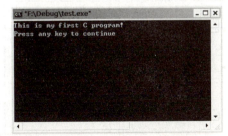

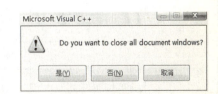

图 A.10　程序运行结果　　　　　　　　　图 A.11　关闭工作区

在图 A.11 中，单击"是"按钮关闭工作区以结束对该程序的操作，然后又可以写新程序了。如果不关闭工作区就编写新程序，原来的程序可能还在工作区内，会给初学者运行程序带来麻烦。

附录 B 常用运算符及其优先级和结合性

表 B.1 常用运算符及其优先级和结合性

优先级	运算符	含义	要求运算对象的数目	结合方向
1	( ) [ ] → .	圆括号 下标运算符 指向结构体成员运算符 结构体成员运算符		从左向右
2	! ~ ++ -- - （类型） * & sizeof	逻辑非运算符 按位取反运算符 自增运算符 自减运算符 负号运算符 类型转换符 指针运算符 地址与运算符 长度运算符	1 (单目运算符)	从右向左
3	* / %	乘法运算符 除法运算符 求余运算符	2 (双目运算符)	从左向右
4	+ -	加法运算符 减法运算符	2 (双目运算符)	从左向右
5	<< >>	左移运算符 右移运算符	2 (双目运算符)	从左向右
6	< <= > >=	关系运算符	2 (双目运算符)	从左向右
7	== !=	等于运算符 不等于运算符	2 (双目运算符)	从左向右
8	&	按位与运算符	2 (双目运算符)	从左向右
9	^	按位异或运算符	2 (双目运算符)	从左向右
10	|	按位或运算符	2 (双目运算符)	从左向右
11	&&	逻辑与运算符	2 (双目运算符)	从左向右
12	||	逻辑或运算符	2 (双目运算符)	从左向右
13	? :	条件运算符	3 (三目运算符)	从右向左
14	= += -= *= /= %= >>= <<= &= ^= |=	赋值运算符	2 (双目运算符)	从右向左
15	,	逗号运算符 (顺序求值运算符)		从左向右

附录 C 标准 C 语言头文件

C 语言（C99）标准库函数的 24 个头文件清单如表 C.1 所示。

表 C.1 标准 C 语言头文件

头文件	标准	基本内容
assert.h	C89（1989 年）	定义宏 assert()
ctype.h	C89（1989 年）	字符处理
errno.h	C89（1989 年）	错误报告
float.h	C89（1989 年）	定义与实现相关的浮点
limits.h	C89（1989 年）	定义与实现相关的各种极限值
locale.h	C89（1989 年）	支持函数 setlocale()
math.h	C89（1989 年）	数学函数库使用的各种定义
setjmp.h	C89（1989 年）	支持非局部跳转
signal.h	C89（1989 年）	定义信号值
stdarg.h	C89（1989 年）	支持可变长度的变元列表
stddef.h	C89（1989 年）	定义常用常数
stdio.h	C89（1989 年）	支持文件输入和输出
stdlib.h	C89（1989 年）	其他各种声明
string.h	C89（1989 年）	支持串函数
time.h	C89（1989 年）	支持系统时间函数
iso646.h	C95（1995 年）	在 1995 年第一次修订时引进，用于定义对应各种运算符的宏
wchar.h	C95（1995 年）	在 1995 年第一次修订时引进，用于支持多字节和宽字节函数
wctype.h	C95（1995 年）	在 1995 年第一次修订时引进，用于支持多字节和宽字节分类函数
complex.h	C99（1999 年）	支持复数算法
fenv.h	C99（1999 年）	给出对浮点状态标记和浮点环境的其他方面的访问
inttypes.h	C99（1999 年）	定义标准的、可移植的整型类型集合，也支持处理最大宽度整数的函数
stdbool.h	C99（1999 年）	支持布尔数据类型类型。定义宏 bool，以便兼容于 C++
stdint.h	C99（1999 年）	定义标准的、可移植的整型类型集合。该文件包含在<inttypes.h>中
tgmath.h	C99（1999 年）	定义一般类型的浮点宏

附录D C语言系统关键字

C 语言的关键字共有 32 个，根据关键字的作用，可分为数据类型关键字、控制语句关键字、存储类型关键字和其他关键字四类。

1. 数据类型关键字

数据类型关键字共有 12 个，含义如表 D.1 所示。

表 D.1 数据类型关键字

关键字	含义	关键字	含义	关键字	含义	关键字	含义
char	字符型	double	双精度	enum	枚举型	float	单精度
int	整形	long	长整型	short	短整型	signed	带符号
struct	结构体	union	共用体	unsigned	无符号	void	无返回值

2．控制语句关键字

控制语句关键字共有 12 个，含义如表 D.2 所示。

表 D.2 控制语句关键字

关键字	含义	关键字	含义
break	终止，用于循环和 switch 语句中	case	分支情况，用于 switch 语句中
continue	继续下一次循环，用于循环语句中	default	默认处理，用于 switch 语句中
do	循环	else	否则，用于 if 语句中
for	循环	goto	跳转
if	分支	return	返回，用于函数中
switch	多分支	while	循环

3. 存储类型关键字

存储类型关键字共有 4 个，含义如表 D.3 所示。

表 D.3 存储类型关键字

关键字	含义	关键字	含义
auto	自动型存储类别	extern	外部型存储类别
register	寄存器型存储类别	static	静态型存储类别

4. 其他关键字

其他关键字共有 4 个，含义如表 D.4 所示。

表 D.4 其他关键字

关键字	含义	关键字	含义
const	限定一个变量不允许被改变	sizeof	求对象在内存中所占字节数
typedef	为数据类型定义一个新名字	volatile	volatile 变量随时可能发生变化，与 volatile 变量有关的运算，不要进行编译优化，以免出错

参 考 文 献

[1] 谭浩强. C 程序设计（第四版） 北京：清华大学出版社，2010.
[2] 董卫军. C 语言程序设计. 北京：电子工业出版社，2012.
[3] 耿国华. 计算机基础与 C 语言. 北京：电子工业出版社，2010.
[4] **Brian W.Kernighan,Dennis M.Ritchie** The C Programming Language. NY: Prentice Hall PTR 2003.
[5] 教育部高等学校计算机基础课程教学指导委员会. 高等学校计算机基础教学发展战略研究报告暨计算机基础课程教学基本要求. 北京：高等教育出版社，2009.

附录 E ASCII 码表

128 个基本字符的 ASCII 码如表 E.1 所示,其中,特殊控制字符含义如表 E.2 所示。

表 E.1 基本字符的 ASCII 码

ASCII 值	控制字符	ASCII 值	控制字符	ASCII 值	控制字符	ASCII 值	控制字符
0	NUT	32	(space)	64	@	96	、
1	SOH	33	!	65	A	97	a
2	STX	34	"	66	B	98	b
3	ETX	35	#	67	C	99	c
4	EOT	36	$	68	D	100	d
5	ENQ	37	%	69	E	101	e
6	ACK	38	&	70	F	102	f
7	BEL	39	,	71	G	103	g
8	BS	40	(	72	H	104	h
9	HT	41	)	73	I	105	i
10	LF	42	*	74	J	106	j
11	VT	43	+	75	K	107	k
12	FF	44	,	76	L	108	l
13	CR	45	-	77	M	109	m
14	SO	46	.	78	N	110	n
15	SI	47	/	79	O	111	o
16	DLE	48	0	80	P	112	p
17	DCI	49	1	81	Q	113	q
18	DC2	50	2	82	R	114	r
19	DC3	51	3	83	X	115	s
20	DC4	52	4	84	T	116	t
21	NAK	53	5	85	U	117	u
22	SYN	54	6	86	V	118	v
23	TB	55	7	87	W	119	w
24	CAN	56	8	88	X	120	x
25	EM	57	9	89	Y	121	y
26	SUB	58	:	90	Z	122	z
27	ESC	59	;	91	[	123	{
28	FS	60	<	92	/	124		
29	GS	61	=	93	]	125	}
30	RS	62	>	94	^	126	~
31	US	63	?	95	_	127	DEL

表 E.2 特殊控制字符含义

控制字符	含义	控制字符	含义	控制字符	含义
NUL	空	VT	垂直制表	SYN	空转同步
SOH	标题开始	FF	走纸控制	ETB	信息组传送结束
STX	正文开始	CR	回车	CAN	作废
ETX	正文结束	SO	移位输出	EM	纸尽
EOY	传输结束	SI	移位输入	SUB	换置
ENQ	询问字符	DLE	空格	ESC	换码
ACK	承认	DC1	设备控制 1	FS	文字分隔符
BEL	报警	DC2	设备控制 2	GS	组分隔符
BS	退一格	DC3	设备控制 3	RS	记录分隔符
HT	横向列表	DC4	设备控制 4	US	单元分隔符
LF	换行	NAK	否定	DEL	删除